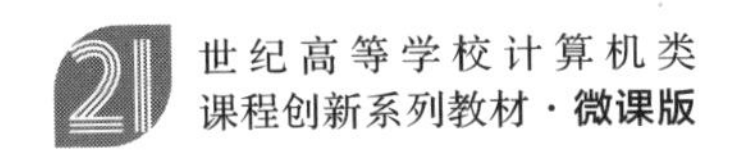

Ubuntu Linux 操作系统实战教程

微课视频版

余 健 / 编著

清華大學出版社
北京

内容简介

本书将基础命令、网络服务器与信息安全相结合，循序渐进地介绍 Ubuntu Linux 操作系统中常用的命令，全面、系统地介绍 Ubuntu 操作系统服务器的配置和使用，并通过信息安全综合实例提高读者的实战能力。全书共 12 章，内容包括 Linux 操作系统概述、文件和目录管理、用户和组管理、进程管理、磁盘管理、网络管理等常用命令，Samba 和 NFS 文件共享服务器、FTP 文件传输服务器、SSH 安全远程登录服务器、Apache 网站服务器和 sendmail 邮件服务器，以及 Linux 系统的软件安装方法。书中的每个实例都附有命令和执行效果。

本书主要面向广大物联网工程、计算机科学与技术、网络空间安全、数据科学与大数据技术、统计学和电子科学与技术等专业的技术人员，从事高等教育的专任教师，高等学校的在读学生及相关领域的科研人员。

图书在版编目(CIP)数据

Ubuntu Linux 操作系统实战教程：微课视频版/余健编著. —北京：清华大学出版社，2023.1(2024.8重印)
21 世纪高等学校计算机类课程创新系列教材：微课版
ISBN 978-7-302-61462-3

Ⅰ. ①U… Ⅱ. ①余… Ⅲ. ①Linux 操作系统－高等学校－教材 Ⅳ. ①TP316.85

中国版本图书馆 CIP 数据核字(2022)第 136041 号

责任编辑：陈景辉　李　燕
封面设计：刘　键
责任校对：焦丽丽
责任印制：沈　露

出版发行：清华大学出版社
网　　址：https://www.tup.com.cn，https://www.wqxuetang.com
地　　址：北京清华大学学研大厦 A 座　　**邮　　编**：100084
社 总 机：010-83470000　　**邮　　购**：010-62786544
投稿与读者服务：010-62776969，c-service@tup.tsinghua.edu.cn
质量反馈：010-62772015，zhiliang@tup.tsinghua.edu.cn
课件下载：https://www.tup.com.cn，010-83470236
印 装 者：三河市龙大印装有限公司
经　　销：全国新华书店
开　　本：185mm×260mm　**印　张**：16.75　**字　　数**：405 千字
版　　次：2023 年 1 月第 1 版　**印　　次**：2024 年 8 月第 5 次印刷
印　　数：5201～7200
定　　价：59.90 元

产品编号：097191-01

前言

党的二十大报告强调“必须坚持科技是第一生产力、人才是第一资源、创新是第一动力，深入实施科教兴国战略、人才强国战略、创新驱动发展战略，开辟发展新领域新赛道，不断塑造发展新动能新优势”。

Linux 操作系统以其强大、稳定的性能，广泛应用于当今世界的网络服务器和嵌入式系统。Ubuntu Linux 操作系统以友好的桌面操作、稳定的性能和完整覆盖 IT 产品的解决方案受到越来越多用户的喜爱。

本书主要内容

本书分三部分，共 12 章，以 Ubuntu Linux 20.04 LTS 版操作系统为平台。第一部分为基础篇，包括第 1～6 章，详细介绍了 Ubuntu Linux 操作系统和常用命令，包括文件和目录管理命令、用户管理命令、进程管理命令、磁盘管理命令和网络管理命令等。Linux 操作系统以其优越的服务器性能闻名于世。第二部分为服务器篇，包括第 7～11 章，详细介绍了 Ubuntu Linux 操作系统常用服务器的安装配置和使用方法，包括 Samba 服务器、NFS 服务器、FTP 服务器、SSH 服务器、Apache 服务器和 sendmail 邮件服务器六种常用服务器。第三部分为软件篇，包括第 12 章，介绍了 Ubuntu Linux 操作系统软件的安装方法。

本书特色

(1) 注重实战技能，具有较高的可操作性。

书中各章的实战都有详尽的操作流程，每个实例都附有命令和执行效果，前后章节的实例相互关联、前后连贯、逻辑性强，方便读者理解和对照练习，具有较高的可操作性，可供教师参考并方便学生完成实验报告，提高学生的实战能力。书中的实例来源于编者近五年来的教学实践经验总结，并经过多个班级学生的上机练习验证通过。主要章节后面都配备了较全面的习题，方便学生练习，巩固理论知识。

(2) 面向信息安全前沿领域，融入 Python，提供综合实例。

除了介绍知识点的实例，本书也加入了面向信息安全前沿领域的多个综合实例，并融入了 Python 应用编程，提高读者的学习热情，加深读者对 Ubuntu Linux 操作系统的理解。所有 Python 代码都经近五年学生上机练习测试通过。

(3) 面向一线教学，实例加入学生个人信息。

为了防止学生轻易地抄袭、复制实验报告，各个章节的实例都加入了学生个人的学号和姓名信息，这样方便教师批改时鉴别学生实验报告的真实性，有利于形成良好的学风。非学生读者可以采用自己的身份信息代替，或者采用其他数字代替，同样也能完成书中的实例。

配套资源

为便于教与学，本书配有微课视频(646 分钟)、源代码、教学课件、教学大纲、教案、教学进度表、习题答案、期末考试试卷及答案、案例素材、软件安装包。

（1）获取微课视频的方式：先刮开并扫描本书封底的文泉云盘防盗码，再扫描书中相应的视频二维码，观看教学视频。

（2）获取源代码、案例素材、软件安装包的方式：先刮开并扫描本书封底的文泉云盘防盗码，再扫描下方二维码，即可获取。

源代码

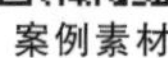
案例素材

软件包安装

全书网址

（3）其他配套资源可以扫描本书封底的“书圈”二维码，关注后回复本书书号即可下载。

读者对象

本书主要面向广大物联网工程、计算机科学与技术、网络空间安全、数据科学与大数据技术、统计学和电子科学与技术等专业的技术人员，从事高等教育的专任教师，高等学校的在读学生及相关领域的科研人员。

致谢

本书受韩山师范学院教学改革项目资助出版，特此感谢。

在编写本书的过程中作者参考了诸多相关资料，在此对相关资料的作者表示衷心的感谢。限于个人水平和时间仓促，书中难免存在疏漏之处，欢迎广大读者批评指正。

余　健

2022 年 10 月

目录

第一部分 基础篇

第一部分　基　础　篇

第1章 Linux操作系统概述

1.1 Linux 操作系统的发展

1.1.1 GNU 操作系统和自由软件运动

UNIX 是一个强大的多用户、多任务操作系统。它用 C 语言编写，支持多种处理器架构，按照操作系统的分类，属于分时操作系统，最早于 1969 年在 AT&T 的贝尔实验室开发。UNIX 是第三次工业革命中计算机软件领域最具代表性的产物。在这 50 多年中，由 UNIX 造成的影响是最有深远意义的。但是，UNIX 操作系统是商业化软件，它的很多发行版都是闭源的，而且收费昂贵，学生用户可能无法负担。

GNU(GNU's Not UNIX)计划是由理查德·斯托曼(Richard Stallman)在 1983 年 9 月 27 日公开发起的一场软件业革命。斯托曼宣布 GNU 应当发音为 guh-noo，即与 canoe(革奴)发音相同，因此，GNU 计划又被称为革奴计划。它的目标是创建一套完全自由的操作系统。斯托曼坚持认为软件应该是"自由"的，软件业应该发扬开放、团结、互助的精神。这种在当时看来离经叛道的想法催生了 GNU 计划。

为了避免 GNU 所开发的自由软件被其他人所利用而成为专利软件，因此，GNU 提出了 GPL(General Public License，通用公共许可证)，它是开源软件遵循的许可证协议。

GPL 包括以下内容。

(1) 软件最初的作者保留版权。

(2) 其他人可以修改、销售该软件，也可以在此基础上开发新的软件，但必须保证这份源代码向公众开放。

(3) 经过修改的软件仍然要受到 GPL 的约束——除非能够确定经过修改的部分是独立于原来作品的。

(4) 如果软件在使用中引起了损失，开发人员不承担相关责任。

GNU 计划采用了部分当时已经可自由使用的软件，如 Tex 排版系统、X 视窗系统等。1985 年，斯托曼又创立了自由软件基金会(Free Software Foundation)。到了 1990 年，GNU 计划已经开发出功能强大的文字编辑器 emacs、大名鼎鼎的 C 语言编译器 GCC(GNU Compiler Collection，GNU 编译器套件)等大部分 UNIX 系统的程序库和工具。但是，唯一依然没有完成的重要组件就是操作系统的内核。

1.1.2 Linux 操作系统的诞生

1991 年,芬兰赫尔辛基大学的学生林纳斯·托瓦兹(Linus Torvalds)在学习了荷兰数学与计算机科学系统教授安德鲁·塔尼鲍默(Andrew Tanenbum)编写的《操作系统:设计与实现》教材的 Minix 操作系统之后,不满足基于微内核的 Minix 由于教学目的而放弃兼容性和可扩展性。于是,他在 Minix 的基础上开发了一个基于宏内核的 Linux 操作系统,其中 x 代表了与 UNIX 操作系统的联系。

1991 年 10 月 5 日,年仅 22 岁的林纳斯在 comp. os. minix 新闻组上发布消息,正式向外宣布了 Linux 操作系统内核的诞生,这距离 UNIX 操作系统诞生间隔了 22 年。在自由软件之父斯托曼免费开源的精神感召下,林纳斯很快把这款类 UNIX 的操作系统,即 Linux 操作系统加入到了自由软件基金的 GNU 计划中,并通过 GPL 的通用性授权,允许用户销售、复制并且改动程序,但必须将同样的自由传递下去,而且必须免费公开修改后的代码。自此以后,Linux 提供操作系统内核,而 GNU 提供操作系统外围软件,GNU 与 Linux 成了密不可分的体系。因此,Linux 操作系统也被称为 GNU/Linux 操作系统。

林纳斯的这一举措带给了 Linux 操作系统和他自己巨大的成功和极高的声誉。由于林纳斯成功地开发了 Linux 操作系统内核并加入 GNU 计划,推行免费开源的自由软件精神,因此,林纳斯被称为"Linux 之父"。Linux 自由、开源,可以安装在包括服务器、个人计算机、iPad、手机、打印机等各类设备中,应用范围广泛。由于林纳斯对世界做出的巨大贡献,于 2004 年,被评为世界最有影响力的人之一,2012 年获得芬兰千禧年科技奖,2014 年因为"先驱性地通过开源方式开发 Linux 内核的工作"获得 IEEE 计算机先驱奖。

1.1.3 主流 Linux 操作系统

Linux 的版本继承了 UNIX 的版本定制规则,分为内核版本和发行版本。内核就是一个核心,其他软件都基于这个核心,不能直接使用,内核版本分为稳定版和开发版,区分方式是根据此版本的奇偶判定,奇数为开发版,偶数为稳定版。发行版本由各个 Linux 发行商发布,Linux 发行商有权选择 Linux 的内核版本。目前,常见的 Linux 的主流发行版本包括 RedHat、CentOS、Fedora、Debian、Ubuntu、Kali 等。

这些 Linux 操作系统基本上分为两大类。

(1) RedHat 系列。典型的 RedHat Linux 系统包括 Redhat、CentOS、Fedora,它们的标识如图 1-1 所示。

(2) Debian 系列。典型的 Debian Linux 系统包括 Debian、Ubuntu、Kali,它们的标识如图 1-2 所示。

图 1-1 RedHat 系统 Linux 系统

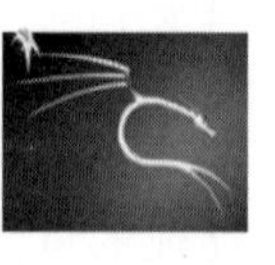

图 1-2 Debian 系统 Linux 系统标识

1.2 Linux操作系统的应用领域

1.2.1 大型网络服务器领域

由于Linux操作系统具有免费、开源、安全、稳定和高效等特点，一直以来都应用于大型网络服务器，主要包括WWW网站服务器、大型数据库服务器、大型文件服务器、E-mail服务器、域名服务器和代理服务器等。使用Linux操作系统作为网络服务器，可以大大降低企业的运营成本，避免商业版权纠纷。因此，Linux操作系统通常是企业后台网络服务器的首选。值得一提的是，Ubuntu Linux（以下简称Ubuntu）系统具有专门支持大型网络服务器的Ubuntu Server版本。

1.2.2 嵌入式系统领域

Linux操作系统广泛应用于嵌入式操作系统领域，包括智能手机和平板电脑、物联网、车联网和工业互联网等领域。

谷歌公司收购安迪鲁宾的Android公司，并于2007年11月5日正式展示了Android操作系统，Android是基于Linux开放性内核的操作系统。它采用了软件堆层的架构。底层Linux内核只提供基本功能，其他的应用软件由各公司自行开发，部分程序以Java语言编写。2011年初，Android超越称霸十年的塞班，跃居全球最受欢迎智能手机平台的榜首。嵌入式Linux操作系统主要包括开源、非实时μClinux和开源、实时的μC/OSⅡ。近年来，还出现了基于Linux操作系统的、只有信用卡大小、为学习计算机编程教育而设计的微型计算机Raspberry Pi（树莓派）。Ubuntu操作系统也有专门支持物联网、树莓派等嵌入式设备的Linux操作系统版本。

1.2.3 桌面操作系统领域

一直以来，桌面操作系统是Linux操作系统的弱项。近年来，特别是随着Ubuntu、Kali等Debian系列的Linux操作系统的出现，Linux系统对桌面操作系统的支持越来越广泛，例如，日常办公所需要的办公软件（如Libre Office、Linux版的WPS）、网页浏览器（如Firefox浏览器）、电子邮件（如Thunderbird）、即时通信（如QQ、微信）和软件开发（如Anaconda、PyQt、Eclipse）等。在桌面操作方面也越来越方便，除了传统的终端命令行操作，越来越多的操作可以使用图形用户界面。相信在不久的将来，在桌面操作系统领域，Linux操作系统会占据更大的市场份额。

1.2.4 其他应用领域

近年来，Linux操作系统广泛应用于各种前沿领域，包括网络空间安全、云计算与大数据、机器学习和深度学习等。网络空间安全方面的代表性的Linux操作系统是Kali操作系统，它自带了各种网络渗透测试的软件包。值得一提的是，Kali 20.04操作系统的图形用户界面也是非常容易使用的。云计算与大数据、机器学习和深度学习等前沿领域大量使用Ubuntu操作系统作为后台服务器和桌面操作系统。Ubuntu也推出了Ubuntu Cloud（云操作系统）。

1.3 Ubuntu 操作系统

众所周知，Linux 操作系统以其出色的服务器和嵌入式系统的性能闻名于世，但其不友好的桌面操作常被人诟病。Ubuntu 操作系统的出现，改变了人们对 Linux 操作系统桌面操作不友好的刻板印象。

Ubuntu(乌班图)的名字来自非洲南部祖鲁语和科萨语的 ubuntu 一词，意思是"人性化"，核心理念是"人道待人"，着眼于人们之间相互的忠诚与交流。Ubuntu 操作系统的创始人是南非企业家马克·沙特尔沃思(Mark Shuttleworth)。它是基于 Debian 的 Linux 操作系统，目的是实现一个现代化的 Linux 系统，使其在桌面系统上真正具有竞争力，更适合主流非技术用户使用。

2004 年 10 月公布了 Ubuntu 操作系统的第一个版本(Ubuntu 4.10 Warty Warthog)。Ubuntu 的重点在于提高易用性，并且坚持定时发布新版本，即每隔 6 个月发布一个新版本。这确保了用户不再使用过时的软件。其发布计划一般是紧随桌面环境 GNOME 项目，Ubuntu 操作系统一般是在 GNOME 推出新版一个月后也推出新版。

Ubuntu 操作系统提供了一个健壮稳定的、由自由软件构建而成的功能丰富的操作系统，它适用于笔记本式计算机、台式计算机和服务器，特别是为喜爱使用桌面功能的用户提供尽善尽美的使用体验。Ubuntu 操作系统几乎包含了所有常用的应用软件：文字处理、电子邮件、软件开发工具和 Web 服务等。用户下载、使用、分享 Ubuntu 操作系统，以及获得技术支持与服务，无须支付任何许可费用。

根据中央处理器架构划分，Ubuntu 操作系统支持 i386 32 位系列、AMD 64 位 x86 系列、ARM 系列及 PowerPC 系列处理器。根据 Ubuntu 发行版本的用途来划分，可分为 Ubuntu Desktop(桌面版)、Ubuntu Server(服务器版)、Ubuntu Cloud(云操作系统)、Ubuntu Touch(移动设备系统)和 Ubuntu IoT 版(适用于云和物联网设备的 Ubuntu Core)。Ubuntu 操作系统已经形成一整套比较完整的解决方案，涵盖了 IT 产品的各个领域。

Ubuntu 操作系统强调易用性，以便能被尽可能多的人所用，同时，由于 APT (Advanced Packaging Tool，高级安装包管理工具)软件仓库镜像众多，在线软件包安装速度很快，因此，自 2004 年第一个版本发布以来，Ubuntu 操作系统得到了众多用户的欣赏和使用。

本书采用 Ubuntu 20.04 LTS 长期支持版介绍 Linux 操作系统的常用命令、服务器的安装配置和软件安装使用。本书所有的实例都采用该 Ubuntu 操作系统版本运行测试。

1.3.1 Ubuntu 的终端界面

Windows 系统以图形化界面、鼠标操作为主，配合键盘的文字输入。Linux 系统则主要以命令行界面操作为主，通过不同的命令来执行不同的功能。

在 Linux 系统图形用户界面下，为了实现在一个窗口中完成用户的命令输入和结果输出，Linux 系统提供了一个称为终端模拟器(Terminal Simulator)的标准的命令行接口(以下简称为"终端")。可以使用 Ctrl+Alt+T 组合键打开终端界面，如图 1-3 所示。

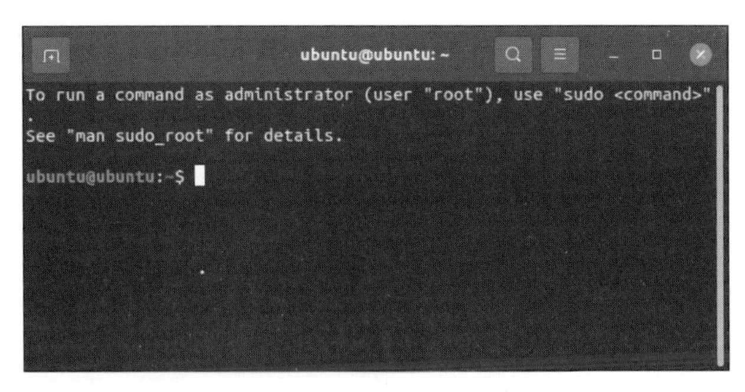

图 1-3　默认的黑底白字的终端界面

图 1-3 是一个默认的黑底白字的终端界面。为了能在屏幕分辨率较低的显示器上正常显示，本书将终端背景色调整为白色，字体显示为黑色。

1.3.2　Ubuntu 终端的快捷键

因为 Linux 的操作是以终端输入命令为主的，终端界面很常用，可以将终端添加到左侧收藏栏中。这个操作很简单，只需要按 Ctrl＋Alt＋T 组合键打开终端界面后，在左侧收藏栏的终端图标上右击，在弹出的快捷菜单中选择“添加到收藏夹”即可。这样，当需要使用终端时，直接在收藏栏上单击即可，该操作与 Windows 系统中的快捷工具栏很相似。

在终端窗口中，会显示“用户名@主机名”，然后是一个命令提示符。普通用户的命令提示符为“$”，超级管理员用户的命令提示符为“#”；～表示主目录。

在 Linux 操作系统的终端界面中是严格区分大小写的。在终端界面中，可以使用 Tab 键来自动补齐命令，即可以只输入命令的前几个字母，然后按 Tab 键，系统将自动补齐该命令，如果命令不止一个，则显示出所有和输入字符相匹配的命令。另外，利用“向上”或“向下”的光标键，可以翻查曾经执行过的历史命令，输入命令。在前台按 Ctrl＋C 组合键能终止当前运行的命令。详细的终端快捷键或命令及其功能如表 1-1 所示。

表 1-1　终端快捷键或命令及其功能

快捷键	功　　能
Tab 键	自动补齐该命令，如果命令不止一个，则显示出所有和输入字符相匹配的命令
“向上”方向键	查看终端历史记录中的上一个命令
“向下”方向键	查看终端历史记录中的下一个命令
![数字序号]	对指定行进行调用，比如!1 为调用之前输入的第 1 个命令
![首字母]	指定首字母调用
history	查看终端全部命令的历史记录
history -c	清空全部命令的历史记录
clear	清除屏幕显示的所有内容，回到终端的初始打开状态

1.3.3　Ubuntu 终端的查看系统信息命令

【例 1-1】　查看 Ubuntu 操作系统信息。

输入以下命令：

```
hostname
uname  -a
lsb_release  -a
```

如上命令的执行效果如图 1-4 所示。由图 1-4 可以发现，系统主机名为 ubuntu，Linux 系统内核为 5.13.0，Ubuntu 系统的版本为 Ubuntu 20.04.3 LTS。

```
(base) ubuntu@ubuntu:~$ hostname
ubuntu
(base) ubuntu@ubuntu:~$ uname  -a
Linux ubuntu 5.13.0-27-generic #29~20.04.1-Ubuntu SMP Fri Jan 14 00:32:30 UTC 20
22 x86_64 x86_64 x86_64 GNU/Linux
(base) ubuntu@ubuntu:~$ lsb_release  -a
No LSB modules are available.
Distributor ID: Ubuntu
Description:    Ubuntu 20.04.3 LTS
Release:        20.04
Codename:       focal
```

图 1-4 查看 Linux 系统信息

1.3.4 Ubuntu 终端的关机和重启命令

Ubuntu 操作系统提供了多个终端关闭和重启系统的命令，其中关闭系统的命令如表 1-2 所示，重启系统的命令如表 1-3 所示，其中，在关机或者重启命令前加上 sudo 表示使用超级用户权限。

表 1-2 关闭 Linux 系统命令

关闭 Linux 系统命令	功　　能
poweroff	立刻关机
hudo halt	立刻关机
sudo shutdown -h time	按照给定的 time 参数关闭 Linux 系统。 例如，sudo shutdown -h now，表示立刻关机； sudo shutdown -h 15，表示 15min 后自动关机； sudo shutdown -h 23:30，表示 23:30 自动关机

表 1-3 重启 Linux 系统命令

重启 Linux 系统命令	功　　能
reboot	立刻重启
sudo shutdown -r time	按照给定的 time 参数关闭 Linux 系统。 例如，sudo shutdown -r now，表示立刻重启； sudo shutdown -r 15，表示 15min 后重启； sudo shutdown -r 23:30，表示 23:30 重启

1.4 Linux 系统的 Shell 脚本

在 Linux 系统“终端”输入的命令通过一个称为 Shell(Linux 系统的“外壳”)的命令解析器程序来完成。Linux 系统中常见的 Shell 有 bash、zsh、ksh、csh 等,Ubuntu 操作系统的终端默认使用的 Shell 是 bash。Shell 脚本(Shell Script)是 Linux 系统下一种用 Shell 语言编写的程序,它与 Windows 系统的批处理文件的功能很相似。它可以把重复烦琐的命令写在 Shell 脚本中,更加方便地管理和维护系统,提高运维效率。

本书的部分实例也加入了 Shell 脚本。Shell 脚本的具体运用将在涉及有关命令时介绍。以下介绍 Shell 的符号表示、变量表示和控制结构。

1.4.1 Shell 脚本的通配符

Shell 脚本的常用通配符及其作用如表 1-4 所示。

表 1-4 常用通配符及其作用

常用通配符	作用
*(星号)	表示任意字符。例如,*python* 表示包含 python 的字符串
?(问号)	表示任意某个字符。例如,lin?x 表示由 lin、任意字符和 x 组成的字符串
[](方括号)	表示匹配括号中的任意一个字符。例如,[abc]表示 a、b、c 之中的任一字符
..	表示字符之间。例如,a..e 表示 a、b、c、d、e,01..05 表示 01、02、03、04、05
{}(花括号)	表示一个范围
!(感叹号)	表示排除其中任意字符。例如,[!abc]表示不是 a、b、c 之中的任一字符
^(幂符号)	只在一行的开头匹配字符串。例如,^表示以 d 开头的字符串
$(美元符号)	只在一行的末尾匹配字符串。例如,ubuntu$ 表示以 ubuntu 结尾的字符串

1.4.2 Shell 脚本的特殊符号

Shell 脚本除了普通字符以外,还包括特殊符号。Shell 脚本的特殊符号及其作用如表 1-5 所示。

表 1-5 特殊符号及其含义

特殊符号	含义
'(单引号)	由单引号括起来的字符串,被 Shell 解释为普通字符串,包括空格、/、\和 $ 等特殊符号
"(双引号)	由双引号括起来的字符串,被 Shell 解释为普通字符串,不包括空格、/、\和 $ 等特殊符号
`(反引号)	表示被反引号括起来的字符串被 Shell 解释为命令行(反引号可以在英文输入状态下,按计算机键盘 Esc 下面的那个键输入)
#	表示注释

续表

特殊符号	含　义
$	取变量值
$ #	统计个数
\	转义字符
|	分隔两个管道命令,表示或者
;	分隔多个命令
&	后台执行命令

1.4.3 Shell 脚本的变量

Shell 脚本的变量类型主要包括用户变量、环境变量。

1. 用户变量

用户变量由用户在 Shell 脚本中定义,仅在当前 Shell 脚本有效。用户变量定义的格式有三种,具体如下:

- 变量名=变量值
- 变量名='变量值'
- 变量名="变量值"

需要注意的是,变量名定义中的"="两边不能有空格。变量名必须由字母、数字和下画线组成,并且要以字母或者下画线开头,不能使用 Shell 的关键字。如果变量值中包含空格或者 Tab 缩进字符,就必须使用单引号或者双引号。

要获取一个用户变量的值,需要在变量名前面加一个 $,即 $ 变量名。

2. 环境变量

环境变量由系统定义,使用大写字母表示。常用的环境变量有 PATH(搜索路径)、HOME(用户主目录)、LOGNAME(当前用户登录名)、HOSTNAME(主机名)和 SHELL(当前使用的 Shell)等。可以使用 env 命令显示当前所有环境变量。需要引用某个环境变量时,可以使用"$ 环境变量名"的格式。

【例 1-2】 查看系统环境变量。

本例使用 echo 命令显示某个环境变量的值。输入以下命令:

```
echo  $PATH
echo  $HOME
echo  $LOGNAME
echo  $HOSTNAME
echo  $SHELL
```

以上命令的执行效果如图 1-5 所示。从图 1-5 中可以发现,当前的搜索路径使用分号隔开,用户主目录为/home/ubuntu,用户登录名和主机名都为 ubuntu,当前使用的 Shell 环境是/bin/bash。

```
(base) ubuntu@ubuntu:~$ echo  $PATH
/home/ubuntu/anaconda3/bin:/home/ubuntu/anaconda3/condabin:/usr/local/sbin:/usr/
local/bin:/usr/sbin:/usr/bin:/sbin:/bin:/usr/games:/usr/local/games:/snap/bin
(base) ubuntu@ubuntu:~$ echo  $HOME
/home/ubuntu
(base) ubuntu@ubuntu:~$ echo  $LOGNAME
ubuntu
(base) ubuntu@ubuntu:~$ echo  $HOSTNAME
ubuntu
(base) ubuntu@ubuntu:~$ echo  $SHELL
/bin/bash
```

图 1-5 查看系统环境变量

1.4.4 Shell 脚本的控制结构

与其他编程语言相同，Shell 脚本的控制结构包括分支结构和循环结构。分支结构包括 if 语句和 case 语句，其语法如表 1-6 所示。循环结构包括 for 循环、while 循环和 until 循环语句，其中，for 循环又包含 Python 语言风格和 C 语言风格的两种语句，具体的语法如表 1-7 和表 1-8 所示。

表 1-6 Shell 脚本的分支结构及其语法

控制结构	if 语句	case 语句

分支结构	if 条件
	then
	    语句
	elif 条件
	then
	    语句
	else
	    语句
	fi
		case 表达方式 in
		    模式 1)
		        语句
		        ;;
		    模式 2)
		        语句
		        ;;
		    …
		    *)
		        语句
		esac

表 1-7 Shell 脚本的 for 循环结构及其语法

控制结构	for 语句(Python 语言风格)	for 语句(C 语言风格)

for 循环结构	for 变量名 in 变量列表
	do
	    语句
	done
		for （变量名＝初值;变量名<＝终值;变量名＋＋）
		do
		    语句
		done

表 1-8 Shell 脚本的 while、until 循环结构及其语法

控制结构	while 语句	until 语句
while、until 循环结构	while 条件 do 　语句 done	until　条件 do 　语句 done

1.5 Linux 系统的帮助命令

1.5.1 help 命令查看内置 Shell 命令的帮助信息

命令功能：只能查看内置 Shell 命令的帮助信息，无法查看外部命令的帮助信息。

命令语法：help　命令名。

【例 1-3】 help 命令查看 cd 命令帮助信息。

cd 命令属于内置 Shell 命令，因此，可以使用 help 命令查看帮助信息。输入以下命令：

```
help  cd
```

以上命令的执行效果如图 1-6 所示。

```
(base) ubuntu@ubuntu:~$ help cd
cd: cd [-L|[-P [-e]] [-@]] [目录]
    改变 shell 工作目录。

    改变当前目录至 DIR 目录。默认的 DIR 目录是 shell 变量 HOME
    的值。

    变量 CDPATH 定义了含有 DIR 的目录的搜索路径，其中不同的目录名称由冒号 (:)分隔。
    一个空的目录名称表示当前目录。如果要切换到的 DIR 由斜杠 (/) 开头，则 CDPATH
    不会用上变量。

    如果路径找不到，并且 shell 选项 `cdable_vars' 被设定，则参数词被假定为一个
    变量名。如果该变量有值，则它的值被当作 DIR 目录。

    选项：
        -L      强制跟随符号链接: 在处理 `..' 之后解析 DIR 中的符号链接。
        -P      使用物理目录结构而不跟随符号链接: 在处理 `..' 之前解析 DIR 中的符号
链接。
        -e      如果使用了 -P 参数，但不能成功确定当前工作目录时，返回非零的返回值
。
        -@      在支持拓展属性的系统上，将一个有这些属性的文件当作有文件属性的目录
。

    默认情况下跟随符号链接，如同指定 `-L'。
    `..' 使用移除向前相邻目录名成员直到 DIR 开始或一个斜杠的方式处理。

    退出状态：
    如果目录改变，或在使用 -P 选项时 $PWD 修改成功时返回 0，否则非零。
```

图 1-6　help 命令查看 cd 命令帮助信息

如果读者需要查看具体有哪些内置 Shell 命令，可以使用以下命令查看：

```
help  |  less
```

1.5.2　which 命令查看外部命令路径命令

命令功能：显示外部命令路径，如果是内置 Shell 命令，则显示为空。

命令语法：which　外部命令名。

【例 1-4】　which 命令查看 cd 和 cp 命令路径。

输入以下命令：

```
which  cd
which  cp
```

以上命令的执行效果如图 1-7 所示。命令 which cd 显示为空，原因是 cd 属于内置 shell 命令，使用 which 命令无法显示其路径，而 cp 属于外部命令，其路径是/usr/bin/cp。

```
(base) ubuntu@ubuntu:~$ which  cd
(base) ubuntu@ubuntu:~$ which  cp
/usr/bin/cp
```

图 1-7　which 命令查看 cd 和 cp 命令路径

1.5.3　man 命令查看外部命令的帮助信息

命令功能：查看外部命令的帮助信息，被称为系统参考手册(manuals)的接口。

命令语法：man　命令名。

【例 1-5】　man 命令查看 cp 命令的帮助信息。

本例为查看 cp 命令的帮助信息。输入以下命令：

```
man  cp
```

以上命令的执行效果如图 1-8 所示。

```
CP(1)                          User Commands                          CP(1)

NAME
       cp - copy files and directories

SYNOPSIS
       cp [OPTION]... [-T] SOURCE DEST
       cp [OPTION]... SOURCE... DIRECTORY
       cp [OPTION]... -t DIRECTORY SOURCE...

DESCRIPTION
       Copy SOURCE to DEST, or multiple SOURCE(s) to DIRECTORY.

       Mandatory arguments to long options are mandatory for short options too.
```

图 1-8　man 命令查看 cp 命令的帮助信息

1.6 课后习题

单项选择题

1. GNU 操作系统是指(　　)。

A. 一种 UNIX 系统　　B. 一种 Linux 系统
C. 一种非 UNIX 系统　　D. 一种商业系统

2. Ubuntu 属于(　　)的 Linux 操作系统。

A. 嵌入式系列　　B. Android 系列
C. RedHat 系列　　D. Debian 系列

3. 在 Ubuntu 中,可以使用(　　)组合键打开一个新的终端。

A. Ctrl+T　　B. Ctrl+C
C. Ctrl+Alt+T　　D. Alt+T

4. 在 Linux 中,可以使用(　　)快速补全终端中的命令或文件名。

A. Tab 键　　B. 向上方向键　　C. 向下方向键　　D. 空格键

5. GPL 是包括(　　)在内的一批开源软件遵循的许可证协议。

A. Linux　　B. Mac　　C. Microsoft　　D. iOS

6. (　　)是 Linux 之父。

A. 乔布斯　　B. 比尔·盖茨　　C. Linux　　D. 林纳斯

7. 在 Linux 操作系统中,不属于 Debian 系列的是(　　)。

A. Ubuntu　　B. Debian　　C. Kali　　D. CentOS 和 Fedora

8. Linux 操作系统的字符终端窗口会显示(　　),然后是一个命令提示符。

A. 主机名@用户名　　B. 用户名@主机名
C. 用户名@域名　　D. 主机名@域名

9. Linux 操作系统内核首次发布于(　　)年 10 月。

A. 1969　　B. 1991　　C. 2004　　D. 1995

10. Ubuntu 操作系统于(　　)年 10 月公布 Ubuntu 的第一个版本。

A. 1969　　B. 1991　　C. 2004　　D. 1995

第2章 文件和目录管理

本章主要介绍 Linux 操作系统文件和目录命令的管理方法，包括文件和目录的操作命令、文件内容查看和分析命令、文件和目录的权限设置命令以及文件和目录压缩解压命令。

需要注意的是，本书所提及的**“你的姓名”**，均要求学生在实践操作中用自己姓名的汉语拼音全拼代替，本书使用 yujian 表示“你的姓名”。**“你的学号”**用学生自己的真实学号代替，本书使用 2019119101 表示“你的学号”。

2.1 文件和目录的操作命令

2.1.1 Linux 系统的目录树结构

Linux 操作系统的文件系统采用树形结构，从根目录 root(/)开始，如图 2-1 所示。

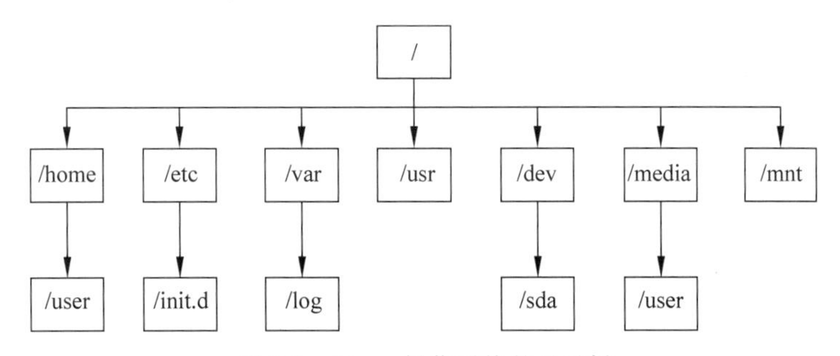

图 2-1 Linux 操作系统的目录树

下面介绍 Linux 系统各主要目录的功能。

(1) /home。

/home 为用户的主目录，在 Linux 中，每个用户都有一个自己的目录，一般该目录名是以用户名进行命名的，如/home/ubuntu，其中，ubuntu 就是用户名。

(2) /etc。

/etc 目录用来存放所有的 Linux 系统管理所需要的配置文件和子目录。例如，/etc/samba/smb.conf 存放的是 Samba 服务器的配置文件。

(3) /var。

/var 目录中存放着在不断扩充着的东西，大家习惯将那些经常被修改的目录放在这个目录下，包括各种日志文件，例如，/var/log/mail.log 包含系统运行电子邮件服务器的日志信息，/var/log/auth.log 包含系统授权信息，包括用户登录和使用的权限机制。

(4) /usr。

usr 是 User Resources(用户资源)的缩写。/usr 是一个非常重要的目录,用户的很多应用程序和文件都放在这个目录下,类似于 Windows 下的 program files 目录。

(5) /dev。

dev 是 Device(设备)的缩写,/dev 目录下存放的是 Linux 的外部设备,例如,用户挂载 U 盘后,U 盘数据存放的路径是/dev/sdb1。在 Linux 中访问设备的方式和访问文件的方式是相同的。

(6) /media。

Linux 系统会自动识别一些设备,如 U 盘、光驱等,当识别后,Linux 会默认把识别到的设备挂载到/media 目录的用户名子目录下,如/media/ubuntu。

(7) /mnt。

Linux 系统提供/mnt 目录是为了让用户临时挂载其他文件系统的,可以将 NFS 网盘挂载在/mnt 上,然后进入该目录就可以查看 NFS 网盘中的内容了。

(8) /bin。

bin 是 Binary 的缩写,/bin 目录存放着最经常使用的系统命令,如/bin/bash,以及绝大部分应用程序的可执行文件。

(9) /proc。

/proc 目录是一个虚拟的目录,它是系统内存的映射,可以通过直接访问该目录来获取系统信息,例如,通过/proc/version 可以查看内核信息和 Ubuntu 操作系统的版本信息,通过/proc/cpuinfo 则可以查看 CPU 信息。

(10) /boot。

/boot 目录中存放的是启动 Linux 时使用的一些核心文件,包括一些链接文件以及镜像文件。

(11) /srv。

/srv 目录用于存放一些服务启动之后需要提取的数据,例如,安装了 FTP 服务器软件后,默认创建了目录/srv/ftp。

(12) /lib。

/lib 目录里存放着系统最基本的动态链接共享库,其作用类似于 Windows 里的 DLL 文件。几乎所有的应用程序都需要用到这些共享库。

(13) /root。

/root 目录为系统管理员的用户主目录。

(14) /sbin。

/sbin 目录存放的是系统管理员使用的系统管理程序。

2.1.2 tree 目录树形结构显示命令

命令功能：tree 命令能够采用树形结构方式显示目录。tree 命令需要安装后才能使用,可以使用命令 sudo apt install tree 安装。

命令语法：tree [选项] [目录]。

常用参数：tree 命令的常用参数及其含义如表 2-1 所示。

表 2-1 tree 命令的常用参数及其含义

常用参数	含义
-d	显示目录名称而非内容
-D	列出文件或目录的更改时间
-L	即 Level,限制目录显示层次
-f	在每个文件或目录之前,显示完整的相对路径名称
-F	执行文件后面加上 * ,目录后面加上/,软链接文件后面加上@

【例 2-1】 tree 命令树形格式显示根目录。

本例使用 tree 命令显示树形格式根目录,限制目录显示层次为 1。输入以下命令:

```
tree  -L  1  /
```

以上命令的执行效果如图 2-2 所示,显示了 Linux 系统的根目录下的所有目录。

输入以下命令:

```
tree  -DL  1~
```

以上命令的执行效果如图 2-3 所示。图 2-3 显示了 Linux 系统的主目录下文件或目录的更改时间,并限制目录显示层次为 1。

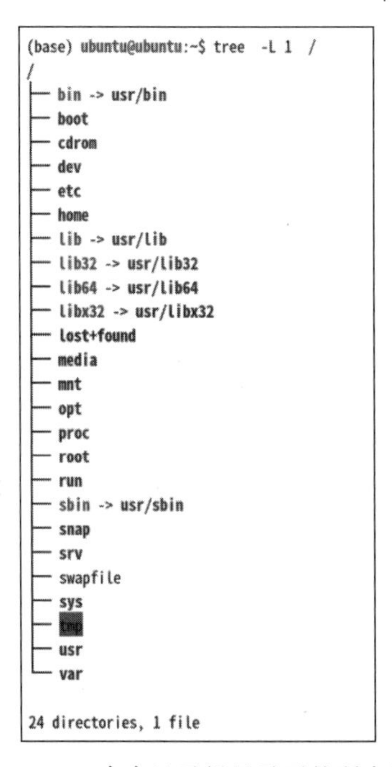

图 2-2 tree 命令显示根目录下的所有目录

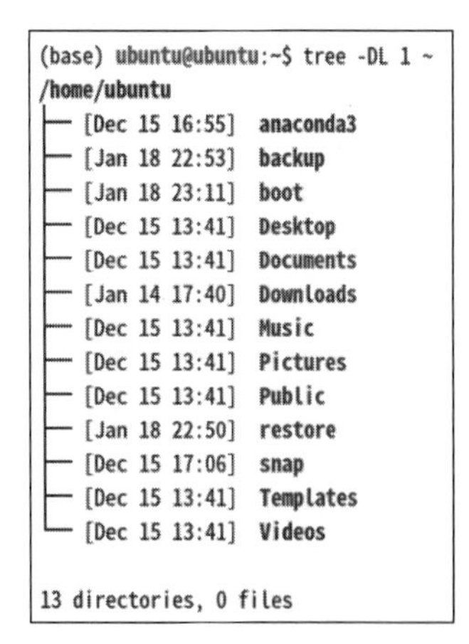

图 2-3 tree 命令显示主目录并列出修改时间

2.1.3 pwd 显示工作目录命令

pwd,即 print working directory,用来显示当前工作目录的绝对路径。

【例 2-2】 pwd 命令显示工作目录。

输入以下命令：

```
pwd
```

以上命令的执行效果如图 2-4 所示。图 2-4 显示了系统工作目录的绝对路径是/home/ubuntu。

```
(base) ubuntu@ubuntu:~$ pwd
/home/ubuntu
```

图 2-4 pwd 命令显示工作目录

2.1.4 ls 列出目录和文件命令

命令功能：ls，即 listfiles 的缩写，用于列出文件和目录。

命令语法：ls ［选项］ ［目录名］ ［文件名］。

常用参数：ls 命令的常用参数及其含义如表 2-2 所示。

表 2-2 ls 命令的常用参数及其含义

常用参数	含义
-F	即 classify 显示，目录后面加上/，可执行文件后面加上 *，软链接文件后面加上@
-l	即 long listing format，长列表格式显示文件和目录的详细信息，共 8 个信息栏：文件类型、文件权限、文件链接个数、文件所有者、文件所属用户组、文件大小(单位：字节)、最后一次修改时间、文件名。在第一栏，即文件类型中，d 表示目录，-表示普通文件，l 表示软链接文件(符号链接文件)
-a	即 all，显示所有文件和目录；以“.”开头的文件为隐藏文件
-h	即 humman-readable，人性化阅读方式，使用 KB、MB、GB 为单位显示文件大小
-d	即 directory，仅显示目录，而不显示内容
-R	即 recursive，递归列出子目录内容

【例 2-3】 ls 命令及参数。

输入以下命令：

```
ls  /var
ls  -F  /var
```

以上命令的执行效果如图 2-5 所示。图 2-5 中，无参数的 ls 命令使用不同颜色显示/var 目录中的目录和文件，但不同系统的显示效果不完全相同，分辨率较低的显示屏难以区分；ls-F 命令在目录后面加上/，可执行文件后面加上 *，软链接文件后面加上@。

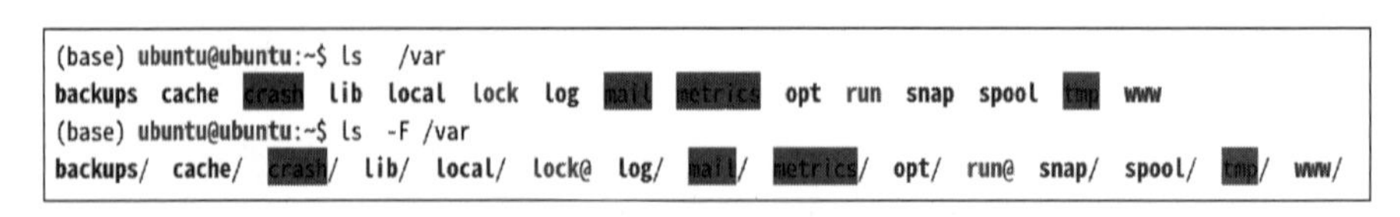

图 2-5 无参数 ls 与 ls -F 命令显示/var 目录

输入以下命令：

```
ls  -lh  /var
```

以上命令的执行效果如图 2-6 所示。图 2-6 中显示了/var 目录下的所有文件和目录的详细信息，共 8 个信息栏：文件类型、文件权限、文件链接个数、文件所有者、文件所属用户组、文件大小（人性化阅读方式显示）、最后一次修改时间、文件名。需要注意的是，在第一栏，即文件类型中，d 表示目录，-表示普通文件，l 表示软链接文件（符号链接文件）。

```
(base) ubuntu@ubuntu:~$ ls -lh /var
总用量 52K
drwxr-xr-x  2 root root     4.0K 1月  22 20:08 backups
drwxr-xr-x 21 root root     4.0K 12月 27 10:17 cache
drwxrwsrwt  2 root whoopsie 4.0K 8月  19 18:41 crash
drwxr-xr-x 79 root root     4.0K 1月  17 09:47 lib
drwxrwsr-x  2 root staff    4.0K 4月  15  2020 local
lrwxrwxrwx  1 root root        9 12月 15 13:28 lock -> /run/lock
drwxrwxr-x 17 root syslog   4.0K 1月  22 09:02 log
drwxrwsrwt  2 root mail     4.0K 12月 15 17:04 mail
drwxrwsrwt  2 root whoopsie 4.0K 8月  19 18:41 metrics
drwxr-xr-x  2 root root     4.0K 8月  19 18:29 opt
lrwxrwxrwx  1 root root        4 12月 15 13:28 run -> /run
drwxr-xr-x 10 root root     4.0K 12月 25 17:16 snap
drwxr-xr-x 10 root root     4.0K 12月 15 16:26 spool
drwxrwxrwt 10 root root     4.0K 1月  22 22:09 tmp
drwxr-xr-x  3 root root     4.0K 12月 15 16:25 www
```

图 2-6　ls -lh 命令显示/var 目录

如果需要显示主目录下的所有文件和目录，可以输入以下命令：

```
cd  ~
ls  -a
```

以上命令的执行效果如图 2-7 所示。图 2-7 中显示了一些以“.”开头的文件，那些文件为隐藏文件。

```
(base) ubuntu@ubuntu:~$ ls  -a  ~
.              .bash_logout  .designer  .ipython  .pam_environment  restore                     Videos
..             .bashrc       Desktop    .lesshst  Pictures          snap                        .wget-hsts
anaconda3      .cache        Documents  .local    .profile          .ssh
backup         .conda        Downloads  .mozilla  Public            .sudo_as_admin_successful
.bash_history  .config       .gnupg     Music     .python_history   Templates
```

图 2-7　ls -a 命令显示主目录下所有文件（包括隐藏文件）

如果需要只显示主目录下的所有隐藏文件或者只显示主目录下的所有目录，可以输入以下命令：

```
ls  -d  .*
ls  -d  */
```

以上命令的执行效果如图 2-8 所示。图 2-8 中，第一个命令只显示以“.”开头的隐藏文件，第二个命令只显示以“/”结尾的目录。

```
(base) ubuntu@ubuntu:~$ ls  -d  .*
.              .cache      .ipython          .profile
..             .conda      .lesshst          .python_history
.bash_history  .config     .local            .ssh
.bash_logout   .designer   .mozilla          .sudo_as_admin_successful
.bashrc        .gnupg      .pam_environment  .wget-hsts
(base) ubuntu@ubuntu:~$ ls  -d  */
anaconda3/  Documents/  Pictures/  snap/       Videos/
backup/     Downloads/  Public/    Templates/
Desktop/    Music/      restore/   test/
```

图 2-8　ls 命令只显示主目录下的隐藏文件或只显示目录

2.1.5　cd 改变目录命令

命令功能：cd(change directory)命令用于改变目录的含义。该命令后面跟着需要跳转到的目录名，该目录可以采用绝对路径或相对路径，也可以用一些符号来表示，例如，～表示主目录；-表示上一个输入过的目录；..表示上一级目录。

命令语法：cd　[目录名]。

【例 2-4】 cd 命令改变目录。

输入以下命令：

```
cd  /
pwd
cd  ~
pwd
cd  -
pwd
cd  /usr
cd  ..
cd
pwd
```

以上命令的执行效果如图 2-9 所示。图 2-9 中，/表示根目录；～表示主目录，即/home/登录用户名；-表示上一个输入过的目录；..表示上一级目录。无参数 cd 命令，与 cd～作用一样，改变目录至主目录。

```
(base) ubuntu@ubuntu:~$ cd /
(base) ubuntu@ubuntu:/$ pwd
/
(base) ubuntu@ubuntu:/$ cd ~
(base) ubuntu@ubuntu:~$ pwd
/home/ubuntu
(base) ubuntu@ubuntu:~$ cd -
/
(base) ubuntu@ubuntu:/$ pwd
/
(base) ubuntu@ubuntu:/$ cd /usr
(base) ubuntu@ubuntu:/usr$ pwd
/usr
(base) ubuntu@ubuntu:/usr$ cd ..
(base) ubuntu@ubuntu:/$ pwd
/
(base) ubuntu@ubuntu:/$ cd
(base) ubuntu@ubuntu:~$ pwd
/home/ubuntu
```

图 2-9　cd 命令改变目录

2.1.6　gedit 文本编辑命令

命令功能：gedit 是一个 GNOME 桌面环境下兼容 UTF-8 的纯文本编辑器。gedit 简单易用，有良好的语法高亮，支持包括 gb2312、gbk 在内的中文字符编码。

命令语法：gedit　[文件名]。

【例 2-5】 gedit 命令编辑文件 b 和 c。

输入以下命令：

```
gedit  b      #编辑文件 b
```

在打开的文件中输入“你的姓名”。本书使用 yujian 表示“你的姓名”。保存，关闭 gedit 窗口。

```
gedit  c      #编辑文件 c
```

在打开的文件中输入“你的学号”。本书使用 2019119101 表示“你的学号”。保存，关闭 gedit 窗口。以上命令的执行效果如图 2-10 所示。

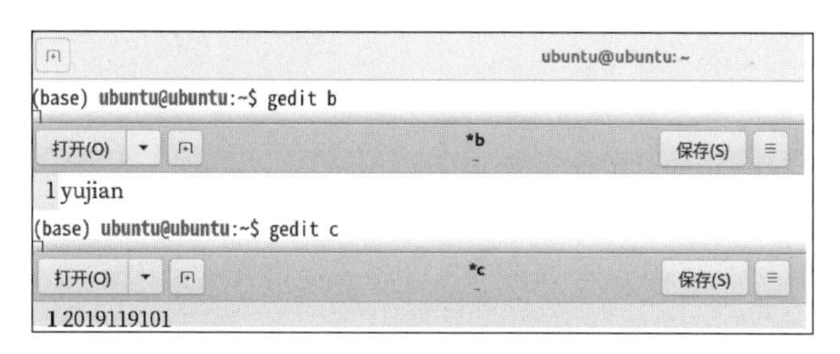

图 2-10　gedit 命令编辑文件 b 和 c

2.1.7　输出和输入重定向命令

输出重定向命令为>或者>>；输入重定向命令为<或者<<。通过重定向命令，可以将字符流重定向到一个文件。

【例 2-6】　输出重定向命令。

本例介绍输出重定向命令的应用方法，输入重定向命令，将在 sort 命令部分举实例说明。输入以下命令：

```
ls  >  ls.txt
gedit  ls.txt
```

以上命令的执行效果如图 2-11 所示。图 2-11 中，第一个命令将 ls 命令显示的当前目录的文件和目录内容重定向输出到 ls. txt，第二个命令使用 gedit 打开 ls. txt 文件。关闭 gedit 窗口。

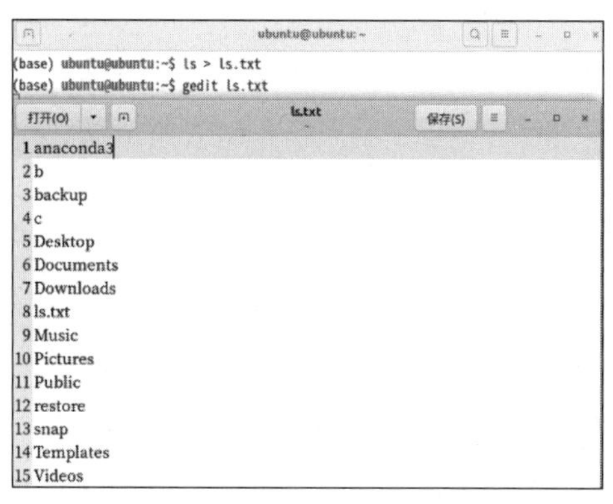

图 2-11　输出重定向命令

2.1.8 cat 显示和合并文件内容命令

命令功能：cat 命令主要用于滚屏显示文件内容或是将多个文件合并成一个文件。

显示文件内容语法：cat [选项]文件名。

合并文件内容语法：cat file1 file2 > file3 或者 cat file1 file2 >> file3。

【例 2-7】 cat 命令显示和合并文件内容。

输入以下命令：

```
cat  b
cat  c
cat  b  c  >  d
cat  d
```

以上命令的执行效果如图 2-12 所示。图 2-12 中，首先使用 cat 命令分别显示了文件 b 和文件 c 的内容，然后结合输出重定向命令，合并文件 b 和 c 的内容，并生成文件 d，最后显示文件 d 的内容，显示“你的姓名”和“你的学号”。

```
(base) ubuntu@ubuntu:~$ cat  b
yujian
(base) ubuntu@ubuntu:~$ cat  c
2019119101
(base) ubuntu@ubuntu:~$ cat b c > d
(base) ubuntu@ubuntu:~$ cat d
yujian
2019119101
```

图 2-12　cat 命令显示和合并文件内容

2.1.9 mkdir 创建目录命令

命令功能：创建目录。

命令语法：mkdir [选项] 目录名。

常用参数-p：递归创建目录，递归的意思是同时创建父目录及其子目录的子目录，即使“要创建的目录已存在”也不会出现报错提示。

【例 2-8】 mkdir 命令创建目录。

输入以下命令：

```
cd  ~
mkdir  test
mkdir  ~/work
mkdir  -p  你的学号/job1
mkdir  -p  ~/你的姓名/job2
ls
```

以上命令的执行效果如图 2-13 所示。图 2-13 中，mkdir test 命令采用相对路径方式创建目录 test，mkdir ~/work 命令采用绝对路径方式创建目录 work，mkdir -p 2019119101/job1 采用相对路径方式创建目录 2019119101 及其子目录 job1，mkdir -p ~/yujian/job2 采用绝对路径方式创建目录 yujian 及其子目录 job2,最后使用 ls 命令查看这些目录是否创建成功。需要注意的是,本实例分别采用相对路径和绝对路径创建文件夹,但都是在主目录下,因此,可以直接使用 ls 命令查看。

```
(base) ubuntu@ubuntu:~$ cd ~
(base) ubuntu@ubuntu:~$ mkdir test
(base) ubuntu@ubuntu:~$ mkdir ~/work
(base) ubuntu@ubuntu:~$ mkdir -p 2019119101/job1
(base) ubuntu@ubuntu:~$ mkdir -p ~/yujian/job2
(base) ubuntu@ubuntu:~$ ls
2019119101  b       c  Desktop    Downloads  Music     Public   snap       test    work
anaconda3   backup  d  Documents  ls.txt     Pictures  restore  Templates  Videos  yujian
```

图 2-13 mkdir 命令创建目录

2.1.10 rmdir 删除空目录命令

命令功能：删除空目录。也就是说,只能删除目录里面没有文件和子目录的目录。

命令语法：rmdir　空目录名。

【例 2-9】 rmdir 命令删除空目录。

本例为删除例 2-8 创建的两个空目录。输入以下命令：

```
rmdir  test
rmdir  work
ls
```

以上命令的执行效果如图 2-14 所示。图 2-14 中,使用 rmdir 命令和相对路径方式删除 test 和 work 两个空目录,最后使用 ls 命令查看是否成功删除了这两个目录。

```
(base) ubuntu@ubuntu:~$ rmdir test
(base) ubuntu@ubuntu:~$ rmdir work
(base) ubuntu@ubuntu:~$ ls
2019119101  b       c  Desktop    Downloads  Music     Public   snap       Videos
anaconda3   backup  d  Documents  ls.txt     Pictures  restore  Templates  yujian
```

图 2-14 rmdir 命令删除空目录

2.1.11 rm 删除文件或目录命令

命令功能：删除文件或目录。

命令语法：rm　[选项]　文件名或目录名。

常用参数：rm 命令的常用参数及其含义如表 2-3 所示。

表 2-3 rm 命令的常用参数及其含义

常用参数	含　义
-r	即 recursive,递归删除目录下的文件和各级子目录
-f	即 force,强制删除不询问
-i	即 interactive,交互,每个要删除的文件都访问

【例 2-10】 rm 命令删除文件或目录。

本例使用 rm 命令删除前面实例创建的某些文件和目录。输入以下命令：

```
rm  b
rm  c
rmdir  你的姓名
rm  -rf  你的姓名
rm  -ri  你的学号
ls
```

以上命令的执行效果如图 2-15 所示。从图 2-15 中可以看出，使用 rm 命令删除了文件 b 和文件 c，尝试使用 rmdir 命令删除 yujian 目录，提示“删除'yujian'失败：目录非空”，使用 rm -rf 命令递归强制删除了 yujian 目录及其子目录，使用 rm -ri 命令递归删除目录及其子目录，每次都提示“是否进入/删除目录”，需要输入 y，并按 Enter 键确认 3 次。

```
(base) ubuntu@ubuntu:~$ rm b
(base) ubuntu@ubuntu:~$ rm c
(base) ubuntu@ubuntu:~$ rmdir yujian
rmdir: 删除 'yujian' 失败: 目录非空
(base) ubuntu@ubuntu:~$ rm -rf yujian
(base) ubuntu@ubuntu:~$ rm -ri 2019119101
rm：是否进入目录'2019119101'? y
rm：是否删除目录 '2019119101/job1'? y
rm：是否删除目录 '2019119101'? y
(base) ubuntu@ubuntu:~$ ls
anaconda3  d        Documents  ls.txt  Pictures  restore  Templates
backup     Desktop  Downloads  Music   Public    snap     Videos
```

图 2-15 rm 命令删除文件或目录

2.1.12 cp 复制文件和目录命令

命令功能：将源文件或目录复制到目标文件或目录。

命令语法：cp ［选项］ 源文件或目录 目标文件或目录。

常用参数：cp 命令的常用参数及其含义如表 2-4 所示。

表 2-4 cp 命令的常用参数及其含义

常用参数	含义
-r	即 recursive，递归复制目录，即包含目录下的各级子目录
-f	即 force，强制复制，如果目标文件或目录存在，不提示，直接覆盖
-i	即 interactive，交互，如果目标文件或目录存在，则提示是否覆盖
-b	即 backup，备份，如果目标文件或目录存在，对同名文件或目录重命名（末尾加上～）备份后再复制

【例 2-11】 cp 命令复制文件和目录。

输入以下命令：

```
mkdir   -p 你的姓名/你的学号/linux
cp   -i   d   你的姓名
cp   -b   d   你的姓名
ls   你的姓名
cp   d   Documents/e
cp   -r   你的姓名 Documents
tree   Documents
```

以上命令的执行效果如图 2-16 所示。从图 2-16 中可以看出，首先使用 mkdir -p 命令递归创建了 yujian/2019119101/linux 目录；然后使用 cp -i 提示复制方式将 d 文件复制到 yujian 目录，输入 y 确认复制；接着使用 cp -b 改名复制方式，同样将 d 文件复制到 yujian 目录，遇到同名 d 文件时，重命名为 d～文件；将 d 文件复制到 Documents 文件夹下，并重命名为 e；将 yujian 目录使用 cp -r 命令递归复制到 Documents 下；最后采用 tree 命令显示整个复制文件的结果，共 3 个目录、3 个文件。

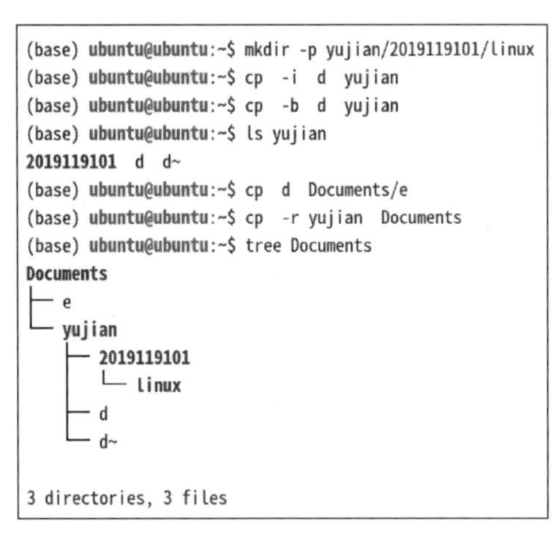

图 2-16　cp 命令复制文件和目录

2.1.13　mv 移动或重命名文件和目录命令

命令功能：移动或重命名文件。

命令语法：mv ［参数］ 源文件或目录　目标文件或目录。

常用参数：mv 命令的常用参数及其含义如表 2-5 所示。

表 2-5　mv 命令的常用参数及其含义

常用参数	含　义
-f	即 force，强制移动，如果目标文件或目录存在，不提示，直接覆盖
-i	即 interactive，交互，如果目标文件或目录存在，则提示是否覆盖
-b	即 backup，备份，如果目标文件或目录存在，对同名文件或目录重命名（末尾加上～）备份后再移动

【例 2-12】　mv 命令移动或重命名文件和目录。

输入以下命令：

```
cd  ~
mv  d  f
ls
mv  f  你的姓名
mv  -b 你的姓名  Documents
tree  Documents
```

以上命令的执行效果如图 2-17 所示。从图 2-17 中可以看出，在主目录下，先将 d 文件重命名为 f，将 f 移动到 yujian 目录，再将整个 yujian 目录移动到 Documents 目录下，而 Documents 目录在例 2-12 中已经创建了 yujian 目录，则在其末尾加上～重命名备份后，再移动；最后，使用 tree 命令查看 Documents 目录，共 6 个目录、6 个文件。

```
(base) ubuntu@ubuntu:~$ cd ~
(base) ubuntu@ubuntu:~$ mv d  f
(base) ubuntu@ubuntu:~$ ls
anaconda3  Desktop    Downloads  ls.txt  Pictures  restore  Templates  yujian
backup     Documents  f          Music   Public    snap     Videos
(base) ubuntu@ubuntu:~$ mv f yujian
(base) ubuntu@ubuntu:~$ mv -b  yujian  Documents
(base) ubuntu@ubuntu:~$ tree Documents
Documents
├── e
├── yujian
│   ├── 2019119101
│   │   └── linux
│   ├── d
│   ├── d~
│   └── f
└── yujian~
    ├── 2019119101
    │   └── linux
    ├── d
    └── d~

6 directories, 6 files
```

图 2-17　mv 命令移动或重命名文件和目录

2.1.14　touch 创建空文件命令

命令功能：使用 touch 命令，能够创建一个空文件。

命令语法：touch 文件名。

【例 2-13】　touch 命令创建空文件。

本例分别创建单个空文件和批量创建空文件。输入以下命令：

```
touch 你的姓名.txt
ls  *.txt
cat  你的姓名.txt
touch  你的姓名{01..10}.txt
ls  *.txt
rm  你的姓名{01..10}.txt
ls  *.txt
```

以上命令的执行效果如图 2-18 所示。从图 2-18 中可以看出，首先使用 touch 命令创建了单个的 yujian.txt 空文本文件，并使用 cat 命令查看，其内容为空；然后，使用 touch 命令批量创建以 yujian 开头的空文本文件，其中，{01..10}表示 01～10 的数字序列。

```
(base) ubuntu@ubuntu:~$ touch  yujian.txt
(base) ubuntu@ubuntu:~$ ls *.txt
ls.txt  yujian.txt
(base) ubuntu@ubuntu:~$ cat  yujian.txt
(base) ubuntu@ubuntu:~$ touch  yujian{01..10}.txt
(base) ubuntu@ubuntu:~$ ls *.txt
ls.txt         yujian02.txt  yujian04.txt  yujian06.txt  yujian08.txt  yujian10.txt
yujian01.txt  yujian03.txt  yujian05.txt  yujian07.txt  yujian09.txt  yujian.txt
(base) ubuntu@ubuntu:~$ rm  yujian{01..10}.txt
(base) ubuntu@ubuntu:~$ ls *.txt
ls.txt  yujian.txt
```

图 2-18　touch 命令创建空文件

2.1.15　bash 或 sh 运行 Shell 脚本文件命令

命令功能：运行 Shell 脚本文件。

命令语法：bash 或 sh　Shell 脚本名。

【例 2-14】 bash 或 sh 命令运行 Shell 脚本文件。

本例使用前面章节所学的命令，包括创建目录、改变目录、创建空文件、复制文件、移动文件、浏览目录、重定向输出和显示文件内容等命令，编辑生成 Shell 脚本文件，并分别使用 bash 和 sh 运行。输入以下命令：

```
gedit  你的姓名.sh
```

在打开的文件中输入以下内容：

```
mkdir  -p  test
cd  test
touch  aa
cp  aa  dd
mv  dd  bb
ls  >  cc
cat  cc
```

输入完成后保存，并关闭 gedit 窗口。以上命令的执行效果如图 2-19 所示。图 2-19 中，mkdir 采用-p 创建目录是为了防止出现“要创建的目录已存在”报错提示的情况；使用 bash 命令执行这个脚本之后，会再使用 sh 命令执行，届时会再次创建 test 目录。

输入以下命令：

```
bash  你的姓名.sh
sh  你的姓名.sh
```

以上命令的执行效果如图 2-20 所示。从图 2-20 中可以看出，首先使用 bash 命令执行 yujian.sh 文件，显示 aa、bb、cc 三个文件；再使用 sh 命令执行 yujian.sh，显示结果与 bash 命令相同。

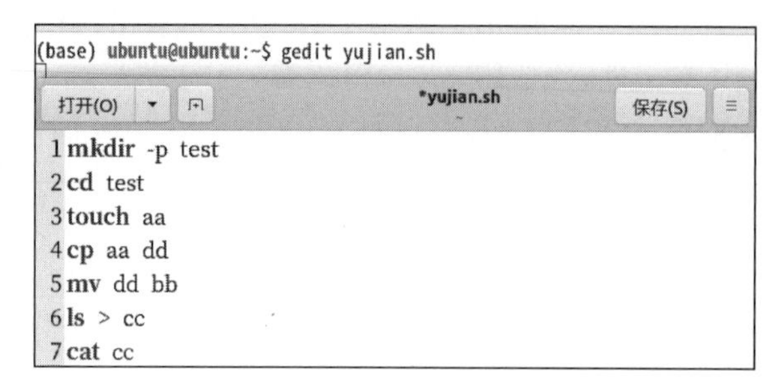

图 2-19 创建 Shell 脚本文件

```
(base) ubuntu@ubuntu:~$ gedit yujian.sh
(base) ubuntu@ubuntu:~$ bash yujian.sh
aa
bb
cc
(base) ubuntu@ubuntu:~$ sh yujian.sh
aa
bb
cc
```

图 2-20 运行 Shell 脚本文件

视频讲解

2.2 文件内容查看和分析命令

2.2.1 more 分页显示文件内容命令

命令功能：使用 cat 命令显示文件内容时，如果文件太长，用户只能看到文件的最后一部分，使用 more 命令可以分页显示文件内容。

命令语法：more 文件名。

命令快捷键：more 命令的快捷键及其作用如表 2-6 所示。

表 2-6 more 命令的快捷键及其作用

常用参数	作用
Enter 键	向下移动一行
空格键	向下移动一页，即向下翻页
Q 键	即 quit，退出

【例 2-15】 more 命令分页显示系统事件日志。

本例使用 more 命令查看系统事件日志/var/log/syslog，有助于解决系统出现的问题。输入以下命令：

```
more /var/log/syslog
```

以上命令的执行效果如图 2-21 所示。按 Q 键退出。

```
(base) ubuntu@ubuntu:~$ more  /var/log/syslog
Jan 23 09:20:07 ubuntu rsyslogd: [origin software="rsyslogd" swVersion="8.2001.0" x-pid="835" x-i
nfo="https://www.rsyslog.com"] rsyslogd was HUPed
Jan 23 09:20:07 ubuntu systemd[1184]: Starting Tracker metadata extractor...
Jan 23 09:20:07 ubuntu dbus-daemon[1209]: [session uid=125 pid=1209] Successfully activated servi
ce 'org.gtk.vfs.Daemon'
Jan 23 09:20:07 ubuntu systemd[1067]: Started Virtual filesystem service.
Jan 23 09:20:07 ubuntu tracker-miner-f[1197]: Unable to get XDG user directory path for special d
irectory &DOCUMENTS. Ignoring this location.
Jan 23 09:20:07 ubuntu tracker-miner-f[1197]: Unable to get XDG user directory path for special d
irectory &MUSIC. Ignoring this location.
```

图 2-21　more 命令分页显示系统事件日志

2.2.2　less 分页显示文件内容命令

命令功能：less 命令是 more 命令的改进版，比 more 命令的功能更加强大。more 命令查看文件内容时只能向下移动一行、向下翻页，而 less 命令除了具有 more 命令的功能之外，还具有向上翻页、上下左右移动页面的功能。

命令语法：less 文件名。

命令快捷键：less 命令的快捷键及其作用如表 2-7 所示。

表 2-7　less 命令的快捷键及其作用

常用参数	作　　用
Enter 键	向下移动一行
空格键	向下移动一页，即向下翻页
B 键	向上移动一页，即向上翻页
方向键	上、下、左、右移动页面
Q 键	即 quit，退出

【例 2-16】　less 命令分页显示系统事件日志。

本例使用 less 命令查看系统事件日志/var/log/syslog，有助于解决系统出现的问题。输入以下命令：

```
less  /var/log/syslog
```

以上命令的执行效果如图 2-22 所示。按 Q 键退出。

```
Jan 23 09:20:07 ubuntu rsyslogd: [origin software="rsyslogd" swVersion="8.2001.0" x-pid="835" x-
info="https://www.rsyslog.com"] rsyslogd was HUPed
Jan 23 09:20:07 ubuntu systemd[1184]: Starting Tracker metadata extractor...
Jan 23 09:20:07 ubuntu dbus-daemon[1209]: [session uid=125 pid=1209] Successfully activated serv
ice 'org.gtk.vfs.Daemon'
Jan 23 09:20:07 ubuntu systemd[1067]: Started Virtual filesystem service.
Jan 23 09:20:07 ubuntu tracker-miner-f[1197]: Unable to get XDG user directory path for special
directory &DOCUMENTS. Ignoring this location.
Jan 23 09:20:07 ubuntu tracker-miner-f[1197]: Unable to get XDG user directory path for special
directory &MUSIC. Ignoring this location.
Jan 23 09:20:07 ubuntu tracker-miner-f[1197]: Unable to get XDG user directory path for special
directory &PICTURES. Ignoring this location.
```

图 2-22　less 命令分页显示系统日志

2.2.3 head 查看文件开头内容命令

命令功能：显示文件开头的内容。

命令语法：head ［选项］ 文件名。

常用参数：-n，表示数字，后面跟着需要显示的行数。

【例 2-17】 head 命令显示内核日志开头 3 行的内容。

本例使用 head 命令查看内核产生的日志，查看该日志有助于解决定制内核时出现的问题。本实例只显示文件开头 3 行的内容，输入以下命令：

```
head  -n3  /var/log/kern.log
```

以上命令的执行效果如图 2-23 所示。

```
(base) ubuntu@ubuntu:~$ head  -n3  /var/log/kern.log
Jan 23 09:20:08 ubuntu kernel: [    8.705125] NFSD: Using UMH upcall client tracking operations.
Jan 23 09:20:08 ubuntu kernel: [    8.705129] NFSD: starting 90-second grace period (net f0000098)
Jan 23 09:20:09 ubuntu kernel: [    8.978168] loop13: detected capacity change from 0 to 8
```

图 2-23 head 命令显示内核日志开头 3 行的内容

2.2.4 tail 显示文件末尾内容命令

命令功能：显示文件末尾的内容。

命令语法：tail ［参数］ 文件名。

常用参数：-n，表示数字，后面跟着需要显示的行数。

【例 2-18】 tail 命令显示内核日志末尾 3 行的内容。

本例使用 tail 命令查看内核产生的日志，只显示文件末尾 3 行的内容。输入以下命令：

```
tail  -n3  /var/log/kern.log
```

以上命令的执行效果如图 2-24 所示。

```
(base) ubuntu@ubuntu:~$ tail  -n3  /var/log/kern.log
Jan 23 09:27:37 ubuntu kernel: [  457.547709] audit: type=1400 audit(1642901257.241:52): apparmor="DENIED"
operation="open" profile="snap.snap-store.ubuntu-software" name="/var/lib/snapd/hostfs/usr/share/gdm/greete
r/applications/gnome-initial-setup.desktop" pid=2451 comm="pool-org.gnome." requested_mask="r" denied_mask=
"r" fsuid=1000 ouid=0
Jan 23 09:27:37 ubuntu kernel: [  457.588768] audit: type=1400 audit(1642901257.281:53): apparmor="DENIED"
operation="open" profile="snap.snap-store.ubuntu-software" name="/var/lib/snapd/hostfs/usr/share/gdm/greete
r/applications/gnome-initial-setup.desktop" pid=2451 comm="pool-org.gnome." requested_mask="r" denied_mask=
"r" fsuid=1000 ouid=0
Jan 23 09:27:37 ubuntu kernel: [  458.284876] audit: type=1326 audit(1642901257.977:54): auid=1000 uid=1000
 gid=1000 ses=4 subj=snap.snap-store.ubuntu-software pid=2451 comm="pool-org.gnome." exe="/snap/snap-store/
558/usr/bin/snap-store" sig=0 arch=c000003e syscall=93 compat=0 ip=0x7fd1d7deb4fb code=0x50000
```

图 2-24 tail 命令显示内核日志末尾 3 行的内容

2.2.5 echo 标准输出命令

命令功能：将字符串送往标准输出。

命令语法：echo　[选项]　[字符串]。字符串可以用英文的单引号(")、双引号("")括起来，也可以完全不使用。

【例 2-19】　echo 命令显示字符序列和变量。

本例采用 echo 命令结合 Shell 脚本显示字符序列和变量。首先查看采用 echo 命令显示使用单引号、双引号括起来“你的姓名”，或者两者都不使用的显示效果，输入以下命令：

```
echo  '你的姓名'
echo  "你的姓名"
echo  你的姓名
```

以上这三个命令的执行效果相同，都显示了 yujian，如图 2-25 所示。

接下来，使用 echo 命令显示字符序列。输入以下命令：

```
echo {01..10}
echo {10..01..-1}
echo {A..Z}
echo {A..Z} | rev
```

以上命令的执行效果如图 2-26 所示。从图 2-26 中可以看出，分别使用正序、逆序显示数字序列 01～10、大写字母序列 A～Z，其中，rev 命令能够将字符流文件逆序输出。

```
(base) ubuntu@ubuntu:~$ echo  'yujian'
yujian
(base) ubuntu@ubuntu:~$ echo  "yujian"
yujian
(base) ubuntu@ubuntu:~$ echo  yujian
yujian
```

图 2-25　echo 命令显示“你的姓名”

```
(base) ubuntu@ubuntu:~$ echo  {01..10}
01 02 03 04 05 06 07 08 09 10
(base) ubuntu@ubuntu:~$ echo  {10..01..-1}
10 09 08 07 06 05 04 03 02 01
(base) ubuntu@ubuntu:~$ echo  {A..Z}
A B C D E F G H I J K L M N O P Q R S T U V W X Y Z
(base) ubuntu@ubuntu:~$ echo  {A..Z} | rev
Z Y X W V U T S R Q P O N M L K J I H G F E D C B A
```

图 2-26　echo 命令显示字符序列

在例 1-2 中已经使用 echo 命令显示了多个环境变量。现在，使用 echo 命令显示用户变量。输入以下命令：

```
x = 你的姓名
echo   $ x
```

以上命令的执行效果如图 2-27 所示。从图 2-27 中可以看出，使用了没有单引号和双引号括起来的 yujian 作为用户变量 x 的值，需要注意的是，等号两边不能有空格。$ x 表示获取变量 x 的值，然后使用 echo 命令输出。

```
(base) ubuntu@ubuntu:~$ x=yujian
(base) ubuntu@ubuntu:~$ echo $x
yujian
```

图 2-27　echo 命令显示用户变量

2.2.6　awk 文本分析命令

命令功能：对文本文件内容进行分析。

命令语法：awk　'{[正则表达式]　动作}'文件名。

常用参数-F：指定分隔符，为一个字符串或者是一个正则表达式。

【例 2-20】 awk 命令分析系统授权日志。

本例通过 awk 命令分析系统授权日志/var/log/auth.log(该文件记录了用户登录及身份认证信息)，提取最近登录系统的用户信息。输入以下命令：

```
awk  -F  ' '  '{print $4}'  /var/log/auth.log | tail  -n3
```

如上命令的执行效果如图 2-28 所示，显示了最近三次登录系统的用户均为 ubuntu。

```
(base) ubuntu@ubuntu:~$ awk  -F  ' '  '{print $4}'  /var/log/auth.log | tail  -n3
ubuntu
ubuntu
ubuntu
```

图 2-28 awk 命令分析系统授权日志

2.2.7 sort 文件内容排序命令

命令功能：对文件内容排序。

命令语法：sort 文件名。

常用参数：sort 命令的常用参数及其含义如表 2-8 所示。

表 2-8 sort 命令的常用参数及其含义

常用参数	含义
-r	降序方式排序(如果不采用-r 参数，默认为升序排序)
-u	去除重复行
-o	把排序结果输出到文件，可以是原文件

【例 2-21】 sort 命令去重排序和降序排序。

首先编辑一个包含 4 种水果单词(其中一种重复)的文本文件 fruit.txt，输入以下命令：

```
gedit  fruit.txt
```

打开 fruit.txt 文本文件后，在 gedit 窗口中输入以下内容后，保存并关闭 gedit 窗口。

```
grape
banana
apple
pear
grape
```

将 fruit.txt 文件去重后排序，输入以下命令：

```
sort  -u  fruit.txt
```

```
(base) ubuntu@ubuntu:~$ gedit fruit.txt
(base) ubuntu@ubuntu:~$ sort  -u  fruit.txt
apple
banana
grape
pear
```

图 2-29 sort 命令去重升序排序

如上命令的执行效果如图 2-29 所示，重复的水果单词 grape 已经被去除了，并且水果单词也按升序排序。

接着编辑一个包含 6 个数字的文本文件 num. txt，输入以下命令：

```
gedit   num.txt
```

打开 fruit. txt 文本文件后，在 gedit 窗口中输入以下内容后，保存并关闭 gedit 窗口。

```
888
88
8
8888
88888
888888
```

将 num. txt 文件降序排序后，输出到原文件，输入以下命令：

```
sort   -r   num.txt   -o   num.txt
cat   num.txt
```

以上命令的执行效果如图 2-30 所示。从图 2-30 中可以看出，已将 num. txt 的内容通过重定向输入命令 sort 进行降序排序，并将排序结果输出到原文件。因为重定向输出是不允许输出到原文件的，如果把-o 改成>，即重定向输出，结果将出错。

```
(base) ubuntu@ubuntu:~$ gedit num.txt
(base) ubuntu@ubuntu:~$ sort  -r  num.txt  -o  num.txt
(base) ubuntu@ubuntu:~$ cat num.txt
888888
88888
8888
888
88
8
```

图 2-30　sort 命令降序排序并输出到原文件

2.2.8　grep 文件内容查找命令

命令功能：grep 是 Global Regular Expressions Print 的缩写，意为全局正则表达式打印，它的主要功能是按文件内容查找。

命令语法：grep ［选项］ 关键字。

常用参数：-i，即 ignore，忽略大小写，默认对大小写是敏感的。

【例 2-22】 grep 命令查找文件内容。

使用 ls 命令浏览/bin 目录中的文件和目录，通过管道输出给 grep 命令，忽略大小写，查找浏览内容中包含 python 字符串的文件。输入以下命令：

```
ls   /bin|grep   -i   python
```

如上命令的执行效果如图 2-31 所示，/bin 存放的是可执行程序，通过这种方法可以查找安装的 Python 可执行文件。

```
(base) ubuntu@ubuntu:~$ ls  /bin | grep  -i  python
depythontex
python
python3
python3.8
python3.8-config
python3-config
python3-futurize
python3-pasteurize
pythontex
x86_64-linux-gnu-python3.8-config
x86_64-linux-gnu-python3-config
```

图 2-31　grep 命令查找安装的 Python 可执行文件

如果要查找系统中的设备,可以使用 lspci、lsusb 和 lscpu 命令列出相应的 PCI、USB 和 CPU 设备,然后通过管道输出给 grep 命令查找。输入以下命令:

```
lspci  |grep  -i  vga
lsusb  |grep  -i  mouse
lscpu  |grep  -i  intel
```

以上命令的执行效果如图 2-32 所示。从图 2-32 中可以看出,结合管道,忽略大小写,第一个命令查找包含 vga 关键字的 PCI 设备,第二个命令查找包含 mouse 关键字的 USB 设备,第三个命令查找包含 intel 关键字的 CPU 设备。

```
(base) ubuntu@ubuntu:~$ lspci  | grep  -i  vga
00:0f.0 VGA compatible controller: VMware SVGA II Adapter
(base) ubuntu@ubuntu:~$ lsusb  | grep  -i  mouse
Bus 003 Device 002: ID 0e0f:0003 VMware, Inc. Virtual Mouse
(base) ubuntu@ubuntu:~$ lscpu  | grep  -i  intel
厂商 ID：                       GenuineIntel
型号名称：                      11th Gen Intel(R) Core(TM) i7-11800H @ 2.30GHz
```

图 2-32　grep 命令查找 PCI、USB 和 CPU 设备

2.2.9　Meld 比较文本内容差异软件

工具功能：Meld 是一款轻量级图形用户界面方式比较和合并工具,它能够比较文件、目录以及实行版本控制。Meld 使用可视化的功能比较文本文件的异同处,将差异内容定位并高亮显示。如果比较的是目录,会比较两个目录下文件名相同的文本文件。另外,它使用自动合并模式和对已变化的块执行操作,让合并操作变得更加容易。

【例 2-23】 Meld 软件比较两个文本文件的差异。

本例创建两个文本文件,并安装和使用 Meld 工具的可视化功能比较它们的差异。编辑“你的学号. txt”文件,输入以下命令:

```
gedit  你的学号.txt
```

在打开的窗口中输入以下内容后,保存并关闭 gedit 窗口。

```
I am a student.
```

```
My ID is 你的学号.
I am working hard.
```

编辑“你的姓名.txt”文件，输入以下命令：

```
gedit  你的姓名.txt
```

在打开的窗口中输入以下内容后，保存并关闭 gedit 窗口。

```
I am a student.
My name is 你的姓名.
I am working hard.
```

可以使用 apt 命令安装 Meld 软件，输入以下命令：

```
sudo  apt  install  meld
```

以上命令的执行效果如图 2-33 所示。

```
(base) ubuntu@ubuntu:~$ sudo apt install meld
[sudo] ubuntu 的密码：
正在读取软件包列表... 完成
正在分析软件包的依赖关系树
正在读取状态信息... 完成
将会同时安装下列软件：
  gir1.2-gtksource-3.0
下列【新】软件包将被安装：
  gir1.2-gtksource-3.0 meld
升级了 0 个软件包，新安装了 2 个软件包，要卸载 0 个软件包，有 3 个软件包
未被升级。
需要下载 499 kB 的归档。
解压缩后会消耗 3,109 kB 的额外空间。
您希望继续执行吗？ [Y/n] y
```

图 2-33　安装 Meld 软件

运行 Meld 软件，输入以下命令：

```
meld
```

以上命令的执行效果如图 2-34 所示。

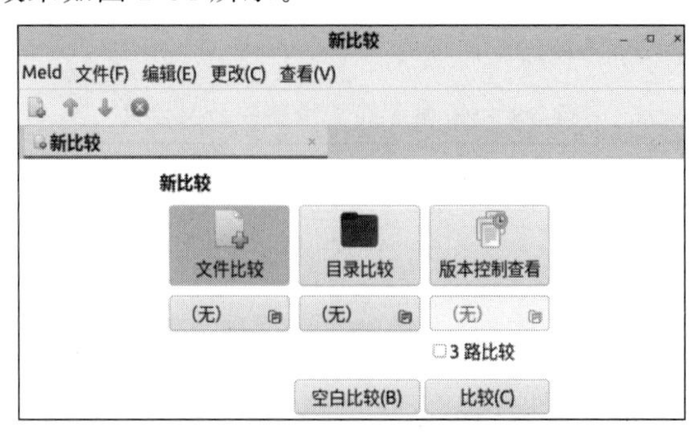

图 2-34　Meld 软件界面

单击“文件比较”按钮，接着再单击下方的“比较”按钮，此时会出现 Meld 软件的文件比较界面，如图 2-35 所示。

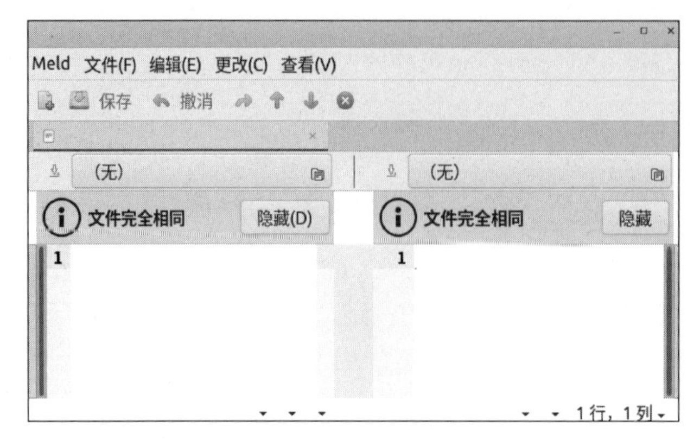

图 2-35　Meld 软件的文件比较界面

分别选择左右两边窗体中的“无”，在弹出的对话框中分别选择“你的学号.txt”和“你的姓名.txt”文件。如图 2-36 所示，Meld 软件将 2019119101.txt 和 yujian.txt 在第二行中的差异之处标识出来，并将行中不相同的单词高亮显示。

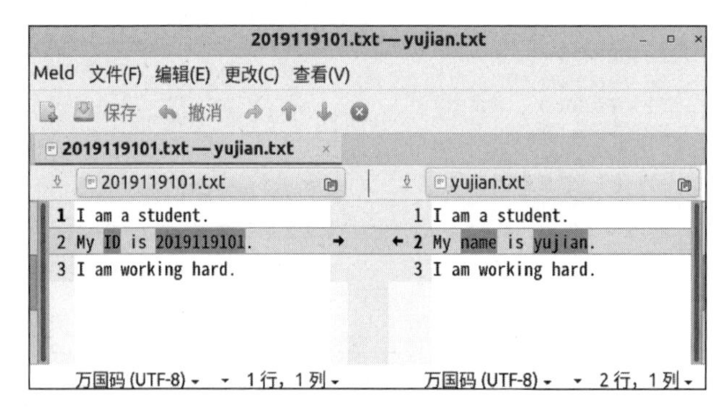

图 2-36　Meld 软件选择文件并比较

2.2.10　wc 统计文件内容命令

命令功能：计算指定文件的行数、字(单词)数，以及字节数。

命令语法：wc　文件名。

常用参数：wc 命令的常用参数及其含义如表 2-9 所示。

表 2-9　wc 命令的常用参数及其含义

常用参数	含　义
-l	只显示行数
-w	只显示字数(单词数)
-c	只显示字节数

【例 2-24】　wc 命令统计文件内容。

下面可以使用 wc 命令统计前面实例创建的 ls.txt、你的姓名.txt 和你的学号.txt 三个文件的内容。输入以下命令：

```
wc  ls.txt  你的姓名.txt  你的学号.txt
```

wc 命令的执行效果如图 2-37 所示，分别显示了这三个文件的行数、单词数和字节数，最后给出了三个文件总的统计量。

```
(base) ubuntu@ubuntu:~$ wc ls.txt yujian.txt 2019119101.txt
 15  15 108 ls.txt
  3  12  54 yujian.txt
  3  12  56 2019119101.txt
 21  39 218 总用量
```

图 2-37　wc 命令统计三个文件的行数、单词数和字节数

从例 2-3 可以知道，使用 ls -lh 将详细列出 8 个文件信息栏，其中，第一栏文件类型中，d 表示目录，-表示普通文件，l 表示软链接文件（符号链接文件）。使用这个知识点，结合 wc 命令，可以统计出主目录下的子目录个数、子目录（递归包含子目录）个数。输入以下命令：

```
ls  -l  ~ | grep "^d" | wc  -l
ls  -lR  ~ | grep "^d" | wc  -l
```

以上命令的执行效果如图 2-38 所示。图 2-38 中，^（幂符号）是 Shell 脚本中的通配符，表示只在一行的开头匹配字符串。^d 表示以 d 开头的字符串，而文件类型信息栏中 d 表示目录。第一个命令只统计子目录个数，子目录数的统计结果是 13；第二个命令递归统计包含子目录的内容，因此相比第一个命令在浏览时加上了-R 参数（参见表 2-2），子目录数（递归统计）的统计结果是 18290。

```
(base) ubuntu@ubuntu:~$ ls  -l  ~ | grep "^d" | wc  -l
13
(base) ubuntu@ubuntu:~$ ls  -lR  ~ | grep "^d" | wc  -l
18290
```

图 2-38　wc 命令统计主目录下的子目录个数

同样，可以统计主目录下的普通文件个数、主目录下的普通文件（递归包含子目录）个数。输入以下命令：

```
ls  -l  ~ | grep "^-" | wc -l
ls  -lR  ~ | grep "^-" | wc -l
```

以上命令的执行效果如图 2-39 所示。图 2-39 中，^-表示以-开头的字符串，而文件类型信息栏中的-表示普通文件。

```
(base) ubuntu@ubuntu:~$ ls  -l  ~ | grep "^-" | wc  -l
6
(base) ubuntu@ubuntu:~$ ls  -lR  ~ | grep "^-" | wc  -l
129047
```

图 2-39　wc 命令统计主目录下的文件数

视频讲解

2.3 文件和目录的权限设置命令

2.3.1 Linux 文件和目录权限表示法

Linux 为 3 类文件用户准备了权限：文件所有者(文件属主)、文件属组用户和其他人。文件所有者(User)：通常是文件的创建者；文件属组用户(Group)：把文件交给一个组，这个组就是文件的属组，组是一群用户组成的一个集合；其他人(Other)：不包括前两类人和 root 用户在内的“其他”用户。通常来说，“其他人”总是具有最低权限(或者没有权限)。

1. 字母表示法

字母表示法可以赋予某类用户对文件和目录享有 3 种权限：读取(r)、写入(w)和执行(x)。需要注意的是，对目录而言，所谓执行权限实际控制了用户能否进入该目录；而读取权限则负责确定能否列出该目录中的内容；写入权限控制在目录中创建、删除和重命名文件。因此目录的执行权限是其最基本的权限。

2. 数字表示法

数字表示法中，1 代表 x、2 代表 w、4 代表 r，然后简单地将它们做加法就可以了。举例来说，rwx=4+2+1=7。

权限代号 rwx，用 3bit 表示。

r--：读取权限，数字代号为 4=100。

-w-：写入权限，数字代号为 2=010。

--x：执行权限，数字代号为 1=001。

-：不具备任何权限，数字代号为 0。

2.3.2 chmod 更改文件权限命令

命令功能：更改文件权限。

命令语法：chmod [u/g/o/a][+/-/=][r/w/x] 文件名。

常用参数：chmod 命令的常用参数及其含义如表 2-10 所示。

表 2-10　chmod 命令的常用参数及其含义

常用参数	含义
u	即 user，文件所有者
g	即 group，文件所属的用户组，简称为文件所属组
o	即 other，其他用户
a	即 all，所有用户
+	增加用户权限，默认是所有用户
-	减少用户权限，默认是所有用户
-R	递归设置目录(包括子目录和文件)的权限
r	读取权限
w	写入权限
x	执行权限

【例 2-25】 采用 chmod 命令和数字表示法设置文件和目录权限。

本例为采用 chmod 命令和数字表示法设置文件、目录权限，请读者注意文件详细信息列表中第一栏的变化。首先设置文件权限，输入以下命令：

```
ls  -l  你的姓名*.*
chmod  444  你的姓名*.*
ls  -l  你的姓名*.*
```

以上命令的执行效果如图 2-40 所示。图 2-40 中，使用通配符 *.*，将所有 yujian 开头的文件，即前面实例所创建的 yujian.sh 和 yujian.txt，使用数字表示法设置为 444。也就是说，对三类用户都设置为只读权限。

```
(base) ubuntu@ubuntu:~$ ls -l yujian*.*
-rw-rw-r-- 1 ubuntu ubuntu 76 1月  23 13:30 yujian.sh
-rw-rw-r-- 1 ubuntu ubuntu 54 1月  23 17:58 yujian.txt
(base) ubuntu@ubuntu:~$ chmod  444  yujian*.*
(base) ubuntu@ubuntu:~$ ls -l yujian*.*
-r--r--r-- 1 ubuntu ubuntu 76 1月  23 13:30 yujian.sh
-r--r--r-- 1 ubuntu ubuntu 54 1月  23 17:58 yujian.txt
```

图 2-40　chmod 命令数字表示法设置文件权限

接着，查看目录权限和使用 chmod 命令设置目录权限。输入以下命令：

```
mkdir  -p  你的姓名
ls  -ld  你的姓名
cp  你的姓名*.*   你的姓名
ls  -ld  你的姓名
chmod  -R  777  你的姓名
ls  -ld  你的姓名
cd  你的姓名
ls  -l  你的姓名*.*
cd
```

以上命令的执行效果如图 2-41 所示。与查看文件权限相比，查看目录权限需要再加上-d 参数。查看后发现，默认新建目录的权限是 drwxrwxr-x，使用数字表示法就是 775。将已经设置为 444 文件权限的 yujian*.* 复制到 yujian 目录，查看权限仍然一样。然后，使用 chmod-R 递归设置 yujian 目录(包括子目录和所有文件)权限为 777，即对三类用户都设置为可读、可写、可执行权限。改变目录到 yujian，查看目录中的所有文件，可以发现，它们的文件权限同样修改为 777 了。

接下来，分析执行权限和读取权限对于目录的影响。请读者思考一下：如果将一个目录权限设置为 444，即对三类用户都只有读取权限，没有执行权限，那么，是否能够使用 cd 命令进入该目录？输入以下命令：

```
mkdir  -p  你的学号
chmod  444  你的学号
cd  你的学号
```

```
(base) ubuntu@ubuntu:~$ mkdir -p yujian
(base) ubuntu@ubuntu:~$ ls -ld yujian
drwxrwxr-x 2 ubuntu ubuntu 4096 1月  24 15:13 yujian
(base) ubuntu@ubuntu:~$ cp yujian*.* yujian
(base) ubuntu@ubuntu:~$ ls -ld yujian
drwxrwxr-x 2 ubuntu ubuntu 4096 1月  24 15:15 yujian
(base) ubuntu@ubuntu:~$ chmod -R 777 yujian
(base) ubuntu@ubuntu:~$ ls -ld yujian
drwxrwxrwx 2 ubuntu ubuntu 4096 1月  24 15:15 yujian
(base) ubuntu@ubuntu:~$
(base) ubuntu@ubuntu:~$ cd yujian
(base) ubuntu@ubuntu:~/yujian$ ls -l yujian*.*
-rwxrwxrwx 1 ubuntu ubuntu 76 1月  24 15:15 yujian.sh
-rwxrwxrwx 1 ubuntu ubuntu 54 1月  24 15:15 yujian.txt
(base) ubuntu@ubuntu:~/yujian$ cd
(base) ubuntu@ubuntu:~$
```

图 2-41　chmod 命令数字表示法设置目录权限

以上命令的执行效果如图 2-42 所示。图 2-42 中显示权限不够。目录的执行权限控制了用户能否进入该目录，因为 2019119101 目录不具有执行权限，因此，无法改变目录到该目录上。

请读者思考一下：如果将一个目录权限设置为 111，即对三类用户都只有执行权限，应该能够进入该目录，那么是否能够使用 ls 命令浏览该目录？输入以下命令：

```
chmod  111  你的学号
cd  你的学号
cd
ls  你的学号
```

以上命令的执行效果如图 2-43 所示。从图 2-43 中可以看出，将 2019119101 目录权限设置为 111 后，能够使用 cd 命令进入该目录，但是，无法使用 ls 命令浏览该目录，因为读取权限能够确定能否列出该目录中的内容，而该目录不具有读取权限，因此，无法浏览目录中的内容。

```
(base) ubuntu@ubuntu:~$ mkdir -p 2019119101
(base) ubuntu@ubuntu:~$ chmod 444 2019119101
(base) ubuntu@ubuntu:~$ cd 2019119101
bash: cd: 2019119101: 权限不够
```

图 2-42　chmod 命令设置目录权限 444

```
(base) ubuntu@ubuntu:~$ chmod 111 2019119101
(base) ubuntu@ubuntu:~$ cd 2019119101
(base) ubuntu@ubuntu:~/2019119101$ cd
(base) ubuntu@ubuntu:~$ ls 2019119101
ls: 无法打开目录 '2019119101': 权限不够
```

图 2-43　chmod 命令设置目录权限 111

【例 2-26】 使用 chmod 命令和字母表示法设置文件权限。

本例采用 chmod 命令和字母表示法设置文件权限，请读者注意文件详细信息列表中第一栏的变化。输入以下命令：

```
ls  -l  你的学号.txt
chmod  a+x  你的学号.txt
ls  -l  你的学号.txt
chmod  g-x  你的学号.txt
ls  -l  你的学号.txt
chmod  o-x  你的学号.txt
ls  -l  你的学号.txt
```

以上命令的执行效果如图 2-44 所示。从图 2-44 中可以看出，首先查看 2019119101.txt 文件的权限，默认是没有执行权限的。将 2019119101.txt 的文件权限对所有三类用户增加执行权限，即使用字母表示法 a＋x，再次查看文件权限，已经修改为-rwxrwxr-x。然后对文件所属组减少执行权限，即 g-x。接着对其他用户减少执行权限，即 o-x。后该文件权限修改为-rwxrw-r--。

```
(base) ubuntu@ubuntu:~$ ls -l 2019119101.txt
-rw-rw-r-- 1 ubuntu ubuntu 56 1月  23 17:58 2019119101.txt
(base) ubuntu@ubuntu:~$ chmod  a+x  2019119101.txt
(base) ubuntu@ubuntu:~$ ls -l 2019119101.txt
-rwxrwxr-x 1 ubuntu ubuntu 56 1月  23 17:58 2019119101.txt
(base) ubuntu@ubuntu:~$ chmod  g-x  2019119101.txt
(base) ubuntu@ubuntu:~$ ls -l 2019119101.txt
-rwxrw-r-x 1 ubuntu ubuntu 56 1月  23 17:58 2019119101.txt
(base) ubuntu@ubuntu:~$ chmod  o-x  2019119101.txt
(base) ubuntu@ubuntu:~$ ls -l 2019119101.txt
-rwxrw-r-- 1 ubuntu ubuntu 56 1月  23 17:58 2019119101.txt
```

图 2-44　chmod 命令字母表示法增加或减少单个文件权限

下面使用字母表示法设置增加或减少多个文件权限。输入以下命令：

```
chmod  a -rw  你的学号.txt
ls  -l  你的学号.txt
chmod  ug +rw  你的学号.txt
ls  -l  你的学号.txt
```

以上命令的执行效果如图 2-45 所示。从图 2-45 中可以看出，首先对所有三类用户减少 2019119101.txt 文件的读取和写入权限，即 a-rw；然后对文件所有者和文件所属组增加读取和写入权限，即 ug＋rw；最后该文件权限修改为-rwxrw----。

```
(base) ubuntu@ubuntu:~$ chmod  a-rw  2019119101.txt
(base) ubuntu@ubuntu:~$ ls -l 2019119101.txt
---x------ 1 ubuntu ubuntu 56 1月  23 17:58 2019119101.txt
(base) ubuntu@ubuntu:~$ chmod  ug+rw  2019119101.txt
(base) ubuntu@ubuntu:~$ ls -l 2019119101.txt
-rwxrw---- 1 ubuntu ubuntu 56 1月  23 17:58 2019119101.txt
```

图 2-45　chmod 命令字母表示法增加或减少多个文件权限

2.3.3　chown 修改文件所有权命令

命令功能：更改文件所有权。

命令语法：chown　用户：用户组文件名或目录名。通常需要使用超级用户权限。

常用参数-R：递归设置一个目录(包括子目录和文件)的所有权。

【例 2-27】　chown 命令修改文件和目录所有权。

本例中采用 chown 命令修改文件和目录所有权，请读者注意文件详细信息列表的第二栏用户名和第三栏用户组名的变化。首先，修改“你的学号.txt”文件所有权为 root 用户和 root 用户组，输入以下命令：

```
ls  -l  你的学号.txt
sudo  chown  root:root  你的学号.txt
ls  -l  你的学号.txt
```

以上命令的执行效果如图 2-46 所示。从图 2-46 中可以看出，查看 2019119101.txt 的文件所有权为 ubuntu 用户和 ubuntu 用户组。由于要将该文件的所有权修改为 root 用户和 root 用户组，因此，需要使用超级用户权限。

```
(base) ubuntu@ubuntu:~$ ls -l 2019119101.txt
-rwxrw---- 1 ubuntu ubuntu 56 1月  23 17:58 2019119101.txt
(base) ubuntu@ubuntu:~$ sudo  chown  root:root  2019119101.txt
[sudo] ubuntu 的密码：
(base) ubuntu@ubuntu:~$ ls -l 2019119101.txt
-rwxrw---- 1 root root 56 1月  23 17:58 2019119101.txt
```

图 2-46　chown 命令修改文件所有权

然后，使用 chown 命令修改"你的姓名"目录(包括子目录和文件)的所有权为 root 用户和 root 用户组，输入以下命令：

```
ls  -ld  你的姓名
sudo  chown  -R  root:root  你的姓名
ls  -ld  你的姓名
ls  -l  你的姓名
```

以上命令的执行效果如图 2-47 所示。从图 2-47 中可以看出，查看 yujian 目录的所有权为 ubuntu 用户和 ubuntu 用户组。由于要将该目录(包括子目录和文件)的所有权修改为 root 用户和 root 用户组，因此，需要使用超级用户权限。需要注意的是，使用 chown 命令递归修改目录所有权需要加上-R 参数。注意，以上使用 ls 命令查看目录权限时，使用-ld 参数，而查看目录中的文件权限时，只使用-l 参数。

```
(base) ubuntu@ubuntu:~$ ls -ld yujian
drwxrwxr-x 2 ubuntu ubuntu 4096 3月  24 09:55 yujian
(base) ubuntu@ubuntu:~$ sudo  chown  -R  root:root  yujian
(base) ubuntu@ubuntu:~$ ls -ld yujian
drwxrwxr-x 2 root root 4096 3月  24 09:55 yujian
(base) ubuntu@ubuntu:~$ ls -l yujian
总用量 4
-rw-rw-r-- 1 root root  0 3月  24 09:55 yujian.sh
-rw-rw-r-- 1 root root 50 3月  24 09:55 yujian.txt
```

图 2-47　chown 命令修改目录(包括子目录和文件)所有权

2.3.4　chgrp 修改文件所属组命令

命令功能：更改文件所属组。

命令语法：chgrp　用户组名　文件名。

【例 2-28】　chgrp 命令修改文件所属组。

本例中采用 chgrp 命令修改文件所属组，请读者注意文件详细信息列表的第三栏用户组名的变化。输入以下命令：

```
ls  -l  你的姓名.txt
sudo  chgrp  root  你的姓名.txt
ls  -l  你的姓名.txt
```

以上命令的执行效果如图 2-48 所示。从图 2-48 中可以看出，查看 yujian.txt 的文件所属组为 ubuntu 用户组，使用超级用户权限和 chgrp 命令修改为 root 用户组，文件所属用户仍然为 ubuntu。

```
(base) ubuntu@ubuntu:~$ ls -l yujian.txt
-r--r--r-- 1 ubuntu ubuntu 54 1月  23 17:58 yujian.txt
(base) ubuntu@ubuntu:~$ sudo  chgrp  root  yujian.txt
(base) ubuntu@ubuntu:~$ ls -l yujian.txt
-r--r--r-- 1 ubuntu root 54 1月  23 17:58 yujian.txt
```

图 2-48　chgrp 命令修改文件所属组

2.3.5　ln 文件链接命令

Linux 系统的文件链接，包括了软链接和硬链接。软链接，也称为符号链接，只是建立别名，相当于 Windows 操作系统的快捷方式，删除该别名文件，不影响原文件。而硬链接，相当于多了一个文件名指向同一块内存空间，目录无法创建硬链接。当删除原文件，软链接失效，而硬链接依然拥有原文件的数据。

软链接命令语法：ln　-s　目标文件　链接名字。

硬链接命令语法：ln　目标文件　链接名字。

【例 2-29】　ln 命令创建软链接和硬链接文件。

本例中分别创建"你的学号.txt"文件的软链接和硬链接，并查看它们的文件属性，以及删除原文件对它们的影响。输入以下命令：

```
ln  -s  你的学号.txt my1
sudo  ln  你的学号.txt my2
ls  -l  my*
sudo  cat  my1
sudo  cat  my2
```

以上命令的执行效果如图 2-49 所示。从图 2-49 中可以发现，使用 ln 命令对 2019119101.txt 文件分别创建了软链接文件 my1 和硬链接文件 my2。通过 ls -l 命令查看它们的文件详细列表中的第一栏属性，可以发现，软链接文件标识为 l，即表示链接文件，而硬链接文件仍然为-，即表示普通文件。另外，my1-> 2019119101.txt 的标记表示 my1 是 2019119101.txt 的软链接文件。

由于前面的实例将 2019119101.txt 文件的所有权修改为 root 用户和 root 用户组，因此，创建硬链接文件，以及使用 cat 命令显示 my1 和 my2 时，需要使用超级用户权限。

输入以下命令：

```
sudo  rm  你的学号.txt
sudo  cat  my1
sudo  cat  my2
```

```
(base) ubuntu@ubuntu:~$ ln -s 2019119101.txt my1
(base) ubuntu@ubuntu:~$ sudo ln 2019119101.txt my2
(base) ubuntu@ubuntu:~$ ls -l my*
lrwxrwxrwx 1 ubuntu ubuntu 14 1月  24 23:14 my1 -> 2019119101.txt
-rwxrw---- 2 root   root   56 1月  23 17:58 my2
(base) ubuntu@ubuntu:~$ sudo cat my1
I am a student.
My ID is 2019119101.
I am working hard.
(base) ubuntu@ubuntu:~$ sudo cat my2
I am a student.
My ID is 2019119101.
I am working hard.
```

图 2-49 ln 命令创建软链接和硬链接文件

以上命令的执行效果如图 2-50 所示。从图 2-50 中可以看出，删除原文件，软链接已经失效，显示“没有那个文件或目录”，而硬链接仍然能够显示 2019119101.txt 的内容。

```
(base) ubuntu@ubuntu:~$ sudo rm 2019119101.txt
(base) ubuntu@ubuntu:~$ sudo cat my1
cat: my1: 没有那个文件或目录
(base) ubuntu@ubuntu:~$ sudo cat my2
I am a student.
My ID is 2019119101.
I am working hard.
```

图 2-50 删除原文件对软链接和硬链接文件的影响

2.3.6 find 文件查找命令

命令功能：按文件权限、名称、大小信息查找文件。通常需要使用超级用户权限。

命令语法：find ［目录］ ［选项］。

常用参数：find 命令的常用参数及其含义如表 2-11 所示。

表 2-11 find 命令的常用参数及其含义

常用参数	含义
-perm	按文件权限
-name	按文件名称
-size	按文件大小
-type	按文件类型，f 表示文件，d 表示目录
-mtime	按修改时间，后面跟着数字，以天为单位

【例 2-30】 find 命令按文件权限、名称、大小和修改时间查找文件。

本例使用 find 命令分别按文件权限、名称、大小和修改时间查找文件。首先使用 find 命令按文件权限查找文件，在主目录下查找权限为 444 的文件，在“你的姓名”目录下查找权限为 777 的文件。输入以下命令：

```
sudo  find  ~  -perm  444
sudo  find  你的姓名  -perm  777
```

以上命令的执行效果如图 2-51 所示。

```
(base) ubuntu@ubuntu:~$ sudo  find  ~  -perm  444
[sudo] ubuntu 的密码：
/home/ubuntu/anaconda3/pkgs/intel-openmp-2020.2-254/info/licenses/mkl/info/licen
ses/license.txt
/home/ubuntu/anaconda3/pkgs/mkl-2020.2-256/info/licenses/mkl/info/licenses/licen
se.txt
/home/ubuntu/yujian.sh
/home/ubuntu/yujian.txt
(base) ubuntu@ubuntu:~$ sudo  find  yujian  -perm  777
yujian
yujian/yujian.sh
yujian/yujian.txt
```

图 2-51　find 命令按文件权限查找文件

使用 find 命令查找 etc 目录下文件名包含 ipv6 的文件。输入以下命令：

```
sudo  find  /etc  -name  *ipv6*
```

以上命令的执行效果如图 2-52 所示。

```
(base) ubuntu@ubuntu:~$ sudo  find  /etc  -name  *ipv6*
/etc/ppp/ipv6-up
/etc/ppp/ipv6-down
/etc/ppp/ipv6-up.d
/etc/ppp/ipv6-down.d
/etc/sysctl.d/10-ipv6-privacy.conf
```

图 2-52　find 命令按文件名称关键字查找文件

使用 find 命令查找/usr 目录下大于 100MB 的文件、查找/etc 目录下大于 100kB 的文件、查找你的姓名目录下小于 100B 的文件。输入以下命令：

```
sudo  find  /usr  -size  +100M
sudo  find  /etc  -size  +100k
sudo  find  你的姓名  -size  -100c
```

以上命令的执行效果如图 2-53 所示。需要注意的是，M 表示兆字节，需要使用大写表示；k 表示千字节，需要使用小写表示；c 表示字节，需要使用小写表示。

```
(base) ubuntu@ubuntu:~$ sudo  find  /usr  -size  +100M
[sudo] ubuntu 的密码：
/usr/lib/jvm/java-11-openjdk-amd64/lib/modules
/usr/lib/firefox/libxul.so
/usr/lib/thunderbird/libxul.so
(base) ubuntu@ubuntu:~$ sudo  find  /etc  -size  +100k
/etc/java-11-openjdk/security/public_suffix_list.dat
/etc/ssh/moduli
/etc/ImageMagick-6/mime.xml
/etc/brltty/Contraction/ko.ctb
/etc/brltty/Contraction/zh-tw.ctb
/etc/brltty/Contraction/zh-tw-ucb.ctb
/etc/ssl/certs/java/cacerts
/etc/ssl/certs/ca-certificates.crt
(base) ubuntu@ubuntu:~$ sudo  find  yujian -size  -100c
yujian/yujian.sh
yujian/yujian.txt
```

图 2-53　find 命令按文件大小查找文件

使用 find 命令查找"你的姓名"目录下类型为文件且修改时间在一天之内的文件，查找/var 目录下类型为目录且修改时间在一天之内的文件。输入以下命令：

```
sudo  find  你的姓名  -type  f  -mtime  -1
sudo  find  /var/log  -type  d  -mtime  -1
```

以上命令的执行效果如图 2-54 所示。

```
(base) ubuntu@ubuntu:~$ sudo  find  yujian  -type  f  -mtime  -1
yujian/yujian.sh
yujian/yujian.txt
(base) ubuntu@ubuntu:~$ sudo  find  /var/log  -type  d  -mtime  -1
/var/log
/var/log/samba
/var/log/unattended-upgrades
/var/log/apt
/var/log/journal/eefa5e2d28d247ae9cccc07e7f25e288
/var/log/cups
/var/log/apache2
```

图 2-54 find 命令按文件修改时间查找文件

2.3.7 umask 权限掩码命令

命令功能：umask 命令指定在建立文件时预设的权限掩码，由 3 个八进制的数字所组成，将现有的存取权限减掉权限掩码后，即可产生建立文件时预设的权限。

命令语法：umask [权限掩码]。

【例 2-31】 umask 命令查看和设置权限掩码。

本例使用 umask 命令查看和设置权限掩码。首先查看权限掩码、文件和目录默认的权限，输入以下命令：

```
umask
mkdir      你的姓名 1
ls   -ld  你的姓名 1
touch      你的姓名.py
ls   -l   你的姓名.py
```

以上命令的执行效果如图 2-55 所示。权限掩码默认为 002，目录的默认权限为 777 减去对应的 002，即 775，因为目录默认所有用户都具有执行权限，即进入该目录的权限；文件的默认权限为 666－002＝664，因为文件默认所有用户都没有执行权限。图 2-55 中显示的结果与理论计算一致。

设置文件权限掩码为 022 后，查看新建的目录和文件的权限。输入以下命令：

```
umask      022
mkdir      你的姓名 2
ls   -ld  你的姓名 2
touch      你的姓名.html
ls   -l   你的姓名.html
```

```
(base) ubuntu@ubuntu:~$ umask
0002
(base) ubuntu@ubuntu:~$ mkdir  yujian1
(base) ubuntu@ubuntu:~$ ls -ld yujian1
drwxrwxr-x 2 ubuntu ubuntu 4096 1月  25 00:54 yujian1
(base) ubuntu@ubuntu:~$ touch yujian.py
(base) ubuntu@ubuntu:~$ ls -l yujian.py
-rw-rw-r-- 1 ubuntu ubuntu 0 1月  25 00:54 yujian.py
```

图 2-55 文件和目录默认的权限

以上命令的执行效果如图 2-56 所示。权限掩码设置为 022,目录的默认权限为 777 减去对应的 022,即 755;文件的默认权限为 666－022＝644。图 2-56 中显示的结果与理论计算一致。

```
(base) ubuntu@ubuntu:~$ umask  022
(base) ubuntu@ubuntu:~$ mkdir yujian2
(base) ubuntu@ubuntu:~$ ls -ld yujian2
drwxr-xr-x 2 ubuntu ubuntu 4096 1月  25 00:56 yujian2
(base) ubuntu@ubuntu:~$ touch yujian.html
(base) ubuntu@ubuntu:~$ ls -l yujian.html
-rw-r--r-- 1 ubuntu ubuntu 0 1月  25 00:56 yujian.html
```

图 2-56 权限掩码为 022 的文件和目录权限

2.4 文件和目录压缩和解压命令

视频讲解

2.4.1 gzip 压缩和解压命令

命令功能:将文件压缩成一个扩展名为.gz 的压缩文件。

命令语法:gzip [参数] 文件名。

常用参数:gzip 命令的常用参数及其含义如表 2-12 所示。

表 2-12 gzip 命令的常用参数及其含义

常用参数	含　义
-d	即 decompress,解压文件
-f	即 force,强制解压文件,不管文件名称或硬链接是否存在以及该文件是否为软链接文件
-r	即 recursive,递归处理,将指定目录下的所有文件及子目录同样处理
-t	即 test,测试压缩文件是否正确无误
-v	即 verbose,显示执行过程
-压缩率	压缩率是一个介于 1～9 的数值,默认值为 6,指定越大的数值压缩效率越高;－9 表示最佳压缩率;－1 表示最快/最低压缩率

【例 2-32】 gzip 命令压缩和解压文件。

本例将前面实例创建的所有以“你的姓名”命名的任意文件使用 gzip 压缩并解压,输入以下命令:

```
cd  ~
ls  你的姓名.*
gzip  -9v  你的姓名.*
ls  你的姓名.*
gzip  -dv  你的姓名.*
ls  你的姓名.*
```

以上命令的执行效果如图2-57所示。从图2-57中可以看出,首先将所有yujian.*的文件都压缩为yujian.*.gz,即gzip -9v命令压缩后的文件后缀都加上了.gz,其中-9表示最佳压缩,-v表示显示执行过程;然后,将gzip -dv命令所有yujian*.gz解压,恢复原文件名,并显示过程,解压后的文件后缀都去除了.gz,恢复了原名。

```
(base) ubuntu@ubuntu:~$ cd ~
(base) ubuntu@ubuntu:~$ ls yujian.*
yujian.html  yujian.py  yujian.sh  yujian.txt
(base) ubuntu@ubuntu:~$ gzip  -9v  yujian.*
yujian.html:      0.0% -- replaced with yujian.html.gz
yujian.py:        0.0% -- replaced with yujian.py.gz
yujian.sh:       19.7% -- replaced with yujian.sh.gz
yujian.txt:       0.0% -- replaced with yujian.txt.gz
(base) ubuntu@ubuntu:~$ ls yujian.*
yujian.html.gz  yujian.py.gz  yujian.sh.gz  yujian.txt.gz
(base) ubuntu@ubuntu:~$ gzip  -dv  yujian.*
yujian.html.gz:   0.0% -- replaced with yujian.html
yujian.py.gz:     0.0% -- replaced with yujian.py
yujian.sh.gz:    19.7% -- replaced with yujian.sh
yujian.txt.gz:    0.0% -- replaced with yujian.txt
(base) ubuntu@ubuntu:~$ ls yujian.*
yujian.html  yujian.py  yujian.sh  yujian.txt
```

图2-57 gzip命令压缩和解压文件

2.4.2 bzip2压缩和解压命令

命令功能:将文件压缩成一个扩展名为.bz2的压缩文件。

命令语法:bzip2 [参数] 文件名。

常用参数:bzip2命令的常用参数与gzip命令相同,参见表2-12。

【例2-33】 bzip2命令压缩和解压文件。

本例将前面实例创建的所有以"你的姓名"命名的任意文件使用bzip2压缩并解压,输入以下命令:

```
bzip2  -9v  你的姓名.*
ls  你的姓名.*
bzip2  -dv  你的姓名.*
ls  你的姓名.*
```

以上命令的执行效果如图2-58所示。从图2-58中可以看出,首先将所有yujian.*的文件都压缩为yujian.*.bz2,即bzip2-9v命令压缩后的文件后缀都加上了.bz2,其中-9表示最佳压缩,-v表示显示执行过程;然后,将bz2 -dv命令所有yujian*.bz2解压,恢复原文件名并显示过程,解压后的文件后缀都去除了.bz2,恢复了原名。

```
(base) ubuntu@ubuntu:~$ bzip2  -9v  yujian.*
  yujian.html:  no data compressed.
  yujian.py:    no data compressed.
  yujian.sh:    0.826:1,  9.684 bits/byte, -21.05% saved, 76 in, 92 out.
  yujian.txt:   0.628:1, 12.741 bits/byte, -59.26% saved, 54 in, 86 out.
(base) ubuntu@ubuntu:~$ ls yujian.*
yujian.html.bz2  yujian.py.bz2  yujian.sh.bz2  yujian.txt.bz2
(base) ubuntu@ubuntu:~$ bzip2  -dv  yujian.*
  yujian.html.bz2: done
  yujian.py.bz2:   done
  yujian.sh.bz2:   done
  yujian.txt.bz2:  done
(base) ubuntu@ubuntu:~$ ls yujian.*
yujian.html  yujian.py  yujian.sh  yujian.txt
```

图 2-58　bzip2 命令压缩和解压文件

【例 2-34】 bzip2 与 gzip 命令压缩效果的对比。

本例将例 2-26 中 find 命令查找到的/usr 目录中文件大小超过 100MB 的火狐浏览器文件/usr/lib/firefox/libxul. so(大小为 138MB)复制到主目录中,然后分别使用 bzip2 命令和 gzip 命令最佳压缩,对比压缩后的文件大小。输入以下命令:

```
sudo  cp  /usr/lib/firefox/libxul.so  你的姓名 1.so
cp  你的姓名 1.so  你的姓名 2.so
gzip  -9v  你的姓名 1.so
bzip2  -9v  你的姓名 2.so
ls  -lh  *.so.*
```

以上命令的执行效果如图 2-59 所示。从图 2-59 中可以看出,先将/usr/lib/firefox/libxul. so 复制为主目录的 yujian1. so 和 yujian2. so,然后分别使用 gzip 命令和 bzip2 命令压缩。可以发现,使用 gzip 命令压缩后的 yujian1. so. gz 文件大小为 51MB,而使用 bzip2 压缩后的 yujian2. so. bz2 文件大小为 46MB,很明显,bzip2 命令的压缩效果优于 gzip 命令。

```
(base) ubuntu@ubuntu:~$ sudo  cp  /usr/lib/firefox/libxul.so  yujian1.so
[sudo] ubuntu 的密码:
(base) ubuntu@ubuntu:~$ cp yujian1.so yujian2.so
(base) ubuntu@ubuntu:~$ gzip  -9v  yujian1.so
yujian1.so:      63.5% -- replaced with yujian1.so.gz
(base) ubuntu@ubuntu:~$ bzip2  -9v  yujian2.so
  yujian2.so:  3.005:1,  2.662 bits/byte, 66.72% saved, 144287584 in, 48015667
out.
(base) ubuntu@ubuntu:~$ ls  -lh  *.so.*
-rw-r--r-- 1 ubuntu ubuntu 51M 1月  25 16:31 yujian1.so.gz
-rw-r--r-- 1 ubuntu ubuntu 46M 1月  25 16:31 yujian2.so.bz2
```

图 2-59　bzip2 与 gzip 命令压缩效果的对比

2.4.3　tar 归档压缩命令

命令功能: tar,即 tape archive 的缩写,功能是将文件或者目录归档(打包)成一个扩展名为. tar 的文件,可以加上 gzip 或 bzip2 等压缩属性对归档(打包)后的文件进行压缩。

命令语法: tar　[选项]　归档文件名　文件或目录。

常用参数: tar 命令的常用参数及其含义如表 2-13 所示。

表 2-13 tar 命令常用参数及其含义

常用参数	含义
-c	即--create,建立新的归档文件
-c	即--extract,解压归档文件
-v	即--verbose,显示命令执行过程
-t	即--list,查看文件内容
-r	即--append,向归档文件末尾追加文件
u	即--update,更新原压缩包中的文件
-f	即--file,该参数后面跟着归档文件名
-z	使用 gzip 命令压缩
-j	使用 bzip2 命令压缩,效率更高,压缩包更小
-p	即--preserve-permissions,保留文件权限
-C	即--directory,将当前目录改变(change)为指定目录

表 2-13 中,-c、-x、-t、-r、-u 这五个参数是独立的,压缩和解压都要用到其中的一个；-f 是必须使用的,该参数是最后一个参数,该参数后面跟着归档文件名；而-v、-z、-j、-p 和-C 这五个参数是根据需要可选的。

【例 2-35】 tar 命令归档压缩文件。

本例使用 tar 命令归档压缩文件。首先将“你的姓名”文件夹使用-z 参数归档压缩为“你的姓名 1. tar”。输入以下命令：

```
tar  -czvf  你的姓名 1.tar  你的姓名
ls  *.tar
mkdir   name1
tar  -xzvf  你的姓名 1.tar  -C  name1
tree  name1
```

以上命令的执行效果如图 2-60 所示。从图 2-60 中可以看出,先将 yujian 文件夹归档使用-z 参数(gzip)压缩为 yujian1. tar,并解压到 name1 文件夹,最后使用 tree 查看。

```
(base) ubuntu@ubuntu:~$ tar -czvf yujian1.tar yujian
yujian/
yujian/yujian.sh
yujian/yujian.txt
(base) ubuntu@ubuntu:~$ ls *.tar
yujian1.tar
(base) ubuntu@ubuntu:~$ mkdir name1
(base) ubuntu@ubuntu:~$ tar  -xzvf  yujian1.tar  -C  name1
yujian/
yujian/yujian.sh
yujian/yujian.txt
(base) ubuntu@ubuntu:~$ tree name1
name1
└── yujian
    ├── yujian.sh
    └── yujian.txt

1 directory, 2 files
```

图 2-60 tar 命令归档压缩文件(gzip 参数)

然后，将"你的姓名"文件夹使用-j 参数(bzip2)归档压缩为"你的姓名 2. tar"。输入以下命令：

```
tar  -cjvf  你的姓名2.tar  你的姓名
ls  *.tar
mkdir  name2
tar  -xzvf  你的姓名2.tar  -C  name2
tar  -xjvf  你的姓名2.tar  -C  name2
tree  name2
```

以上命令的执行效果如图 2-61 所示。从图 2-61 中可以看出，先将 yujian 文件夹归档使用-j 参数(bzip2)压缩为 yujian2. tar；尝试使用-z 参数(gzip)解压 yujian2. tar，结果提示 not in gzip format 的错误，重新使用-j 参数(bzip2)解压到 name2 文件夹，最后使用 tree 查看。

```
(base) ubuntu@ubuntu:~$ tar -cjvf yujian2.tar yujian
yujian/
yujian/yujian.sh
yujian/yujian.txt
(base) ubuntu@ubuntu:~$ ls *.tar
yujian1.tar  yujian2.tar
(base) ubuntu@ubuntu:~$ mkdir name2
(base) ubuntu@ubuntu:~$ tar  -xzvf  yujian2.tar  -C  name2

gzip: stdin: not in gzip format
tar: Child returned status 1
tar: Error is not recoverable: exiting now
(base) ubuntu@ubuntu:~$ tar  -xjvf  yujian2.tar  -C  name2
yujian/
yujian/yujian.sh
yujian/yujian.txt
(base) ubuntu@ubuntu:~$ tree name2
name2
└── yujian
    ├── yujian.sh
    └── yujian.txt

1 directory, 2 files
```

图 2-61　tar 命令归档压缩文件(bzip2 参数)

2.4.4　zip 压缩和 unzip 解压命令

命令功能：zip 命令将文件或者目录压缩成一个文件，扩展名为. zip；unzip 命令将 zip 压缩文件解压。

命令语法：zip 或 unzip　[选项]　压缩后文件名　文件或目录。

常用参数：zip 和 unzip 命令的常用参数及其含义如表 2-14 所示。

表 2-14　zip 和 unzip 命令常用参数及其含义

常用参数	含　义
-r	即--recurse-paths，zip 命令使用该参数递归压缩目录及其子目录
-o	zip 命令使用该参数更新压缩文件至最新(oldest)； unzip 命令使用该参数不提示覆盖(overwrite)文件

续表

常用参数	含义
-d	zip 命令使用该参数删除指定文件； unzip 命令使用该参数指定解压目录
-P	设置密码，大小写敏感。需要注意的是，该参数是大写字母

【例 2-36】 zip 命令压缩和 unzip 命令解压文件。

本例使用 zip 命令将“你的姓名”文件夹使用-r 参数递归压缩为“你的姓名 1.zip”压缩文件，然后使用 unzip 命令解压到指定目录。输入以下命令：

```
zip  -r  你的姓名 1.zip  你的姓名
ls  *.zip
mkdir  name3
unzip  -od  name3  你的姓名 1.zip
tree  name3
```

以上命令的执行效果如图 2-62 所示。需要注意的是，yujian 是一个目录，使用 zip 命令压缩时，要加-r 参数，否则无法压缩目录里面的文件。使用 unzip 命令将 yujian1.zip 不提示覆盖解压到指定的 name3 目录下，并使用 tree 命令查看。

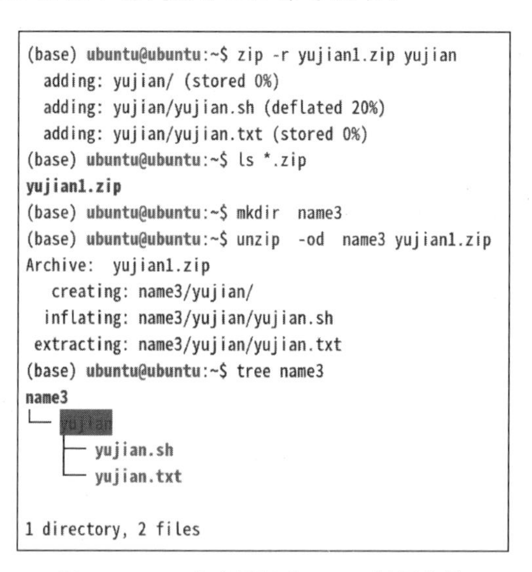

图 2-62 zip 命令压缩和 unzip 解压文件

2.4.5 rar 压缩和解压命令

命令功能：rar 命令将文件或者目录压缩成一个扩展名为 rar 的文件，并能将 rar 压缩文件解压。可以使用以下命令安装 rar 命令：sudo、apt、install、rar。

命令语法：rar ［选项］ 压缩后文件名 文件或目录。

常用参数：rar 命令的常用参数及其含义如表 2-15 所示。

表 2-15 rar 命令常用参数及其含义

常用参数	含　　义
-r	递归(recurse)压缩目录及其子目录
-w	指定工作(work)目录
-p	设置密码,大小写敏感(与 zip 命令不同,该参数使用小写字母表示)
a	加入(add)压缩包
e	从压缩包中提取(extract)文件到当前目录,但不创建子目录
x	从压缩包中提取(extract)文件,包含全路径
d	从压缩包中删除(delete)文件

【例 2-37】 rar 命令压缩和解压文件。

本例使用 rar 命令将"你的姓名"目录及其子目录使用-r 参数递归压缩,并使用 a 参数加入"你的姓名 1.rar"压缩文件,然后使用 rar x 命令解压并使用-w 指定目录。输入以下命令:

```
rar  a 你的姓名 1.rar  -r  你的姓名
ls  *.rar
mkdir  name4
rar  x 你的姓名 1.rar  -w  name4
tree  name4
```

以上命令的执行效果如图 2-63 所示。

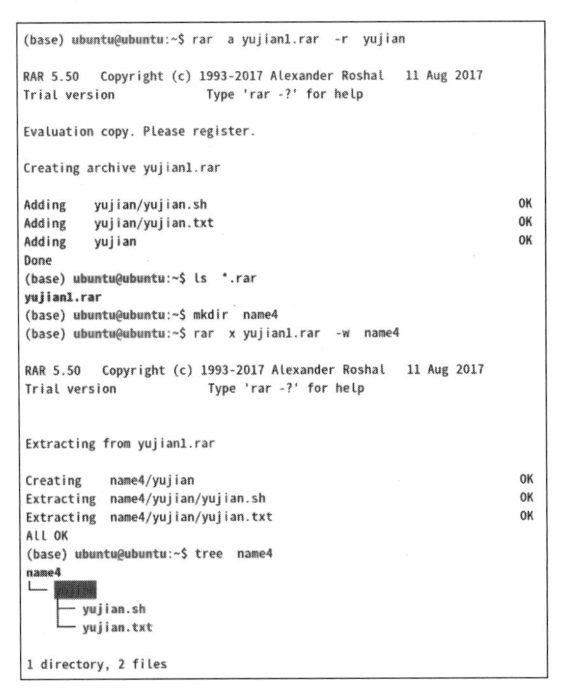

图 2-63 rar 命令压缩和解压文件

2.5 综合实例一：zip 加密压缩以及 Python 破解

本综合实例采用 Linux 的 zip 命令加密压缩文件夹，并将“你的学号”末 6 位作为 6 位数字密码，最后使用 Python 编程方法破解 zip 加密压缩文件的密码。输入以下命令：

```
zip  -rP  学号末 6 位  你的姓名 2.zip  你的姓名
ls  *.zip
mkdir  name5
unzip  -od  name5 你的姓名 2.zip
```

以上命令的执行效果如图 2-64 所示。本书以 2019119101 作为“你的学号”，取学号末 6 位，即 119101 作为 6 位数字密码，其中，-P 参数表示设置密码。将 yujian2. zip 解压到 name5 目录时，需要输入学号末 6 位数字密码。

```
(base) ubuntu@ubuntu:~$ zip  -rP 119101  yujian2.zip  yujian
  adding: yujian/ (stored 0%)
  adding: yujian/yujian.sh (deflated 20%)
  adding: yujian/yujian.txt (stored 0%)
(base) ubuntu@ubuntu:~$ ls   *.zip
yujian1.zip  yujian2.zip
(base) ubuntu@ubuntu:~$ mkdir  name5
(base) ubuntu@ubuntu:~$ unzip  -od  name5 yujian2.zip
Archive:  yujian2.zip
   creating: name5/yujian/
[yujian2.zip] yujian/yujian.sh password:
  inflating: name5/yujian/yujian.sh
 extracting: name5/yujian/yujian.txt
```

图 2-64 zip 压缩和 unzip 解压加密文件

然后，将教学资料中的 dict6. txt 复制到主目录下，将 dict6 作为该破解程序的字典文件。输入以下命令：

```
gedit  crack1.py
```

输入下面的 Python 代码：

```
import zipfile, time
def ex(file, p):
    z = zipfile.ZipFile(file,'r')
    z.extractall(pwd = p.encode('utf-8'))
    return p
t1 = time.time()
d = open('dict6.txt',encoding = 'utf-8')
file = '你的姓名 2.zip'
txt = d.readlines()
print ('Cracking...\n')
for line in txt:
    try:
        pwd = line.strip('\n')
```

```
            ex(file, pwd)
            print("Password: " + pwd)
            break
        except:
            pass
t2 = time.time()
print ('Cracking time: ', t2 - t1)
```

注意修改“你的姓名”。保存并关闭 gedit 窗口。输入以下命令：

```
python  crack1.py
```

以上命令的执行效果如图 2-65 所示。从图 2-65 中可以看出，使用 Python 命令运行的破解密码程序，输出的破解密码为 119101，破解时间为 9.4868s。

```
(base) ubuntu@ubuntu:~$ gedit  crack1.py
(base) ubuntu@ubuntu:~$ python  crack1.py
Cracking...

Password:119101
Cracking time: 9.486800193786621
```

图 2-65　Python 破解 zip 压缩加密文件密码

2.6　综合实例二：rar 加密压缩以及 Python 破解

本综合实例采用 Linux 的 rar 命令加密压缩文件夹，并将“你的学号”末 4 位作为 4 位数字密码，最后使用 Python 编程方法破解 rar 加密压缩文件的密码。输入以下命令：

```
rar  a  你的姓名2.rar  -r  你的姓名  -p
ls  *.rar
mkdir  name6
rar  x  你的姓名2.rar  -w  name6
```

以上命令的执行效果如图 2-66 所示。本书以 2019119101 作为“你的学号”，取学号末 4 位，即 9101 作为 4 位数字密码，其中，-p 参数表示设置密码，将 yujian2.rar 解压到 name6 目录时，需要输入学号的末 4 位这个数字密码。

然后，将教学资料中的 dict4.txt 复制到主目录下，将 dict6 作为该破解程序的字典文件。输入以下命令：

```
gedit  crack2.py
```

输入下面的 Python 代码：

```
import subprocess,time
d = open('dict4.txt','r')
txt = d.readlines()
```

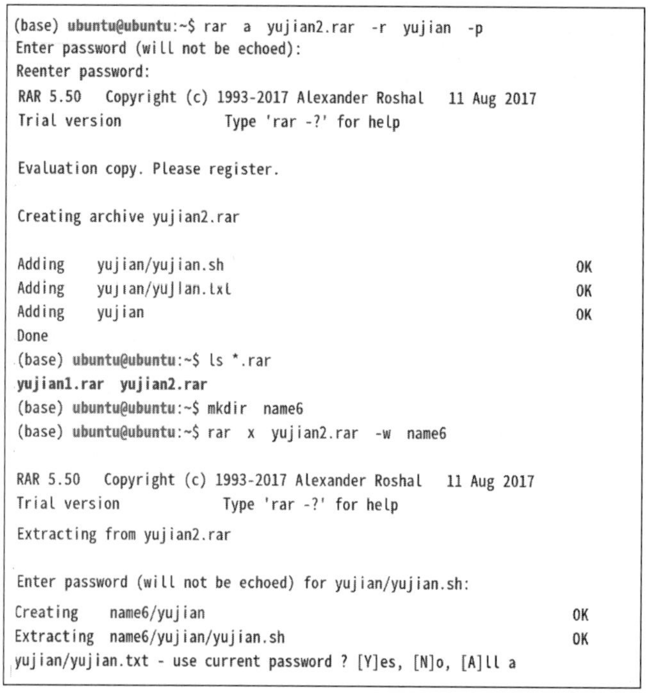

```
(base) ubuntu@ubuntu:~$ rar  a  yujian2.rar  -r  yujian  -p
Enter password (will not be echoed):
Reenter password:
RAR 5.50   Copyright (c) 1993-2017 Alexander Roshal   11 Aug 2017
Trial version             Type 'rar -?' for help

Evaluation copy. Please register.

Creating archive yujian2.rar

Adding    yujian/yujian.sh                                        OK
Adding    yujian/yujian.txt                                       OK
Adding    yujian                                                  OK
Done
(base) ubuntu@ubuntu:~$ ls *.rar
yujian1.rar  yujian2.rar
(base) ubuntu@ubuntu:~$ mkdir  name6
(base) ubuntu@ubuntu:~$ rar  x  yujian2.rar  -w  name6

RAR 5.50   Copyright (c) 1993-2017 Alexander Roshal   11 Aug 2017
Trial version             Type 'rar -?' for help

Extracting from yujian2.rar

Enter password (will not be echoed) for yujian/yujian.sh:
Creating    name6/yujian                                          OK
Extracting  name6/yujian/yujian.sh                                OK
yujian/yujian.txt - use current password ? [Y]es, [N]o, [A]ll a
```

图 2-66　rar 压缩解压加密文件

```
total = len(txt)
t1 = time.time()
for line in txt:
    pwd = line.strip('\n')
    cmd = 'rar  e  -y  你的姓名 2.rar  -p' + pwd
    r = subprocess.call(cmd, shell = True)
    if r == 0:
        break
    else:
        pass
t2 = time.time()
print("Password:" + pwd)
print ('Cracking time:', t2 - t1)
```

注意修改“你的姓名”。保存并关闭 gedit 窗口。输入以下命令：

```
nohup  python  crack2.py
tail  -n  7  nohup.out
```

以上命令的执行效果如图 2-67 所示。从图 2-67 中可以看出，使用 Python 命令运行的破解密码程序，输出的破解密码为 9101，破解时间为 159.15s。需要注意的是，使用 rar 命令按照字典文件中的密码尝试解压时，会不断提示密码错误直至破解成功，因此，使用 nohup 命令使进程在后台运行，最后，只显示 nohup.out 文件末尾 7 行的破解结果。

```
(base) ubuntu@ubuntu:~$ gedit crack2.py
(base) ubuntu@ubuntu:~$ nohup  python  crack2.py
nohup: 忽略输入并把输出追加到'nohup.out'
(base) ubuntu@ubuntu:~$ tail  -n  7  nohup.out
Extracting from yujian2.rar

Extracting  yujian.sh                                    OK
Extracting  yujian.txt                                   OK
All OK
Password:9101
Cracking time: 159.15446662902832
```

图 2-67　Python 破解 rar 压缩加密文件密码

2.7　综合实例三：zip 命令隐藏恶意代码

本综合实例利用操作系统的漏洞，分别通过采用 zip 和 cat 命令、Python 二进制文件合并功能隐藏恶意代码并破解。将本书配套资源中的图片 a.jpg（读者也可以换成其他任意一幅图片）和 gnucap（一个移动平台的小软件，当成"恶意代码"，读者也可以换成其他小软件）复制到主目录上。输入以下命令：

```
zip  b.zip  gnucap
cat  a.jpg  b.zip > 你的姓名.jpg
fim  -a  a.jpg  &
fim  -a  你的姓名.jpg  &
ls  -lh  *.jpg
mv  你的姓名.jpg  你的姓名.zip
unzip  -od  Documents  你的姓名.zip
```

以上命令的执行效果如图 2-68 所示。首先，将该"恶意代码"gnucap 压缩为 b.zip，使用 cat 命令的合并功能将 a.jpg 和"恶意代码"文件合并到"你的姓名.jpg"文件中。

```
(base) ubuntu@ubuntu:~$ zip  b.zip  gnucap
  adding: gnucap (deflated 52%)
(base) ubuntu@ubuntu:~$ cat  a.jpg  b.zip > yujian.jpg
(base) ubuntu@ubuntu:~$ fim  -a  a.jpg  &
[1] 3776
(base) ubuntu@ubuntu:~$ fim  -a  yujian.jpg  &
[2] 3797
(base) ubuntu@ubuntu:~$ ls   -lh   *.jpg
-rwxrw-rw- 1 ubuntu ubuntu  16K 12月  8 13:12 a.jpg
-rw-rw-r-- 1 ubuntu ubuntu 676K 1月  25 23:35 yujian.jpg
(base) ubuntu@ubuntu:~$ mv  yujian.jpg  yujian.zip
(base) ubuntu@ubuntu:~$ unzip  -od  Documents  yujian.zip
Archive:  yujian.zip
warning [yujian.zip]:  16197 extra bytes at beginning or within zipfile
  (attempting to process anyway)
  inflating: Documents/gnucap
```

图 2-68　zip 命令隐藏恶意代码

可以使用 fim 命令在终端打开图片，-a 参数表示自动缩放，打开原图和隐藏恶意代码的图片，如图 2-69 所示，原图片和隐藏恶意代码图片的显示效果是一样的。需要注意的是，

fim 命令需要另外安装，安装 fim 的命令是 sudo apt install fim。

(a) 原图片　　(b) 隐藏恶意代码的图片

图 2-69　原图片和隐藏恶意代码图片的显示效果比较

然后，使用 ls -lh 命令比较原图片 a. jpg 和隐藏恶意代码图片 yujian. jpg 的大小，可以发现，隐藏恶意代码图片为 676K，明显比原图片 16K 大很多。最后，将隐藏恶意代码图片 yujian. jpg 重命名为 yujian. zip，使用 unzip 命令将这个 zip 压缩文件解压到 Documents 下，可以发现，"恶意代码"文件 gnucap 又出现在 Documents 下了，而原图片则被 unzip 命令忽略。

2.8. 课后习题

一、填空题

1. 将文件 a 和文件 b 合并成文件 c 的命令是________。

2. 在主目录上递归删除目录 xx 及其子目录和文件，且不提示的命令是________。

3. 直接浏览，即显示文件夹/usr/share 下的文件和目录信息的命令是________。

4. 在主目录下列出所有扩展名为. py 的文件的命令是________。

5. 使用改变目录命令跳转到主目录上，需要采用命令________或________。

6. 改变目录到上一级的命令是________，改变目录到根目录的命令是________。

7. 采用________命令显示/var/log/mail. log 文件末尾 6 行的内容。

8. 运行 Shell 脚本文件 test. sh 的命令是________或者________。

9. 忽略大小写，在/etc 目录下查找内容包含 Python 字符串的命令是________。

10. 在主目录上将文件 aa 复制到文件夹 test，且对同名文件改名(加上～)后再复制的命令是________。

11. 在主目录上将文件 xx 重命令为 yy 的命令是________。

12. 在主目录上将文件 cc 的内容升序排序的命令是________。

13. 在主目录上采用文本分析命令输出 cc 每行的第 6 项的命令是________。

14. 将 hello 内容输出并创建文件 hello. txt 文件的命令是________。

15. 普通用户使用超级用户权限，将/etc 下所有 f 开头的文件和目录复制到/home/share 下的命令是________。

16. 使用 more 命令显示文件/etc/apache2/apache2. conf 内容的命令是________。

17. 结合管道，浏览/bin 目录查找包含 java 字符串的内容的命令是________。

18. 使用 echo 命令标准输出字符串 hello 的命令有________、________和________。

19. 在主目录上对文件 test.py 设定文件权限为只对文件所有者用户添加执行权限的命令是________。

20. 在主目录上对文件 test.py 设定文件目录权限为对所有用户去除“写”权限的命令为________。

21. 使用 ls 查看某文件的权限为 drw-rw-rw-，该文件属性是________。提示：可填写普通文件、链接文件或者目录。

22. 使用 ls 查看某文件的权限为 lrw-rw-rw-，该文件属性是________。提示：可填写普通文件、链接文件或者目录。

23. 在主目录上查找所有文件目录权限(对所有用户)都为只读的文件的命令是________。

24. 不使用超级用户权限，查找/etc 目录下类型为目录且修改时间在一天之内的文件的命令是________。

25. 设置文件权限掩码为 022 后，新建一个文件夹，它的文件权限为________。提示：填写 3 个八进制数。

26. 建立一个/etc/fstab 文件的软链接，名称为 test，命令是________。

27. 将主目录上的 test 文件夹的权限设置为 111，能够使用命令 ls　test 查看这个 test 文件夹里面的文件吗？你的回答是________。提示：填能或不能。

28. 将 test 文件夹的文件所有权更改为 root 用户、root 用户组的命令是________。

29. 将主目录上的文件 test.py 对用户组和其他人用户去掉执行权限的命令是________。

30. 在主目录上使用 unzip 命令将文件 xx.zip 解压到指定目录 test，并且不提示的情况下覆盖文件的命令是________。

二、实操题

1. 统计主目录下(不包含子目录)的所有隐藏文件的个数。

2. 不使用 grep 命令，统计主目录下(不包含子目录)的所有子目录的个数。

第3章 用户和组管理

Linux 操作系统是一种多用户、多任务的分时操作系统。本章将介绍 Linux 操作系统的用户和组管理命令。主要包括三方面的内容：Linux 用户账户的添加、删除与修改，用户组账户的添加、删除与修改，用户和用户组密码的管理。

3.1 用户和组管理概述

Linux 系统对用户与组的账户登录通过 ID(Identity)号实现，在登录系统时，输入的用户名与密码将会自动将用户名转换为 ID 号判断其是否存在，然后与存储的加密后的密码进行比对。

在 Linux 中，用户 ID 称为 UID，组 ID 号称为 GID。UID 为 0 时表示超级用户，取值范围为 1～999 的 UID，系统会预留给系统的虚拟用户。使用超级用户权限创建普通用户的 UID 从 1000 开始编号，取值大于或等于 1000，例如，本书安装 Ubuntu 操作系统时创建的 ubuntu 用户的 UID 为 1000。

Linux 中的组分为基本组(私有组)和附加组(公共组)。一个用户同一时刻只能属于一个基本组，但可以同时加入多个附加组；创建用户时，默认会自动创建同名的组。

3.1.1 Linux 用户角色划分

Linux 系统是分角色管理用户的。角色的不同，用户权限和所完成的任务也不同。另外，需要注意的是，用户和组的角色是可以分别通过 UID 和 GID 识别的。

1. 超级用户

超级用户(super user)，也称为根用户(root user)，其 UID 值为 0。超级用户是 Linux 系统中唯一拥有最高权限的用户，可以操作任何文件，执行任何命令。超级用户在安装操作系统时创建，默认情况下，超级用户只能在本地登录，而不能远程登录。在 Ubuntu 操作系统中，一般不使用超级用户直接登录系统。

2. 虚拟用户

虚拟用户也称为程序用户，其 UID 的取值范围是 1～999。与真实用户区分开来，这类用户的最大特点是安装系统后默认就会存在，并且默认情况下是不能登录系统的。它们的存在是为了方便 Linux 系统管理，与系统进程密切相关，是系统正常运行必不可少的一部分。例如，系统默认创建的 daemon、bin、sys、mail、ftp 用户等都是虚拟用户，其中，daemon 用户由系统的守护进程创建。

3. 普通用户

普通用户是在系统安装完成后由系统管理员创建的，其UID的取值范围是大于或等于1000。普通用户能够管理自身的文件并拥有超级用户赋予的权限，可以直接登录或者远程登录Linux系统。安装Ubuntu操作系统时，可以设置一个被称为Ubuntu系统管理员的普通用户，例如，本书中的ubuntu用户。Ubuntu系统管理员属于sudos，即超级用户组，可以临时使用超级用户权限。

3.1.2　id命令查看用户账户ID

命令功能：查看Linux系统各个用户的UID和GID。

命令语法：id　[用户名]。

【例3-1】　id命令查看用户账户ID。

输入以下命令：

```
id  root
id  ubuntu
id
id  daemon
id  bin
id  sys
id  mail
id  ftp
```

以上命令的执行效果如图3-1所示。从图3-1中可以发现，root用户的用户ID(UID)、组ID(GID)和组序号都为0。本书安装Ubuntu操作系统时创建的ubuntu的用户ID(UID)、组ID(GID)和组编号都为1000。直接输入无参数的id命令会显示当前登录用户，即ubuntu用户的ID信息。接着，使用id命令继续显示虚拟用户，包括daemon、bin、sys、mail、ftp用户的ID信息。可以发现，虚拟用户的UID的取值范围是1～999。

```
(base) ubuntu@ubuntu:~$ id root
用户id=0(root) 组id=0(root) 组=0(root)
(base) ubuntu@ubuntu:~$ id ubuntu
用户id=1000(ubuntu) 组id=1000(ubuntu) 组=1000(ubuntu),4(adm),24(cdrom),27(sudo),
30(dip),46(plugdev),120(lpadmin),132(lxd),133(sambashare)
(base) ubuntu@ubuntu:~$ id
用户id=1000(ubuntu) 组id=1000(ubuntu) 组=1000(ubuntu),4(adm),24(cdrom),27(sudo),
30(dip),46(plugdev),120(lpadmin),132(lxd),133(sambashare)
(base) ubuntu@ubuntu:~$ id daemon
用户id=1(daemon) 组id=1(daemon) 组=1(daemon)
(base) ubuntu@ubuntu:~$ id bin
用户id=2(bin) 组id=2(bin) 组=2(bin)
(base) ubuntu@ubuntu:~$ id sys
用户id=3(sys) 组id=3(sys) 组=3(sys)
(base) ubuntu@ubuntu:~$ id mail
用户id=8(mail) 组id=8(mail) 组=8(mail)
(base) ubuntu@ubuntu:~$ id ftp
用户id=130(ftp) 组id=135(ftp) 组=135(ftp)
```

图3-1　id命令查看用户账户ID信息

3.1.3 用户和组配置文件

Linux 系统的用户配置文件包括/etc/passwd 文件和/etc/shadow 文件,用户组配置文件包括/etc/group 文件和/etc/gshadow 文件。/etc/passwd 文件存储的是用户账户信息,/etc/shadow 文件存储的是用户密码设置信息,/etc/group 文件存储的是的组账户信息,/etc/gshadow 文件存储的是组密码设置信息。

1. /etc/passwd 用户账户信息文件

/etc/passwd 文件的每行保存一位用户账户的信息,包括七个字段,每个字段使用冒号":"隔开,具体格式为:用户账户名:密码域:UID:GID:注释信息:主目录:命令解释器。/etc/passwd 文件各字段具体含义如表 3-1 所示。

表 3-1 /etc/passwd 文件各字段含义

字段名	含义
用户账户名	用户登录系统时使用的用户名。用户名在系统中是唯一的
密码域	用 x 表示,密码已经被映射到/etc/shadow 影子文件中
UID	用户 ID,整数表示。每个用户 ID 在系统中是唯一的。超级用户的 UID 是 0,虚拟用户的 UID 取值范围是 1~999,普通用户的 UID 取值范围是大于或等于 1000
GID	组 ID,整数表示。每个组 ID 在系统中是唯一的
备注	用户账户的一些注释信息,如用户全名
主目录	用户登录系统后的默认目录
命令解释器	用户使用的 Shell,默认为/bin/bash

2. /etc/shadow 用户密码影子文件

/etc/shadow 文件的每行保存一位用户账户的密码设置信息,包括九个字段,每个字段使用冒号":"隔开,具体格式为:用户账户名:加密后的密码:最后一次修改时间:最小时间间隔:最大时间间隔:警告时间:不活动时间:失效时间:保留字段。/etc/shadow 文件各字段的具体含义如表 3-2 所示。

表 3-2 /etc/shadow 文件各字段含义

字段名	含义
用户账户名	用户登录系统时使用的用户名,与/etc/passwd 文件中的用户账户名字段含义一样
加密后的密码	加密后的密码由三个部分组成,由 $ 分隔,具体格式为:$ 加密算法序号 $ 加盐值 $ 加密后的密码。加密算法序号表示为:0:DES 对称加密算法,1:MD5 哈希算法,2:Blowfish 加密算法,5:SHA-256 哈希算法,6:SHA-512 哈希算法。如果密码是"!",则表示还没有设置密码;如果密码是"*",则表示不会使用这个用户账户登录,通常是后台进程
最后一次修改时间	上次修改密码的天数(从 1970 年 1 月 1 日开始计算,到修改密码时的天数)
最小时间间隔	两次修改密码之间所需的最小天数,在这段时间内不允许修改密码,如果是 0,表示可以随时修改密码
最大时间间隔	密码保持有效的最大天数,超过这个天数后密码将失效,系统将强制用户修改密码;如果是 99999,表示密码不需要重新输入

续表

字段名	含义
警告时间	密码失效前的警告天数，即用户账户的密码失效前多少天警告用户需要修改密码。普通用户默认为7天
不活动时间	密码过期的天数，用户账户的密码过期后多少天会被禁用
失效时间	密码失效的天数，从1970年1月1日开始计算，超过这个天数，用户账户的密码将无法使用
保留字段	保留、暂未使用

3./etc/group 组账户信息文件

/etc/group 文件的每行保存一个组的账户信息，包括四个字段，每个字段使用冒号“:”隔开，具体格式为：组名:组密码域:GID:组成员清单。/etc/group 文件各字段的具体含义如表3-3所示。

表3-3 /etc/group 文件各字段含义

字段名	含义
组名	用户组登录系统时使用的用户组名，在系统中是唯一的
组密码域	用x表示，组密码已经被映射到/etc/gshadow 影子文件中
GID	用户组 ID
组成员清单	以逗号分隔的组成员清单

4. /etc/gshadow 组密码影子文件

/etc/gshadow 文件的每行保存一个组的账户密码设置信息，包括四个字段，每个字段使用冒号“:”隔开，具体格式为：组名:组密码:GID:组成员清单。/etc/gshadow 文件各字段的具体含义如表3-4所示。

表3-4 /etc/gshadow 文件各字段含义

字段名	含义
组名	用户组登录系统时使用的用户组名，在系统中是唯一的
组密码	加密后的组密码，如果密码是“!”，则表示还没有设置密码，通常不需要设置组密码；如果密码是“*”，则表示不会使用这个用户账户登录
GID	用户组 ID
组成员清单	以逗号分隔的组成员清单

3.1.4 sudo 命令

命令功能：使用超级用户权限。

命令语法：sudo 命令名。

【例3-2】 sudo 命令查看用户账户和密码信息。

本例将查看 Linux 系统的用户账户信息文件/etc/passwd 和密码影子文件/etc/shadow 中 root 用户和 ubuntu 用户的信息。查看用户账户信息文件不需要超级用户权限，而查看密码影子文件则需要，因此，需要使用 sudo 命令，即使用超级用户权限。输入以下命令：

```
head  -n1  /etc/passwd
cat  /etc/passwd  | grep ubuntu
sudo  head  -n1  /etc/shadow
sudo  cat  /etc/shadow| grep ubuntu
```

以上命令的执行效果如图 3-2 所示。因为 etc/passwd 和/etc/shadow 文件的内容较多,如果只是想查看某个用户的信息,如 root 用户,可以使用 head 命令显示第一行的内容,如果想查看其他用户,如 ubuntu,那么,需要结合管道和 grep 命令进行过滤。查看/etc/shadow 文件时,需要使用 sudo 命令

```
(base) ubuntu@ubuntu:~$ head  -n1  /etc/passwd
root:x:0:0:root:/root:/bin/bash
(base) ubuntu@ubuntu:~$ cat  /etc/passwd| grep ubuntu
ubuntu:x:1000:1000:Ubuntu20,,,:/home/ubuntu:/bin/bash
(base) ubuntu@ubuntu:~$ sudo  head  -n1  /etc/shadow
[sudo] ubuntu 的密码：
root:$6$bNmDF2ZfAus5MA24$NlNfNpvqkRkGkHHCvpz0OqeqHI072SMbq7h8Adq6NRKVwR/UfzIC422
UScw.JGTKSB6ZNz6W2AiTCx6YMSHFZ.:18976:0:99999:7:::
(base) ubuntu@ubuntu:~$ sudo  cat  /etc/shadow| grep ubuntu
ubuntu:$1$vR4TqEqC$PT7emLF2T6jRDGihHTLK60:18976:0:99999:7:::
```

图 3-2　sudo 命令查看用户账户和密码信息

【例 3-3】 sudo 命令查看组账户和密码信息。

与查看用户账户信息和影子文件一样,查看/etc/group 组账户信息文件不需要超级用户权限,而查看/etc/gshadow 组密码影子文件则需要。输入以下命令:

```
head  -n4  /etc/group
sudo  cat  /etc/gshadow | grep root
sudo  cat  /etc/gshadow | grep sudo
```

以上命令的执行效果如图 3-3 所示。从图 3-3 中可以看出,使用 head 命令显示/etc/group 文件前 4 行的内容,即显示了 root 组、daemon 组、bin 组和 sys 组的账户信息,并使用 sudo 命令查看了/etc/shadow 文件,结合管道和 grep 命令过滤出 root 组和 sudo 组密码设置信息。可以发现,这两个组的密码都显示为 *,表示没有设置密码。图 3-3 最后一行显示查看 sudo 组的密码设置信息,可以发现,目前 sudo 组的组成员只有 ubuntu 用户。

```
(base) ubuntu@ubuntu:~$ head  -n4  /etc/group
root:x:0:
daemon:x:1:
bin:x:2:
sys:x:3:
(base) ubuntu@ubuntu:~$ sudo  cat  /etc/gshadow | grep root
[sudo] ubuntu 的密码：
root:*::
(base) ubuntu@ubuntu:~$ sudo  cat  /etc/gshadow | grep sudo
sudo:*::ubuntu
```

图 3-3　sudo 命令查看组账户和密码信息

需要注意的是,sudo 组是一个比较特殊的组,它是一个超级用户组,如果要临时使用超级用户权限,即使用 sudo 命令,需要将该用户加入 sudo 组。本书在后续的实例中将会运用这个知识点

3.2　用户管理命令

3.2.1　su 切换用户和 exit 回退命令

su 命令功能：切换用户。

su 命令语法：su　用户名。

exit 命令功能：回退原用户。

exit 命令语法：exit。

【例 3-4】　su 命令切换用户和 exit 命令回退原用户。

输入以下命令：

```
su  root
exit
```

以上命令的执行效果如图 3-4 所示。从图 3-4 中可以看出，使用 su 命令切换到 root 用户，输入密码，提示符从 $ 变成了 #，用户名也变成了 root。当输入 exit 命令后，回到原来的用户 ubuntu，提示符恢复 $ 。

```
(base) ubuntu@ubuntu:~$ su root
密码：
root@ubuntu:/home/ubuntu# exit
exit
(base) ubuntu@ubuntu:~$
```

图 3-4　su 命令切换用户和 exit 命令回退原用户

3.2.2　useradd 添加用户命令

命令功能：useradd 命令可以添加一个新用户，或者添加一个新用户并更新其配置信息。

命令语法：useradd　[选项]　用户名。

常用参数：useradd 命令的常用参数及其含义如表 3-5 所示。

表 3-5　useradd 命令参数含义

参　数	含　　义
-m	如果用户主目录不存在，则创建该主目录
-s	指定用户登录的 Shell 环境，默认是/bin/sh
-d	指定用户登录的主目录
-u	指定用户账户的 UID，但必须唯一
-r	创建一个系统账户
-p	指定用户密码，不推荐使用该参数，因为使用该参数对其他用户可见
-c	指定备注信息，将保存在/etc/passwd 文件的备注栏上
-e	指定失效时间，默认永久有效

续表

参　数	含　　义
-f	指定不活动时间,即密码过期后,账户被彻底禁用之前的天数。0表示立即禁用,－1表示禁用这个功能
-G	指定用户所属的基本组或者GID,但该组必须存在
-g	指定用户所属的附属组

【例3-5】 添加"你的姓名1"普通用户,并创建默认主目录。

本例使用"你的姓名1"作为用户名,使用超级用户权限和useradd－m命令创建该普通用户,并创建默认主目录,以及查看用户账户信息文件和用户密码影子文件。输入以下命令:

```
sudo  useradd  -m  你的姓名1
id  你的姓名1
cat  /etc/passwd | grep 你的姓名1
sudo  cat  /etc/shadow | grep  你的姓名1
ls  /home
```

以上命令的执行效果如图3-5所示。从图3-5中可以看出,使用超级用户权限和useradd -m命令添加一个yujian1的用户账户,并创建默认主目录。通过id命令查看到该用户的UID、GID和组编号均为1001,组名为yujian1(与用户名同名);其在/etc/passwd文件中的信息显示该用户的默认主目录为/home/yujian1,使用ls/home命令验证了这一点;默认Shell环境为/bin/sh;其在/etc/shadow影子文件中的加密密码是"!",说明该用户还没有设置密码;另外,显示最后一次修改时间为19 004天,最小时间间隔为0天,最大时间间隔为99 999天,警告时间为7天。

```
(base) ubuntu@ubuntu:~$ sudo useradd -m yujian1
(base) ubuntu@ubuntu:~$ id yujian1
用户id=1001(yujian1) 组id=1001(yujian1) 组=1001(yujian1)
(base) ubuntu@ubuntu:~$ cat  /etc/passwd | grep yujian1
yujian1:x:1001:1001::/home/yujian1:/bin/sh
(base) ubuntu@ubuntu:~$ sudo  cat  /etc/shadow| grep yujian1
yujian1:!:19004:0:99999:7:::
(base) ubuntu@ubuntu:~$ ls /home
ubuntu  yujian1
```

图3-5　添加"你的姓名1"普通用户,并创建默认主目录

【例3-6】 添加"你的姓名2"普通用户,并将其加入超级用户组。

本例使用"你的姓名2"作为用户名,使用超级用户权限和useradd -g命令创建该普通用户,并加入sudo超级用户组,最后查看用户账户信息文件和用户密码影子文件。输入以下命令:

```
sudo  useradd  -g  sudo 你的姓名2
id  你的姓名2
cat  /etc/passwd  |grep 你的姓名2
sudo  cat  /etc/shadow|grep 你的姓名2
```

以上命令的执行效果如图 3-6 所示。从图 3-6 中可以看出，使用超级用户权限和 useradd -g 命令添加一个 yujian2 的用户账户，并将该用户加入超级用户组，通过 id 命令查看到该用户的 UID 为 1002、GID 和组编号均为 27，组名为 sudo；其在/etc/passwd 文件中的信息显示该用户的默认主目录为/home/yujian2，但由于没有使用-m 参数，因此实际上并没有创建该默认目录，使用 ls/home 命令验证了这一点；查看该用户在/etc/shadow 文件的信息除用户账户名外，其他内容与例 3-5 相同，因此此处不再赘述。

```
(base) ubuntu@ubuntu:~$ sudo  useradd  -g  sudo yujian2
[sudo] ubuntu 的密码：
(base) ubuntu@ubuntu:~$ id yujian2
用户id=1002(yujian2) 组id=27(sudo) 组=27(sudo)
(base) ubuntu@ubuntu:~$ cat  /etc/passwd| grep yujian2
yujian2:x:1002:27::/home/yujian2:/bin/sh
(base) ubuntu@ubuntu:~$ sudo  cat  /etc/shadow| grep yujian2
yujian2:!:19004:0:99999:7:::
(base) ubuntu@ubuntu:~$ ls /home
ubuntu  yujian1
```

图 3-6 添加"你的姓名 2"普通用户，并加入超级用户组

【例 3-7】 添加"你的姓名 3"普通用户，并指定登录主目录。

假设系统管理员打算添加一位远程登录的普通用户，并限制他只能登录到某个指定的主目录。为解决这一问题，本例使用"你的姓名 3"作为用户名，使用超级用户权限和 useradd -d 命令创建该普通用户，并指定登录主目录为已经创建好的目录/ftp，最后查看用户账户信息文件和用户密码影子文件。输入以下命令：

```
sudo  mkdir  -p  /ftp
sudo  useradd  -d  /ftp  你的姓名 3
id  你的姓名 3
cat  /etc/passwd | grep  你的姓名 3
sudo  cat  /etc/shadow | grep  你的姓名 3
```

以上命令的执行效果如图 3-7 所示。从图 3-7 中可以看出，首先创建目录/ftp，使用超级用户权限和 useradd -d 命令添加一个 yujian3 的用户账户，并指定登录主目录为/ftp，通过 id 命令查看到该用户的 UID、GID 和组编号均为 1003，组名为 yujian3(与用户名同名)；其在/etc/passwd 文件中的信息显示该用户的默认主目录为/ftp，这与默认创建的在/home 下的主目录不同；查看该用户在/etc/shadow 文件的信息除用户账户名外，其他内容与例 3-5 相同，因此此处不再赘述。

```
(base) ubuntu@ubuntu:~$ sudo  mkdir  -p  /ftp
(base) ubuntu@ubuntu:~$ sudo  useradd  -d  /ftp  yujian3
(base) ubuntu@ubuntu:~$ id yujian3
用户id=1003(yujian3) 组id=1003(yujian3) 组=1003(yujian3)
(base) ubuntu@ubuntu:~$ cat  /etc/passwd | grep yujian3
yujian3:x:1003:1003::/ftp:/bin/sh
(base) ubuntu@ubuntu:~$ sudo  cat  /etc/shadow| grep yujian3
yujian3:!:19004:0:99999:7:::
```

图 3-7 添加"你的姓名 3"普通用户，并指定登录主目录

【例 3-8】 添加"你的姓名 4"普通用户并创建默认主目录,指定备注和失效时间。

本例使用"你的姓名 4"作为用户名,使用超级用户权限和 useradd -m 命令创建该普通用户,并使用-c 和-e 参数分别指定备注信息和失效时间,最后查看用户账户信息文件和用户密码影子文件。输入以下命令:

```
sudo  useradd  -m  -c"expired in 30 days"  -e 30 你的姓名 4
id  你的姓名 4
cat  /etc/passwd| grep  你的姓名 4
sudo  cat  /etc/shadow| grep  你的姓名 4
ls  /home
```

以上命令的执行效果如图 3-8 所示。从图 3-8 中可以看出,使用超级用户权限和 useradd -m 命令添加一个 yujian4 的用户账户,并创建默认主目录,使用-c 参数指定备注信息为 expired in 30 days,即 30 天后过期;通过 id 命令查看到该用户的 ID、组 ID 和组编号均为 1004,组名为 yujian4(与用户名同名);使用 cat 命令显示该用户在/etc/passwd 文件中的备注和默认主目录信息,查看该用户在/etc/shadow 文件的信息除用户账户名外,其他内容与例 3-5 相同,因此,此处不再赘述;使用 ls /home 命令验证了该命令创建了默认主目录。

```
(base) ubuntu@ubuntu:~$ sudo  useradd  -m  -c " expired in 30 days " -e 30 yujian4
[sudo] ubuntu 的密码:
(base) ubuntu@ubuntu:~$ sudo userdel -rf yujian4
userdel:yujian4 信件池 (/var/mail/yujian4) 未找到
(base) ubuntu@ubuntu:~$ sudo  useradd  -m  -c "expired in 30 days" -e 30 yujian4
(base) ubuntu@ubuntu:~$ id yujian4
用户id=1004(yujian4) 组id=1004(yujian4) 组=1004(yujian4)
(base) ubuntu@ubuntu:~$ cat  /etc/passwd| grep yujian4
yujian4:x:1004:1004:expired in 30 days:/home/yujian4:/bin/sh
(base) ubuntu@ubuntu:~$ sudo  cat  /etc/shadow| grep yujian4
yujian4:!:19004:0:99999:7::30:
(base) ubuntu@ubuntu:~$ ls /home
ubuntu  yujian1  yujian4
```

图 3-8 添加"你的姓名 4"普通用户,创建默认主目录,指定备注和失效时间

【例 3-9】 添加"你的姓名 5"虚拟用户。

本例使用"你的姓名 5"作为用户名,使用超级用户权限和 useradd -r 命令创建该虚拟用户,并查看用户账户信息文件和用户密码影子文件。输入以下命令:

```
sudo  useradd  -r  你的姓名 5
id  你的姓名 5
cat  /etc/passwd | grep  你的姓名 5
sudo  cat  /etc/shadow | grep 你的姓名 5
```

以上命令的执行效果如图 3-9 所示。从图 3-9 中可以看出,使用超级用户权限和 useradd -r 命令添加一个用户名为 yujian5 的虚拟用户;需要注意的是,与例 3-5 至例 3-8 不同,本例创建的是虚拟用户,其 UID 的取值范围是 1~999;通过 id 命令查看到该用户的 UID、GID 和组编号均为 998,UID 属于虚拟用户取值范围;使用超级用户权限和 cat 命令查看/etc/shadow 文件发现,该虚拟用户的最后一次修改时间与前面创建的普通用户一样,

但与普通用户不同的是：最小时间间隔、最大时间间隔和警告时间都没有设置。

```
(base) ubuntu@ubuntu:~$ id yujian5
用户id=998(yujian5) 组id=998(yujian5) 组=998(yujian5)
(base) ubuntu@ubuntu:~$ cat  /etc/passwd| grep yujian5
yujian5:x:998:998::/home/yujian5:/bin/sh
(base) ubuntu@ubuntu:~$ sudo  cat  /etc/shadow| grep yujian5
yujian5:!:19004::::::
```

图 3-9　添加“你的姓名 5”虚拟用户

【例 3-10】　添加“你的姓名 6”普通用户，并指定 UID。

在日常工作中，为了方便管理，企事业单位通常使用员工的工号作为员工 ID，而学校通常使用学号作为学号 ID。本例使用“你的姓名 6”作为用户名，使用超级用户权限和 useradd -u 命令将你的学号(本书中以 2019119101 为例)设置为用户 UID，这样，当用户登录 Linux 系统时，可以很方便地通过其学号和姓名进行识别和管理。最后，查看用户账户信息文件和用户密码影子文件。输入以下命令：

```
sudo  useradd  -u  你的学号  你的姓名 6
id  你的姓名 6
cat  /etc/passwd|grep  你的姓名 6
sudo  cat  /etc/shadow|grep  你的姓名 6
```

以上命令的执行效果如图 3-10 所示，添加了用户名为 yujian6 的普通用户。需要注意的是，与例 3-5 至例 3-9 不同，本例中用户的 UID 直接通过命令指定，而不是由系统自动分配。

```
(base) ubuntu@ubuntu:~$ sudo useradd -u 2019119101 yujian6
(base) ubuntu@ubuntu:~$ id yujian6
用户id=2019119101(yujian6) 组id=1005(yujian6) 组=1005(yujian6)
(base) ubuntu@ubuntu:~$ cat  /etc/passwd | grep yujian6
yujian6:x:2019119101:1005::/home/yujian6:/bin/sh
(base) ubuntu@ubuntu:~$ sudo  cat  /etc/shadow| grep yujian6
yujian6:!:19005:0:99999:7:::
```

图 3-10　添加“你的姓名 6”普通用户，并指定 UID

3.2.3　passwd 设置用户密码命令

命令功能：设置指定用户账户名密码。

命令语法：passwd　用户账户名。

常用参数：passwd 命令的常用参数及其含义如表 3-6 所示。

表 3-6　passwd 命令参数含义

参　数	含　　义
-d	即 delete，删除指定用户的密码
-e	即 expire，强制指定用户的密码过期
-l	即 lock，锁定指定用户账户
-u	即 unlock，解锁指定用户账户

【例 3-11】 passwd 命令设置用户密码。

本例使用超级用户权限和 passwd 命令设置用户密码。为了配合例 3-26 破解系统用户密码，本例将“你的姓名 1”用户的密码设置为弱口令：654321，将“你的姓名 2”用户的密码设置为弱口令：a12345。输入以下命令：

```
sudo  passwd  你的姓名 1
sudo  passwd  你的姓名 2
su  你的姓名 2
sudo  cat  /etc/shadow|grep  你的姓名 2
exit
```

以上命令的执行效果如图 3-11 所示。从图 3-11 中可以看出，使用超级用户权限和 passwd 命令分别设置了 yujian1 和 yujian2 的弱口令密码，并使用 su 命令切换到 yujian2 用户，由于该用户属于 sudo 超级用户组，因此，该用户能够使用超级用户权限查看/etc/shadow 文件的信息。

```
(base) ubuntu@ubuntu:~$ sudo passwd yujian1
[sudo] ubuntu 的密码：
新的 密码：
重新输入新的 密码：
passwd：已成功更新密码
(base) ubuntu@ubuntu:~$ sudo passwd yujian2
新的 密码：
重新输入新的 密码：
passwd：已成功更新密码
(base) ubuntu@ubuntu:~$ su yujian2
密码：
$ sudo  cat  /etc/shadow |grep yujian2
[sudo] yujian2 的密码：
yujian2:$6$Z.BH/0FZ0X0C4zEg$144uDQWkW3YPazb5lcf2wws5.GX/1VfGdpkivU9t/SPKsURynBTBrbU8
kymYVs./FcbvqeBPYpLMZrlgqc33.:19004:0:99999:7:::
$ exit
(base) ubuntu@ubuntu:~$
```

图 3-11　设置用户密码

【例 3-12】 passwd 命令删除用户密码。

本例为删除“你的姓名 3”和“你的姓名 6”两个用户的密码。输入以下命令：

```
sudo  cat  /etc/shadow|grep 你的姓名 3
sudo  passwd  -d 你的姓名 3
sudo  cat  /etc/shadow|grep 你的姓名 3
sudo  passwd  -d 你的姓名 6
```

以上命令的执行效果如图 3-12 所示。从图 3-12 中可以看出，首先使用超级用户权限和 cat 命令查看 yujian3 用户没有设置密码之前，在/etc/shadow 密码影子文件中的信息。可以发现，其加密后的密码是“!”，表示还没有设置密码；当使用 sudo passwd -d 删除该用户密码后，其加密后的密码显示为空。

```
(base) ubuntu@ubuntu:~$ sudo  cat  /etc/shadow| grep yujian3
[sudo] ubuntu 的密码：
yujian3:!:19004:0:99999:7:::
(base) ubuntu@ubuntu:~$ sudo  passwd  -d yujian3
passwd：密码过期信息已更改。
(base) ubuntu@ubuntu:~$ sudo  cat  /etc/shadow| grep yujian3
yujian3::19004:0:99999:7:::
```

图 3-12　删除用户密码

3.2.4　usermod 修改用户命令

命令功能：修改用户属性信息，包括锁定和解锁用户、添加到附加组和修改 UID。

命令语法：usermod　[选项]　用户名。

常用参数：usermod 命令的常用参数及其含义如表 3-7 所示。

表 3-7　usermod 命令参数含义

参　数	含　　义
-l	即 lock，锁定用户
-U	即 unlock，解锁用户
-G	附加组名称
-a	即 append，也就是将用户附加到附加组中，而不必离开基本组；需要与-G 参数一起配合使用
-u	修改指定用户 UID
-d	修改用户登录的主目录
-l	修改用户名，注意语法为：usermod　-l 新用户名原用户名

【例 3-13】　usermod 命令锁定和解锁用户。

本例使用超级用户权限和 usermod 命令锁定和解锁用户，并使用 su 切换用户命令进行验证，成功切换到该用户账户后，尝试使用超级用户权限显示密码影子文件的内容。输入以下命令：

```
sudo  usermod  -L 你的姓名 1
su  你的姓名 1
sudo  usermod  -U 你的姓名 1
su  你的姓名 1
sudo  cat  /etc/shadow | grep 你的姓名 1
exit
```

以上命令的执行效果如图 3-13 所示。从图 3-13 中可以看出，使用超级用户权限和 usermod -L 锁定 yujian1 用户后，使用 su 命令切换到该用户，显示“su：认证失败”；在使用 usermod -U 解锁后，再次切换，提示符变成“ $ ”，切换成功。切换到该用户后，尝试使用 sudo 命令显示密码影子文件，提示“yujian1 不在 sudoers 文件中。此事将被报告。”，意思是提示 yujian1 用户不在 sudo 超级用户组中，无法使用 sudo 命令。这个问题将在下一个例子中解决。

```
(base) ubuntu@ubuntu:~$ sudo  usermod  -L yujian1
[sudo] ubuntu 的密码：
(base) ubuntu@ubuntu:~$ su yujian1
密码：
su: 认证失败
(base) ubuntu@ubuntu:~$ sudo usermod -U yujian1
(base) ubuntu@ubuntu:~$ su yujian1
密码：
$ sudo  cat  /etc/shadow |grep yujian1
[sudo] yujian1 的密码：
yujian1 不在 sudoers 文件中。此事将被报告。
$ exit
(base) ubuntu@ubuntu:~$
```

图 3-13　usermod 命令锁定和解锁用户

【例 3-14】 usermod 命令将已有用户附加到 sudo 组，并修改 UID。

例 3-13 中，由于 yujian1 用户不属于超级用户组，因此无法使用超级用户权限。本例解决了这一问题：使用 usermod 命令将该用户加入 sudo 组。这需要使用-a 参数将用户附加到某个附加组和-G 参数指定组名。需要注意的是，-aG 参数通常是配合使用的。最后使用-u 参数修改该用户的 UID。输入以下命令：

```
sudo  usermod  -aG  sudo  你的姓名 1
su  你的姓名 1
sudo  cat  /etc/shadow | grep  你的姓名 1
exit
id  你的姓名 1
sudo  usermod  -u  9999  你的姓名 1
id  你的姓名 1
```

以上命令的执行效果如图 3-14 所示。从图 3-14 中可以看出，使用 usermod -aG 命令将 yujian1 添加到 sudo 超级用户组后，yujian1 用户能够使用超级用户权限查看密码影子文件了。因为，不能在已经登录的 yujian1 用户上直接修改其 UID，因此，使用 exit 命令回到原 ubuntu 用户后，使用 id 命令查看 yujian1 用户的 UID 为 1001，接着使用 usermod -u 命令将其改为 9999，再次使用 id 命令查看，验证了 UID 已经修改成功。

```
(base) ubuntu@ubuntu:~$ sudo  usermod  -aG  sudo yujian1
[sudo] ubuntu 的密码：
(base) ubuntu@ubuntu:~$ su yujian1
密码：
$ sudo cat /etc/shadow | grep yujian1
[sudo] yujian1 的密码：
yujian1:$6$T1So2InQGyO.F/yK$yA/.YEmSdb3tltaAd5cRjWMad3eAgs1AdmPWOKCyFBjWFYNvivQnG7YpmpY6eO0f6L4vs68hCthhh
aUFSrhVj/:19004:0:99999:7:::
$ exit
(base) ubuntu@ubuntu:~$ id yujian1
用户id=1001(yujian1) 组id=1001(yujian1) 组=1001(yujian1),27(sudo)
(base) ubuntu@ubuntu:~$ sudo  usermod  -u  9999 yujian1
(base) ubuntu@ubuntu:~$ id yujian1
用户id=9999(yujian1) 组id=1001(yujian1) 组=1001(yujian1),27(sudo)
```

图 3-14　usermod 命令将用户附加到 sudo 组，并修改 UID

3.2.5 chage 更改用户密码有效期命令

命令功能：更改用户密码有效期信息。

命令语法：chage [选项] 用户名。

常用参数：chage 命令的常用参数及其含义如表 3-8 所示。

表 3-8 chage 命令参数含义

参 数	含 义
-l	列出密码的有效期
-m	两次修改密码相距的最小天数，如果为 0，则表示随时可以修改
-M	密码有效的最大天数
-E	指定密码过期时间，0 表示立刻过期，－1 表示永不过期

【例 3-15】 chage 命令直接修改用户密码的有效期。

本例使用 chage 命令和-m、-M 参数直接将用户账户的有效期修改为两次修改密码相距的最小天数为 7 天，密码有效的最大天数为 30 天。输入以下命令：

```
sudo chage -l 你的姓名 3
sudo chage -m 7 -M 30 你的姓名 3
sudo chage -l 你的姓名 3
```

以上命令的执行效果如图 3-15 所示。使用 chage 命令修改 yujian3 用户密码有效期：两次修改密码相距的最小天数从 0 天修改为 7 天，密码有效的最大天数从 99999 天修改为 30 天。

```
(base) ubuntu@ubuntu:~$ sudo chage -l yujian3
[sudo] ubuntu 的密码：
最近一次密码修改时间                                    ：1月 12, 2022
密码过期时间                                       ：从不
密码失效时间                                       ：从不
帐户过期时间                                       ：从不
两次改变密码之间相距的最小天数                          ：0
两次改变密码之间相距的最大天数                          ：99999
在密码过期之前警告的天数                            ：7
(base) ubuntu@ubuntu:~$ sudo  chage  -m  7  -M  30 yujian3
(base) ubuntu@ubuntu:~$ sudo chage -l yujian3
最近一次密码修改时间                                    ：1月 12, 2022
密码过期时间                                       ：2月 11, 2022
密码失效时间                                       ：从不
帐户过期时间                                       ：从不
两次改变密码之间相距的最小天数                          ：7
两次改变密码之间相距的最大天数                          ：30
在密码过期之前警告的天数                            ：7
```

图 3-15 chage 命令直接修改用户密码的有效期

【例 3-16】 chage 命令交互式修改用户账户的有效期。

本例使用 chage 命令交互式修改用户账户的有效期，不需要任何参数。对不需要修改的选项，直接输入后按 Enter 键跳过即可。输入以下命令：

```
sudo  chage  -l  你的姓名 4
sudo  chage  你的姓名 4
sudo  chage  -l  你的姓名 4
```

以上命令的执行效果如图 3-16 所示。从图 3-16 中可以看出，使用 chage 命令交互式修改 yujian4 用户密码有效期：两次修改密码相距的最小天数从 0 天修改为 7 天，密码有效的最大天数从 99 999 天修改为 30 天。需要注意的是，在交互式选项中，最小密码年龄表示两次修改密码相距的最小天数，最大密码年龄密码有效的最大天数。

```
(base) ubuntu@ubuntu:~$ sudo chage -l yujian4
最近一次密码修改时间                                    ：1月 12, 2022
密码过期时间                                    ：从不
密码失效时间                                    ：从不
帐户过期时间                                    ：1月 31, 1970
两次改变密码之间相距的最小天数          ：0
两次改变密码之间相距的最大天数          ：99999
在密码过期之前警告的天数        ：7
(base) ubuntu@ubuntu:~$ sudo chage yujian4
正在为 yujian4 修改年龄信息
请输入新值，或直接敲回车键以使用默认值

        最小密码年龄 [0]: 7
        最大密码年龄 [99999]: 30
        最近一次密码修改时间 (YYYY-MM-DD) [2022-01-12]:
        密码过期警告 [7]:
        密码失效 [-1]:
        帐户过期时间 (YYYY-MM-DD) [1970-01-31]:
(base) ubuntu@ubuntu:~$ sudo chage -l yujian4
最近一次密码修改时间                                    ：1月 12, 2022
密码过期时间                                    ：2月 11, 2022
密码失效时间                                    ：从不
帐户过期时间                                    ：1月 31, 1970
两次改变密码之间相距的最小天数          ：7
两次改变密码之间相距的最大天数          ：30
在密码过期之前警告的天数        ：7
```

图 3-16　chage 命令交互式修改用户账户的有效期

3.2.6　userdel 删除用户命令

命令功能：删除指定用户。

命令语法：userdel ［选项］ 用户名。

常用参数：userdel 命令的常用参数及其含义如表 3-9 所示。

表 3-9　userdel 命令参数含义

参　数	含　　义
-r	删除指定用户，并递归删除其主目录下的所有文件和文件夹
-f	强制删除用户，即使该用户已经登录系统

【例 3-17】 userdel 命令删除用户及其主目录。

本例使用 userdel 命令分别删除三个用户及其主目录。输入以下命令：

```
sudo  userdel  你的姓名 5
sudo  userdel  -r  你的姓名 4
ls  /home
```

打开一个新终端，输入以下命令：

```
su  你的姓名3
sudo  userdel  -r  你的姓名3
sudo  userdel  -rf  你的姓名3
```

以上命令的执行效果如图3-17所示。从图3-17中可以看出，使用userdel命令删除yujian5用户，由于该用户是虚拟用户，没有创建主目录，因此不需要使用任何参数直接删除即可。对于yujian4普通用户，在例3-1中已经创建了主目录，需要使用-r参数删除其对应的主目录。对于yujian3普通用户，特意打开一个新终端，切换到该用户上，使该用户登录系统，再使用-r参数删除时，显示userdel:user yujian3 is currently used by process 6441，意思是yujian3用户正在由进程6441使用。因此，需要使用-rf参数强制删除。

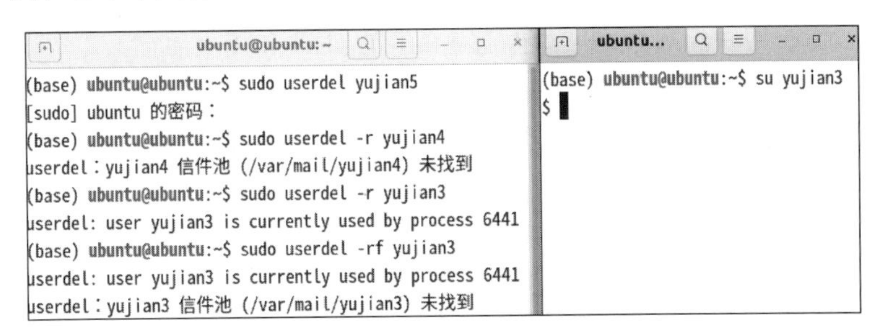

图3-17　userdel命令删除用户及其主目录

3.3　用户组管理命令

3.3.1　groupadd添加用户组命令

命令功能：添加用户组。

命令语法：groupadd　用户组名。

常用参数：groupadd命令的常用参数及其含义如表3-10所示。

表3-10　groupadd命令参数含义

参　数	含　义
-g	指定新建用户组的GID
-f	如果组已存在，则此参数失效；如果GID已被使用，则取消
-r	创建系统组账户，GID小于1000

【例3-18】　groupadd命令添加用户组。

本例使用groupadd命令分别添加两个用户组，并指定GID。输入以下命令：

```
sudo  groupadd  -g  6666  student
cat  /etc/group | grep student
sudo  groupadd  -g  8888  teacher
cat  /etc/group | grep teacher
```

以上命令的执行效果如图 3-18 所示。从图 3-18 中可以看出,使用 groupadd 命令添加了 student 用户组,并指定 GID 为 6666;添加了 teacher 用户组,并指定 GID 为 8888,并使用 cat 命令查看/etc/group 文件中的组信息。

```
(base) ubuntu@ubuntu:~$ sudo  groupadd  -g  6666  student
(base) ubuntu@ubuntu:~$ cat   /etc/group | grep student
student:x:6666:
(base) ubuntu@ubuntu:~$ sudo  groupadd  -g  8888  teacher
(base) ubuntu@ubuntu:~$ cat   /etc/group | grep teacher
teacher:x:8888:
```

图 3-18　groupadd 命令添加用户组

3.3.2　groupmod 修改用户组命令

命令功能:修改用户组属性信息,包括用户组的 GID 和用户组名。

命令语法:groupmod　[选项]　组名。

常用参数:groupmod 命令的常用参数及其含义如表 3-11 所示。

表 3-11　groupmod 命令参数含义

参　数	含　　义
-g	修改用户组的 GID
-n	修改用户组名

【例 3-19】　groupmod 命令修改组名和 GID。

本例使用 groupmod 命令修改用户组名和 GID。输入以下命令:

```
sudo  groupmod -n  stu  student
sudo  groupmod  -g  你的班级号  stu
cat  /etc/group|grep stu
```

以上命令的执行效果如图 3-19 所示。从图 3-19 中可以看出,使用 groupmod 命令修改了 student 用户组名为 stu,并修改了 GID 为你的班级号(本书以 20191191 为例),最后查看/etc/group 文件验证了用户组信息已经成功修改。

```
(base) ubuntu@ubuntu:~$ sudo  groupmod  -n  stu  student
[sudo] ubuntu 的密码:
(base) ubuntu@ubuntu:~$ sudo  groupmod  -g  20191191  stu
(base) ubuntu@ubuntu:~$ cat   /etc/group | grep stu
stu:x:20191191:
```

图 3-19　groupmod 命令修改组名和 GID

3.3.3　gpasswd 管理用户组命令

命令功能:管理用户组,包括添加或删除用户,设置和删除组密码,以及指定管理员。

命令语法:gpasswd　[选项]　用户组名。

常用参数:gpasswd 命令的常用参数及其含义如表 3-12 所示。

表 3-12　gpasswd 命令参数含义

参　数	含　　义
-a	添加用户到组
-d	从组中删除用户
-r	删除组密码
-A	指定组管理员，不一定是组内成员，组管理员可以增删成员，修改组密码等操作
-M	指定组成员

【例 3-20】　gpasswd 命令添加和删除用户。

本例使用 gpasswd 命令添加两个用户并分别添加到用户组，并从用户组中删除一个用户，最后通过 id 命令查看用户所属的组名是否修改成功。输入以下命令：

```
sudo  gpasswd  -a  你的姓名1  teacher
id  你的姓名1
sudo  gpasswd  -a  你的姓名6  teacher
sudo  gpasswd  -a  你的姓名6  stu
id  你的姓名6
sudo  gpasswd  -d  你的姓名6  teacher
id  你的姓名6
```

以上命令的执行效果如图 3-20 所示。从图 3-20 中可以看出，首先使用 gpasswd -a 命令将 yujian1 添加到了 teacher 组，将 yujian6 添加到了 teacher 组和 stu 组。yujian6 同时属于教师组和学生组，这有些不合理。接着，使用 gpasswd -d 命令将 yujian6 用户从 teacher 组中删除。最后使用 id 命令验证了修改结果是否正确。可以发现，yujian1 用户属于 yujian1 基本组、sudo 附加组和 teacher 附加组，yujian6 用户属于 yujian6 基本组、stu 附加组。

```
(base) ubuntu@ubuntu:~$ sudo  gpasswd  -a  yujian1  teacher
[sudo] ubuntu 的密码：
正在将用户 "yujian1"加入到 "teacher"组中
(base) ubuntu@ubuntu:~$ id yujian1
用户id=9999(yujian1) 组id=1001(yujian1) 组=1001(yujian1),27(sudo),8888(teacher)
(base) ubuntu@ubuntu:~$ sudo  gpasswd  -a  yujian6  teacher
正在将用户 "yujian6"加入到 "teacher"组中
(base) ubuntu@ubuntu:~$ sudo  gpasswd  -a  yujian6  stu
正在将用户 "yujian6"加入到 "stu"组中
(base) ubuntu@ubuntu:~$ id yujian6
用户id=2019119101(yujian6) 组id=1005(yujian6) 组=1005(yujian6),8888(teacher),20191191(stu)
(base) ubuntu@ubuntu:~$ sudo  gpasswd  -d  yujian6  teacher
正在将用户 "yujian6"从 "teacher"组中删除
(base) ubuntu@ubuntu:~$ id yujian6
用户id=2019119101(yujian6) 组id=1005(yujian6) 组=1005(yujian6),20191191(stu)
```

图 3-20　gpasswd 命令添加和删除用户

【例 3-21】　gpasswd 命令设置和删除组密码。

本例设置 stu 组的密码，将 teacher 组密码删除，并通过/etc/gshadow 密码影子文件查看设置情况。输入以下命令：

```
sudo  gpasswd  stu
sudo  cat  /etc/gshadow  |grep stu
sudo  gpasswd  -r  teacher
sudo  cat  /etc/gshadow  |grep teacher
```

以上命令的执行效果如图 3-21 所示。从图 3-21 中可以看出，使用 gpasswd 命令设置了 stu 用户组的密码(可设置为弱口令 123456)，目的在于方便课后习题(实操题)使用 john 软件破解；使用 gpasswd -r 命令删除了 teacher 组密码。通过/etc/gshadow 文件，读者可以发现 stu 组记录末尾显示组成员有用户 yujian6，teacher 组记录末尾显示组成员有用户 yujian1，并且 teacher 组密码为空。

```
(base) ubuntu@ubuntu:~$ sudo  gpasswd  stu
[sudo] ubuntu 的密码：
正在修改 stu 组的密码
新密码：
请重新输入新密码：
(base) ubuntu@ubuntu:~$ sudo  cat  /etc/gshadow  | grep stu
stu:$6$uq4Y5/hE4U$byIQkCcU96vVg8atDVZp8feTg8sJ14WJxk0xvQlrDquu83.T2oE0KiEBksM2Xl2By0iyg94TzZN
SvL0cgrdg21::yujian6
(base) ubuntu@ubuntu:~$ sudo  gpasswd  -r  teacher
(base) ubuntu@ubuntu:~$ sudo  cat  /etc/gshadow  | grep teacher
teacher:::yujian1
```

图 3-21　gpasswd 命令设置和删除组密码

3.3.4　groupdel 删除用户组命令

命令功能：删除用户组。

命令语法：groupdel　用户组名。

【例 3-22】 groupdel 命令删除用户组。

本例首先添加了一个用户组 testgroup，并使用 tail -n1 命令查看/etc/group 文件的最后一行；然后在确认创建了该用户组后，使用 groupdel 命令删除，并查看/etc/group 文件。输入以下命令：

```
sudo  groupadd  testgroup
tail  -n1  /etc/group
sudo  groupdel  testgroup
cat  /etc/group | grep testgroup
```

以上命令的执行效果如图 3-22 所示。删除 testgroup 用户组后，在/etc/group 组账户信息文件中查找 testgroup，显示结果为空，表明该用户组已经成功删除。

```
(base) ubuntu@ubuntu:~$ sudo  groupadd  testgroup
(base) ubuntu@ubuntu:~$ tail -n1 /etc/group
testgroup:x:8889:
(base) ubuntu@ubuntu:~$ sudo  groupdel  testgroup
(base) ubuntu@ubuntu:~$ cat /etc/group | grep testgroup
(base) ubuntu@ubuntu:~$
```

图 3-22　groupdel 命令删除用户组

3.4　用户和组的运行维护

3.4.1　chpasswd 批量修改用户密码命令

视频讲解

命令功能：从系统的标准输入读入用户名和密码，对已存在的用户修改密码，达到批量修改用户密码的目的。

命令语法：echo 用户名：密码|chpasswd。

【例 3-23】　chpasswd 命令批量修改用户密码。

本例通过一个 Shell 脚本文件批量添加用户 user01～user10，共 10 个用户，并使用 useradd -g 命令指定用户所属的组为 stu；通过 chpasswd 命令批量修改用户密码为 123456。最后使用 tail 命令查看/etc/passwd 文件信息，观察用户是否批量添加成功。输入以下命令：

```
gedit  adduser.sh
```

打开 gedit 窗口后，输入以下 Shell 脚本内容：

```
#!/bin/bash
for  i  in  {01..10}
do
  useradd  user$i  -g  stu
  echo  user$i:123456 | chpasswd
done
```

保存并关闭窗口。该脚本中，$i 表示获取变量 i 的值，{01..10}表示 01～10 的数字序列。输入以下命令：

```
sudo  bash  adduser.sh
tail  /etc/passwd
id  user01
su  user01
exit
```

以上命令的执行效果如图 3-23 所示。从图 3-23 中可以看出，使用 tail 命令查看到这 10 个用户已经批量添加成功，并加入了 stu 组(GID 为 20191191)。选择第一个用户 user01 进行验证，使用 id 命令查看其用户组，使用 su 命令输入密码 123456，如果密码输入正确，就会跳转到下一行，在提示符 $ 后可以继续输入命令，表示切换成功；否则会提示用户“su：认证失败”。

需要注意的是，本例首先批量添加了用户，如果完成后需要批量删除用户，可以输入以下命令：

```
gedit  deluser.sh
```

```
(base) ubuntu@ubuntu:~$ gedit adduser.sh
(base) ubuntu@ubuntu:~$ sudo bash adduser.sh
(base) ubuntu@ubuntu:~$ tail /etc/passwd
user01:x:10020:20191191::/home/user01:/bin/sh
user02:x:10021:20191191::/home/user02:/bin/sh
user03:x:10022:20191191::/home/user03:/bin/sh
user04:x:10023:20191191::/home/user04:/bin/sh
user05:x:10024:20191191::/home/user05:/bin/sh
user06:x:10025:20191191::/home/user06:/bin/sh
user07:x:10026:20191191::/home/user07:/bin/sh
user08:x:10027:20191191::/home/user08:/bin/sh
user09:x:10028:20191191::/home/user09:/bin/sh
user10:x:10029:20191191::/home/user10:/bin/sh
(base) ubuntu@ubuntu:~$ id user01
用户id=10020(user01) 组id=20191191(stu) 组=20191191(stu)
(base) ubuntu@ubuntu:~$ su user01
密码：
$ exit
```

图 3-23　chpasswd 命令批量修改用户密码

打开 gedit 窗口后，输入以下 Shell 脚本内容：

```
#!/bin/bash
for  i  in  {01..10}
do
  userdel  user$i
done
```

保存并关闭窗口。然后输入以下命令：

```
sudo  bash  deluser.sh
```

此时即可删除以上创建的 10 个用户。

3.4.2　awk 命令列出系统用户

/etc/passwd 文件和/etc/group 文件中，各字段采用冒号作为分隔符。可以使用 awk 命令，并使用-F 参数指定冒号作为分隔符，列出系统中的所有用户名，或者某些用户名。

【例 3-24】 awk 命令列出当前系统的某些用户名。

输入以下命令：

```
awk  -F  ':'  '{print $1}'  /etc/passwd|grep 你的姓名
awk  -F  ':'  '{print $1}'  /etc/group|tail  -n4
```

以上命令的执行效果如图 3-24 所示。使用 awk -F 命令结合 grep 命令显示了包括 yujian 关键字的用户名，结合 tail -n4 命令显示了用户组账户信息文件最后 4 行的内容。

```
(base) ubuntu@ubuntu:~$ awk  -F  ':'  '{print $1}'  /etc/passwd | grep yujian
yujian1
yujian2
yujian6
(base) ubuntu@ubuntu:~$ awk  -F  ':'  '{print $1}'  /etc/group | tail  -n4
yujian1
teacher
stu
yujian6
```

图 3-24 awk 命令列出当前系统的某些用户名

3.4.3 修改用户名和主目录的方法和命令

当不满意安装时设定的用户名时，由于已经在该用户上做了很多配置并安装了很多软件，不希望再新建用户，这时最好在原来的基础上直接修改用户名。一个修改用户名和主目录的简单粗暴的方法是修改三个配置文件：/etc/passwd、/etc/shadow 和/etc/group，将这三个文件中的原用户名修改为现在需要设置的用户名，同时修改/etc/passwd 中的主目录。也可以综合使用多个命令来修改用户名和主目录。

【例 3-25】 修改用户名和主目录之简单粗暴法。

首先切换到 root 用户，然后创建用户 testuser，分别编辑以上三个配置文件，定位到文件内容的最后一行，将用户名 testuser 修改为"你的姓名 7"，其他内容不要修改，保存并关闭窗口。用户配置即可生效。输入以下命令：

```
su  root
useradd  -m  testuser
passwd  testuser
```

为了方便例 3-26 中的 john 软件破解，设置密码为弱口令：123456。

```
gedit  /etc/passwd
```

定位到最后一行，将 testuser 修改为"你的姓名 7"，保存并关闭窗口。

```
gedit  /etc/shadow
```

定位到最后一行，将 testuser 修改为你的姓名 7，保存并关闭窗口。

```
gedit  /etc/group
```

定位到最后一行，将 testuser 修改为你的姓名 7，保存并关闭窗口。

```
exit
su    你的姓名 7
exit
```

以上命令的执行效果如图 3-25 所示。将以上三个配置文件对应的用户名信息修改后，输入 su 命令切换到 yujian7，输入创建 testuser 用户时设置的密码 123456，即可成功切换。

```
(base) ubuntu@ubuntu:~$ su root
密码：
root@ubuntu:/home/ubuntu# useradd -m testuser
root@ubuntu:/home/ubuntu# passwd testuser
新的 密码：
重新输入新的 密码：
passwd：已成功更新密码
root@ubuntu:/home/ubuntu# gedit   /etc/passwd
root@ubuntu:/home/ubuntu# gedit   /etc/shadow
root@ubuntu:/home/ubuntu# gedit   /etc/group
root@ubuntu:/home/ubuntu# exit
exit
(base) ubuntu@ubuntu:~$ su yujian7
密码：
$
```

图 3-25 修改用户名

【例 3-26】 修改用户名和主目录之命令法。

本例综合使用多个命令修改用户名和主目录。输入以下命令：

```
sudo  useradd  -m  temp
sudo  passwd  temp
sudo  usermod  -l  你的姓名8  temp
sudo  mv  /home/temp  /home/你的姓名8
sudo  usermod  -d  /home/你的姓名8  你的姓名8
sudo  cat  /etc/passwd|grep 你的姓名8
```

以上命令的执行效果如图 3-26 所示。从 3-26 中可以看出，首先，创建 temp 用户，使用 -m 参数创建对应的主目录/home/temp，并设置较复杂和难以破解的密码，例如，本书设置为 hstc；然后，使用 usermod－l 命令将 temp 用户名改为 yujian8，将主目录/home/temp 重命名为主目录/home/yujian8，使用 usermod -d 命令将 yujian8 用户的主目录设为/home/yujian8；最后，通过查看/etc/passwd 文件，可以发现 yujian8 的用户名和主目录都已经修改成功了。

```
(base) ubuntu@ubuntu:~$ sudo  useradd  -m  temp
[sudo] ubuntu 的密码：
(base) ubuntu@ubuntu:~$ sudo  passwd  temp
新的 密码：
重新输入新的 密码：
passwd：已成功更新密码
(base) ubuntu@ubuntu:~$ sudo  usermod  -l  yujian8  temp
(base) ubuntu@ubuntu:~$ sudo  mv  /home/temp  /home/yujian8
(base) ubuntu@ubuntu:~$ sudo  usermod  -d  /home/yujian8  yujian8
(base) ubuntu@ubuntu:~$ sudo  cat  /etc/passwd | grep yujian8
yujian8:x:10002:10002::/home/yujian8:/bin/sh
```

图 3-26 修改用户名和主目录

3.5 综合实例：使用 john 软件破解系统用户密码

/etc/passwd 存放的是用户账户信息，而/etc/shadow 存放的是用户的加密后密码信息。Linux 操作系统采用安全哈希算法(MD5、SHA1)等加密用户密码，使加密后的用户密码不可逆向破解，即黑客无法从密文直接推导出明文。那么，如果想要破解 Linux 操作系统用户密码，只能采用字典攻击等蛮力破解方式了。

本综合实例中，首先编译 john 破解软件，生成其可执行文件，然后将用户名信息和用户密码信息重定向为一个新的文件，最后 john 软件通过字典模式破解。需要注意的是，编译 john 软件，需要安装 GCC 和 make。如果系统没有安装，可以输入以下命令进行安装：

```
sudo apt update
sudo apt install gcc
sudo apt install make
```

读者可以从本书的配套资源中下载 john -1.9.0.tar.gz，并复制至 Ubuntu 操作系统的 Downloads 目录下，然后输入以下命令：

```
cd  Downloads
tar  -xzvf  john-1.9.0.tar.gz
cd  john-1.9.0/src
make  clean  linux-x86-64
cd..
cd  run
sudo  ./unshadow  /etc/passwd  /etc/shadow > myshadow
```

以上命令的执行效果如图 3-27 所示。从图 3-27 中可以看出，将 john 软件使用 make 命令编译成功后，在其 run 目录下，使用超级用户权限和./执行 unshadow 程序，将/etc/passwd 和/etc/shadow 合成文件 myshadow。

```
(base) ubuntu@ubuntu:~$ cd Downloads/
(base) ubuntu@ubuntu:~/Downloads$ tar  -xzvf   john-1.9.0.tar.gz
(base) ubuntu@ubuntu:~/Downloads$ cd john-1.9.0/
(base) ubuntu@ubuntu:~/Downloads/john-1.9.0$ cd ..
(base) ubuntu@ubuntu:~/Downloads$ cd john-1.9.0/src
(base) ubuntu@ubuntu:~/Downloads/john-1.9.0/src$ make  clean  linux-x86-64
rm -f ../run/john ../run/unshadow ../run/unafs ../run/unique ../run/john.bin ../run/john.com ../run/unshadow.cc
m ../run/unafs.com ../run/unique.com ../run/john.exe ../run/unshadow.exe ../run/unafs.exe ../run/unique.exe
make[1]: 离开目录 "/home/ubuntu/Downloads/john-1.9.0/src"
(base) ubuntu@ubuntu:~/Downloads/john-1.9.0/src$ cd ..
(base) ubuntu@ubuntu:~/Downloads/john-1.9.0$ cd run
(base) ubuntu@ubuntu:~/Downloads/john-1.9.0/run$ sudo  ./unshadow  /etc/passwd  /etc/shadow > myshadow
```

图 3-27 编译 john 破解软件

接着，可以使用./执行 john 破解程序，采用字典模式去破解 myshadow 文件，最后显示破解结果。输入以下命令：

```
sudo  ./john  -w: password.lst  myshadow
sudo  ./john  -show  myshadow
```

以上命令的执行效果如图 3-28 所示。从图 3-28 中可以发现，由于在前面章节中是将各用户密码设置为弱口令，因此，使用 john 软件能够在比较短的时间内破解出大部分用户的密码：yujian1 用户的密码为 654321，yujian2 用户的密码为 a12345，yujian6 用户没有密码(密码被删除)，yujian7 用户和 user01～user10 用户的密码为 123456。这个实例说明，如果将用户的密码设置为弱口令，是很容易被破解的。在日常工作中，设置密码最好包含字母、数字和特殊字符，这样安全性比较高，难以被破解。

```
(base) ubuntu@ubuntu:~/Downloads/john-1.9.0/run$ sudo  ./john  -w:password.lst  myshadow
Loaded 15 password hashes with 15 different salts (crypt, generic crypt(3) [?/64])
Remaining 2 password hashes with 2 different salts
Press 'q' or Ctrl-C to abort, almost any other key for status
0g 0.00.00:05 100% 0g/s 636.6p/s 1273c/s 1273C/s !@#$%..sss
Session completed
(base) ubuntu@ubuntu:~/Downloads/john-1.9.0/run$ sudo  ./john  -show  myshadow
yujian1:654321:9999:1001::/home/yujian1:/bin/sh
yujian2:a12345:1002:27::/home/yujian2:/bin/sh
yujian6:NO PASSWORD:2019119101:1005::/home/yujian6:/bin/sh
user01:123456:10020:20191191::/home/user01:/bin/sh
user02:123456:10021:20191191::/home/user02:/bin/sh
user03:123456:10022:20191191::/home/user03:/bin/sh
user04:123456:10023:20191191::/home/user04:/bin/sh
user05:123456:10024:20191191::/home/user05:/bin/sh
user06:123456:10025:20191191::/home/user06:/bin/sh
user07:123456:10026:20191191::/home/user07:/bin/sh
user08:123456:10027:20191191::/home/user08:/bin/sh
user09:123456:10028:20191191::/home/user09:/bin/sh
user10:123456:10029:20191191::/home/user10:/bin/sh
yujian7:123456:10030:10030::/home/yujian7:/bin/sh

14 password hashes cracked, 2 left
```

图 3-28　破解用户密码结果

3.6　课后习题

一、填空题

1. 使用超级用户权限，添加一个名为 testuser 的用户，并为该用户创建用户主目录和登录 bash shell 的命令是________。
2. 使用超级用户权限，设置用户 yy 的密码的命令是________。
3. 使用超级用户权限，锁定用户 yy 的命令是________。
4. 使用超级用户权限，解锁用户 yy 的命令是________。
5. 使用超级用户权限，强制删除用户 yy，并且删除该用户文件夹的命令是________。
6. 使用超级用户权限，添加用户 yy，并将其加入 sudo 超级用户组的命令是________。
7. 使用超级用户权限，将已有用户 yy 附加到 sudo 组的命令是________。
8. 使用超级用户权限，修改 teach 用户组名为 teacher 的命令是________。
9. 使用超级用户权限，将 8888 作为用户组 ID，创建用户组 teach 的命令是________。
10. 使用超级用户权限，修改 teacher 用户组 ID 为 6666 的命令是________。
11. 使用超级用户权限，设定 teach 用户组的密码的命令是________。
12. 使用超级用户权限，删除 teach 用户组的密码的命令是________。
13. 使用超级用户权限，删除用户组名为 teacher 的命令是________。
14. 在主目录上，分析并只提取出所有系统用户名的命令是________。

15. 使用超级用户权限，直接修改用户 yy 的密码有效期为两次密码修改最小天数为 7 天，密码有效的最大天数为 30 天的命令是________。

16. 用 cat 命令查看用户组名信息的命令是________。

17. 使用超级用户权限和 cat 命令查看用户组影子文件的命令是________。

18. 使用超级用户权限、john 软件和字典模式破解系统用户密码的命令是________。提示：已经合成了用户信息和密码信息文件 xx，字典文件为 password.lst。

19. 修改已经创建用户的用户名，需要修改的三个配置文件分别是________、________和________。

20. 使用超级用户权限，将用户名 xx 改为 yy 的命令是________。

二、实操题

1. 批量删除例 3-23 所创建的 user01～user10 用户后，再批量添加 stu01～stu10 用户，同样指定所属的用户组为 stu。

2. 借鉴例 3-26 中的方法，使用 john 软件破解用户组密码。

第4章 进程管理

进程管理负责为将要执行的程序和数据文件分配内存空间，并负责进程调度、控制并发进程的执行速度和分配必要的资源，以及负责进程通信和内存管理等。本章将介绍 Linux 操作系统丰富的进程管理命令。

视频讲解

4.1 进程概述

4.1.1 进程概念

进程的概念是 20 世纪 60 年代初期，首先在 MIT 的 Multics 系统和 IBM 的 TSS/360 系统中引用的。比较典型的进程定义有如下三种。

(1) 进程是程序的一次执行。

(2) 进程是一个程序及其数据在处理机上顺序执行时所发生的活动。

(3) 进程是具有独立功能的程序在一个数据集合上运行的过程，它是系统进行资源分配和调度的一个独立单位。

4.1.2 进程的状态

由于多个进程在并发执行时共享系统资源，致使它们在运行过程中呈现间断性的运行规律，所以进程在其生命周期内可能具有多种状态。一般而言，每个进程至少应处于以下三种基本状态之一。

(1) 就绪(Ready)状态。

(2) 运行(Running)状态。

(3) 阻塞(Block)状态，又称为睡眠状态、等待状态。

除了以上三种基本状态外，进程还具有创建状态和终止状态。进入终止状态的进程不能再执行，但在操作系统中依然保留一条记录，其中保存状态码和一些计时统计数据，供其他进程收集。如果这时候系统未能回收该终止的资源，该进程被称为僵尸进程。

4.1.3 进程和程序的区别

进程和程序是两个截然不同的概念。

(1) 进程是一个动态概念，而程序则是一个静态概念。程序是指令的有序集合，没有任何执行的含义。而进程则强调执行过程，它动态地被创建，并被调度执行后消亡。

(2) 进程具有并行特征(并发性、独立性、异步性)，而程序则没有。

(3) 不同的进程可以包含同一程序，只要该程序所对应的数据集不同。同一程序在执行中也可以产生多个进程。

4.1.4　进程的优先级

进程优先级是用于描述进程使用处理机的优先级别的一个整数，优先级高的进程应优先获得处理机。进程的优先级调度可以采取抢占的方式，优先级高的进程可以抢占优先级低的进程。当就绪队列上有优先级比当前正在处理器运行的进程的优先级高的进程时，系统将处理器从当前进程剥夺，优先级高的进程得到处理器。

在 Linux 操作系统中，当用户态进程完成系统调用后从核心态返回用户态继续运行时，处理器可能被处于核心态执行的其他进程抢占。

4.1.5　进程的层次结构

在 Linux 操作系统中，允许一个进程创建另一个进程，通常把创建进程的进程称为父进程，而把被创建的进程称为子进程。子进程可继续创建更多的孙进程，由此便形成了一个进程的层次结构。如在 Linux 操作系统中，进程与其子孙进程共同组成一个进程家族。

4.2　进程状态查看命令

4.2.1　ps 查看当前进程状态命令

命令功能：ps，即 process status，进程状态。

命令语法：ps　[选项]。

常用参数：在 ps 命令中，常用参数及其含义如表 4-1 所示。请注意，ps 命令部分参数同时支持带"-"或者不带"-"，但命令执行效果不一定相同。如 ps -aux 与 ps aux 是相同的，但 ps -ef 与 ps ef 却不相同，ps ef 输出的内容较少。为了避免混淆，以下例子均采用带"-"的参数。

表 4-1　ps 命令的常用参数含义

参　数	含　　义
-a	显示一个终端的所有进程信息
-u	显示属于指定用户的进程信息
-x	显示没有控制终端的进程信息
-e	显示所有进程
-f	使用全格式列表显示进程详细信息
-l	使用长格式列表显示进程详细信息

进程的状态信息的各字段含义如表 4-2 所示。

表 4-2　进程的状态信息表

字 段 名 称	含　　义
USER	进程所有者，即进程创建者的用户名
CMD(COMMAND)	运行此进程的命令名、进程名称

续表

字段名称	含　义	
PID	Process ID，即进程的 ID 号	
PPID	Parent Process ID，即父进程的 ID 号	
%CPU	占用 CPU 百分比	
%MEM	占用内存百分比	
VSZ	占用虚拟内存大小	
RSS	内存中页(4KB 大小)的数量	
TTY	进程所在终端的设备号	
STAT	进程运行状态	S(睡眠中、可中断)、D(睡眠中、不可中断)、I(空闲核心线程)、R(运行中，或处于运行队列)、T(通过控制信号停止)、t(通过调试器停止)、Z("僵尸"进程、终止状态但系统未释放进程资源)
		<(比普通优先级高)、N(比普通优先级低)、s(会话的先导进程)、L(有些页面被锁在内存中)、l(多线程)、+(属于前台进程组)
START	进程启动时间	
TIME	进程已经运行的 CPU 时间	
PRI	进程优先级	
NI	nice 值，表示进程优先级的修正值	
F	即 flag，标志	
S	最小状态表示(单字符)	
SZ	内存大小	
WCHAN	睡眠状态进程的核函数地址，运行状态的进程将显示"-"	

表 4-2 中 NI 与 PRI 的关系可以用式(4-1)来表示：

$$PRI_{new} = PRI_{old} + NI \tag{4-1}$$

其中，PRI_{new} 表示调整后的 PRI 值，PRI_{old} 表示原先的 PRI 值。当 NI 为正数时，NI 越大，PRI 则越大；当 NI 为负值时，该进程的优先级数将变小，即其优先级会变高，将越快被执行。

【例 4-1】 ps 命令查看当前登录进程。

可以直接使用不带任何参数的 ps 命令查看当前登录系统的进程，也可以使用-l 参数采用长格式列表显示进程的详细信息。输入以下命令：

```
ps
ps  -l
```

以上命令的执行效果如图 4-1 所示。

```
(base) ubuntu@ubuntu:~$ ps
    PID TTY          TIME CMD
  20342 pts/2    00:00:00 bash
  20737 pts/2    00:00:00 ps
(base) ubuntu@ubuntu:~$ ps -l
F S   UID     PID    PPID  C PRI  NI ADDR SZ WCHAN  TTY          TIME CMD
0 S  1000   20342    2442  0  80   0 -  4879 do_wai pts/2    00:00:00 bash
0 R  1000   20739   20342  0  80   0 -  5017 -      pts/2    00:00:00 ps
```

图 4-1　ps 命令查看当前登录进程

【例 4-2】 ps 命令查看系统的所有进程。

如果想要使用 ps 命令查看系统的所有进程,可以使用-aux、-e 和-ef 三种参数查看。输入以下命令:

```
ps  -aux
ps  -ef
ps  -e
```

限于篇幅,将以上三个命令的执行效果中前三个进程的显示信息拼接在一起,如图 4-2 所示。从图 4-2 中可以对比这三个命令显示的字段,第一个命令 ps -aux 显示字段最多,共 11 个;第二个命令 ps -ef 显示字段共 8 个;第三个命令 ps -e 显示字段最少,只有 4 个。

```
(base) ubuntu@ubuntu:~$ ps  -aux
USER         PID %CPU %MEM    VSZ   RSS TTY      STAT START   TIME COMMAND
root           1  0.9  0.5 167860 11556 ?        Ss   22:51   0:02 /sbin/init au
root           2  0.0  0.0      0     0 ?        S    22:51   0:00 [kthreadd]
root           3  0.0  0.0      0     0 ?        I<   22:51   0:00 [rcu_gp]
(base) ubuntu@ubuntu:~$ ps -ef
UID          PID    PPID  C STIME TTY          TIME CMD
root           1       0  0 22:51 ?        00:00:02 /sbin/init auto noprompt
root           2       0  0 22:51 ?        00:00:00 [kthreadd]
root           3       2  0 22:51 ?        00:00:00 [rcu_gp]
(base) ubuntu@ubuntu:~$ ps -e
    PID TTY          TIME CMD
      1 ?        00:00:02 systemd
      2 ?        00:00:00 kthreadd
      3 ?        00:00:00 rcu_gp
```

图 4-2 ps 命令查看系统的所有进程

【例 4-3】 ps 命令查看指定进程信息。

如果想查看某个指定进程的详细信息,可以在例 4-2 的基础上,结合管道|和 grep 文本内容查找命令,过滤出包含 sshd 的进程。输入以下命令:

```
ps  -aux | grep  sshd
ps  -ef | grep  sshd
ps  -e | grep  sshd
```

以上命令的执行效果如图 4-3 所示,三种参数的显示效果各不相同,前两种显示更为详细的信息,第三种显示结果比较简单。想查看某个进程的详细信息,可以采用前两种参数。如果只想查看某进程是否启动,可以采用第三种参数。从图 4-3 中可以发现,前两个命令中,有两个包含 sshd 字符串的进程,即 root 用户启动的 sshd 进程和 ubuntu 用户启动的 grep sshd 进程,第三个命令只显示了系统已经启动的 sshd 进程。

【例 4-4】 ps 命令查看指定用户的所有进程信息。

使用 ps -u 用户名命令,可以查看某个指定用户的所有进程信息。如果再加上-l 参数,可以使进程信息以列表的方式详细列出。与例 4-3 一样,可以采用结合管道|和 grep 文本内容查找命令,过滤出包含用户名的进程。输入以下命令(以 root 用户为例):

```
(base) ubuntu@ubuntu:~$ ps  -aux | grep  sshd
root         931  0.0  0.3  12184  6104 ?        Ss   22:51   0:00 sshd: /usr/sbin/sshd -D
[listener] 0 of 10-100 startups
ubuntu      3729  0.0  0.0  17684   672 pts/0    S+   23:15   0:00 grep --color=auto sshd
(base) ubuntu@ubuntu:~$ ps  -ef | grep  sshd
root         931       1  0 22:51 ?        00:00:00 sshd: /usr/sbin/sshd -D [listener] 0 of
 10-100 startups
ubuntu      3731    3675  0 23:15 pts/0    00:00:00 grep --color=auto sshd
(base) ubuntu@ubuntu:~$ ps  -e | grep  sshd
    931 ?        00:00:00 sshd
```

图 4-3　ps 命令查看指定进程信息

```
ps   -u   root
ps   -u   root   -l
ps   -aux|grep root
ps   -ef|grep root
```

以上命令的执行效果如在图 4-4 所示。从图 4-4 可以看出以 ps -u root -l 显示的用户进程信息最详细，显示了 14 个字段，ps -u root 只显示了 4 个字段。这两个命令列出了字段名，另外两个则没有。

```
(base) ubuntu@ubuntu:~$ ps  -u  root
    PID TTY          TIME CMD
      1 ?        00:00:02 systemd
      2 ?        00:00:00 kthreadd
      3 ?        00:00:00 rcu_gp
(base) ubuntu@ubuntu:~$ ps  -u  root -l
F S   UID     PID    PPID  C PRI  NI ADDR SZ WCHAN  TTY          TIME CMD
4 S     0       1       0  0  80   0 - 41965 -      ?        00:00:02 systemd
1 S     0       2       0  0  80   0 -     0 -      ?        00:00:00 kthreadd
1 I     0       3       2  0  60 -20 -     0 -      ?        00:00:00 rcu_gp
(base) ubuntu@ubuntu:~$ ps  -aux | grep root
root           1  0.0  0.5 167860 11556 ?        Ss   22:51   0:02 /sbin/init auto noprompt
root           2  0.0  0.0      0     0 ?        S    22:51   0:00 [kthreadd]
root           3  0.0  0.0      0     0 ?        I<   22:51   0:00 [rcu_gp]
(base) ubuntu@ubuntu:~$ ps  -ef | grep root
root           1       0  0 22:51 ?        00:00:02 /sbin/init auto noprompt
root           2       0  0 22:51 ?        00:00:00 [kthreadd]
root           3       2  0 22:51 ?        00:00:00 [rcu_gp]
```

图 4-4　ps 命令查看指定用户的所有进程信息

4.2.2　uptime 系统平均负载统计命令

命令功能：uptime 命令能够显示系统共运行了多长时间和系统的平均负载。显示的详细信息显示依次为：当前系统时间、系统已经运行了多长时间、目前有多少登录用户、系统在过去的 1min、5min 和 15min 内的平均负载。

命令语法：uptime[选项]。

常用参数：-p：pretty，即优美格式。

【例 4-5】 uptime 系统平均负载统计。

先使用无参数的 uptime 命令显示详细信息，再使用参数-p 采用 pretty 优美格式显示。输入以下命令：

```
uptime
uptime  -p
```

以上命令的执行效果如图 4-5 所示。从图 4-5 中可以看出,当前系统时间为 19 时 45 分 40 秒,系统已经运行了 4 小时 29 分钟,目前有一个登录用户,系统在过去的 1min、5min 和 15min 内的平均负载分别为 0.01、0.02 和 0。

```
(base) ubuntu@ubuntu:~$ uptime
 19:45:40 up  4:29,  1 user,  load average: 0.01, 0.02, 0.00
(base) ubuntu@ubuntu:~$ uptime -p
up 4 hours, 29 minutes  _
```

图 4-5 uptime 系统平均负载统计

4.2.3 top 动态实时监控进程命令

ps 命令可以查看进程的运行状态,但属于静态监控。如果要监控进程的动态变化情况,就需要使用 top 命令了。top 命令动态实时监控系统进程,默认每 3s 自动刷新一次屏幕,按 Q 键退出。

命令语法:top [选项]。

常用参数:在 top 命令中,常用参数选项及其含义如表 4-3 所示。

表 4-3 top 命令的常用参数含义

参数	含义
-d	指定自动刷新的间隔时间,单位:s;如果不指定,默认是 3s
-p	仅监控指定的进程 ID 号(PID)的进程
-u	仅监控指定用户的进程
-b	批处理
-c	显示进程的完整名称

【例 4-6】 top 命令监控所有用户的所有进程。

如果想要监控所有用户的所有进程,可以直接使用不带任何参数的 top 命令。如果要改变自动刷新的时间,可以加上-d 参数指定刷新的秒数。输入以下命令:

```
top
top  -d  10  #设定 10s 自动刷新一次
```

以上命令的执行效果如图 4-6 所示。输入以上 top 命令后,会持续动态更新进程相关信息。可以按 PgDn 键向下翻页,或者按 PgUp 键向上翻页。当需要结束监控时,可以按 Q 键或者按 Ctrl+C 组合键停止 top 命令。

图 4-6 中各行的含义如下。

第一行:同 uptime 命令执行的结果相同。12:09:26 表示当前系统时间,up 2:47 表示系统持续运行的时间(期间没有重启),1 user 表示当前登录系统的用户数,即 1 个用户,load average 表示每 1min、5min、15min 系统的负载大小。

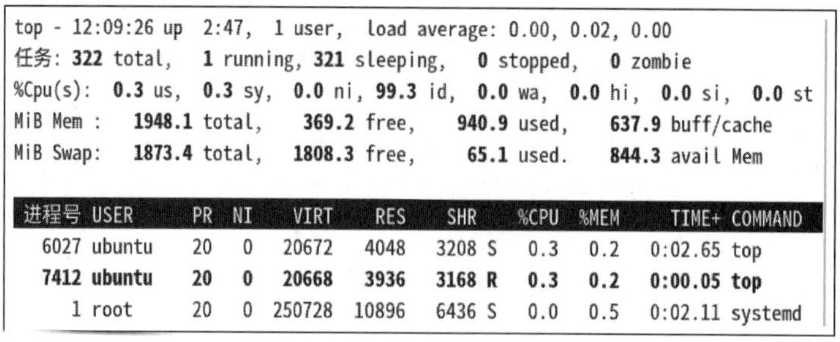

```
top - 12:09:26 up  2:47,  1 user,  load average: 0.00, 0.02, 0.00
任务: 322 total,   1 running, 321 sleeping,   0 stopped,   0 zombie
%Cpu(s):  0.3 us,  0.3 sy,  0.0 ni, 99.3 id,  0.0 wa,  0.0 hi,  0.0 si,  0.0 st
MiB Mem :  1948.1 total,   369.2 free,   940.9 used,   637.9 buff/cache
MiB Swap:  1873.4 total,  1808.3 free,    65.1 used.   844.3 avail Mem

进程号 USER      PR  NI    VIRT    RES    SHR    %CPU  %MEM     TIME+ COMMAND
  6027 ubuntu    20   0   20672   4048   3208 S   0.3   0.2   0:02.65 top
  7412 ubuntu    20   0   20668   3936   3168 R   0.3   0.2   0:00.05 top
     1 root      20   0  250728  10896   6436 S   0.0   0.5   0:02.11 systemd
```

图 4-6　top 命令监控所有用户的所有进程

第二行：322 total 表示系统共有进程数为 322，1 running 表示处于运行状态的进程数为 1，321 sleeping 表示处于睡眠状态的进程数为 321，0 stopped 表示处于终止状态的进程数为 0，0 zombie 表示僵尸进程数为 0。

第三行：CPU 状态信息。us 表示用户空间占用 CPU 的百分比，sy 表示内核空间占用 CPU 的百分比，ni 表示改变过优先级的进程占用 CPU 的百分比，id 表示空闲 CPU 的百分比，wa 表示 IO 等待占用 CPU 的百分比，hi 表示硬中断占用 CPU 的百分比，si 表示软中断占用 CPU 的百分比，st 表示 CPU 使用内部虚拟机运行任务的时间。

第四行：内存状态。total 表示物理内存总量，used 表示使用中的内存总量，free 表示空闲内存总量，buffers 表示缓存的内存总量，单位为 MB。

第五行：交换分区信息。total 表示交换区总量，used 表示使用的交互区总量，free 表示空闲的交互区总量，cached 表示缓存的交互区总量，单位为 MB。

第六行：空行。

第七行：各进程的状态信息字段。top 命令的状态信息表如表 4-4 所示，为简洁起见，与表 4-1 含义相同的字段不再赘述。

表 4-4　top 命令的状态信息表

字段名称	含　义
PR	进程优先级
VIRT	进程使用的虚拟内存总量，单位为 KB
RES	进程使用的、未被交换出去的物理内存大小，单位为 KB
SHR	共享内存大小，单位为 KB
TIME+	进程使用的 CPU 时间总计，单位为 1/100s

【例 4-7】 top 命令监控某个用户的所有进程。

加上-u 参数，top 命令能够监控某个用户的所有进程。以 root 用户为例，使用 top 命令实时监控其所有进程的动态变化。输入以下命令：

```
top  -u  root
```

可以按 Q 键或者按 Ctrl+C 组合键停止 top 命令。以上命令的执行效果如图 4-7 所示。

```
top - 03:55:13 up  2:01,  1 user,  load average: 0.47, 0.15, 0.05
任务: 347 total,   1 running, 345 sleeping,   0 stopped,   1 zombie
%Cpu(s):  0.2 us,  0.8 sy,  0.0 ni, 99.0 id,  0.0 wa,  0.0 hi,  0.0 si,  0.0 st
MiB Mem :   1948.1 total,    239.0 free,   1248.9 used,    460.2 buff/cache
MiB Swap:   1873.4 total,   1746.3 free,    127.0 used.    542.3 avail Mem

进程号 USER      PR  NI    VIRT    RES    SHR    %CPU  %MEM     TIME+ COMMAND
      1 root      20   0  167816   9900   6508 S   0.0   0.5   0:01.45 systemd
      2 root      20   0       0      0      0 S   0.0   0.0   0:00.00 kthreadd
      3 root       0 -20       0      0      0 I   0.0   0.0   0:00.00 rcu_gp
```

图 4-7　top 命令监控某个用户的所有进程

【例 4-8】　top 命令监控某个进程。

加上-p 参数，top 命令能够监控某个指定的进程。本例首先创建一个 gedit 进程，然后使用 ps 命令结合管道和 grep 命令查找该进程的 ID 号，即 PID，然后使用 top 命令对它进行动态监控。输入以下命令：

```
sudo  gedit  你的学号.txt
```

前面的例子已经将“你的学号.txt”设置为 root 用户、root 用户组，因此，需要使用超级用户权限打开。不要关闭，打开一个新终端，输入以下命令：

```
ps  -e|grep  gedit
top  -p  进程 ID 号
```

以上命令的执行效果如图 4-8 所示。先通过 ps 命令结合管道和 grep 命令查找该 gedit 进程的 ID 号是 3397，最后使用 top -p 命令进行动态监控。

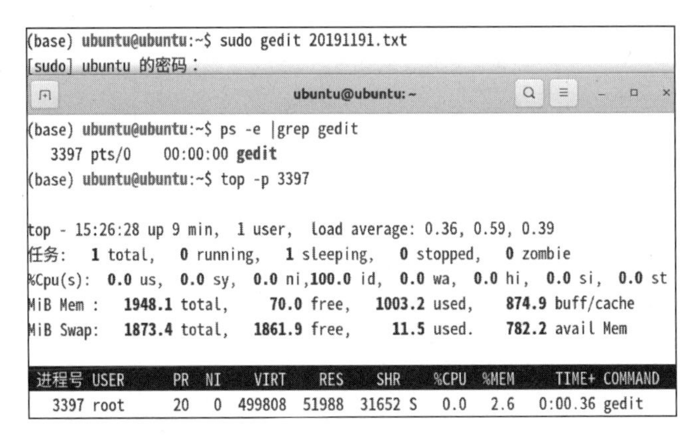

图 4-8　top 命令监控某个进程

4.2.4　pstree 查看进程树命令

pstree 命令以树状图展现进程之间的派生关系。通过进程树，可以清晰地显示父进程和子进程。

命令语法：pstree　[选项]。

常用参数：在 pstree 命令中，常用参数选项及其含义如表 4-5 所示。

表 4-5　pstree 命令的常用参数含义

参　数	含　　义
-a	显示进程的命令行参数
-p	显示属于该进程的线程 PID
-s	显示所有父进程
-n	根据进程 ID 号排序,而不是根据默认的进程名排序
-h	高亮显示当前进程和所有父进程
l	长格式显示
-g	显示进程组 ID 号
-t	隐藏线程,只显示进程

【例 4-9】　pstree 命令查看某个进程的进程树。

不要关闭例 4-8 已经打开的 gedit 窗口,如果已经关闭了,请再次使用 gedit 命令打开"你的学号. txt"。打开一个新终端,依次输入以下命令:

```
pstree  -a  gedit 进程 ID 号
pstree  -p  gedit 进程 ID 号
pstree  -ap  gedit 进程 ID 号
pstree  -apT  gedit 进程 ID 号
```

以上命令的执行效果如图 4-9 所示。从图 4-9 中可以看出,pstree -a 命令显示了 gedit 进程的命令行参数以及 3 个线程,pstree -p 命令显示了 gedit 进程和 3 个线程的 PID,也可以将这两个命令合成一个 pstree -ap 命令执行。第四个命令 pstree -apT 则只显示了 gedit 进程 ID 号,隐藏线程。

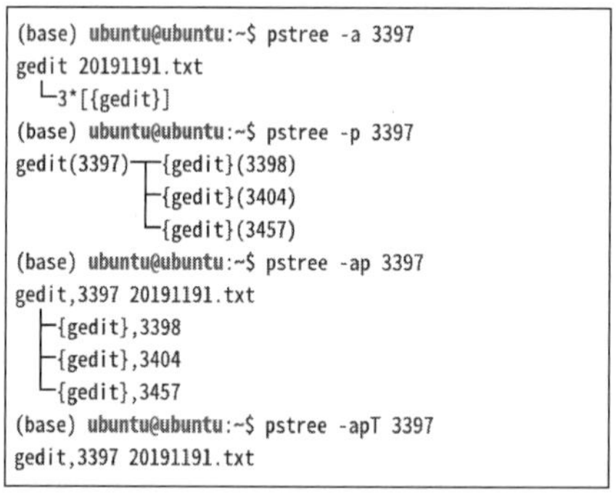

```
(base) ubuntu@ubuntu:~$ pstree -a 3397
gedit 20191191.txt
  └─3*[{gedit}]
(base) ubuntu@ubuntu:~$ pstree -p 3397
gedit(3397)─┬─{gedit}(3398)
            ├─{gedit}(3404)
            └─{gedit}(3457)
(base) ubuntu@ubuntu:~$ pstree -ap 3397
gedit,3397 20191191.txt
  ├─{gedit},3398
  ├─{gedit},3404
  └─{gedit},3457
(base) ubuntu@ubuntu:~$ pstree -apT 3397
gedit,3397 20191191.txt
```

图 4-9　pstree 命令查看某个进程的进程树

【例 4-10】　pstree 命令查看某个进程的所有父进程 ID 号。

执行 pstree -s 可以显示某个进程的所有父进程,执行 pstree -g 可以显示父进程的 ID 号,两个参数结合后,可以显示某个进程的所有父进程的 ID 号。输入以下命令:

```
pstree  -s   gedit 进程 ID 号
pstree  -g   gedit 进程 ID 号
pstree  -sg  gedit 进程 ID 号
```

以上命令的执行效果如图 4-10 所示。从图 4-10 中可以看出，PID 为 3397 的进程，其父进程为 sudo gedit，PID 为 3298。它的父进程是 bash 命令行解释器，PID 为 2327。bash 的父进程是 gnome -terminal 打开的终端，PID 为 2313，它的父进程是 systemd，PID 为 1732，它是/usr/lib/systemd/systemd 可执行程序。systemd 由同名的父进程执行，其 PID 为 1。进程的 ID 号为 1，也就是说，它是 Linux 内核执行的第一个程序。

```
(base) ubuntu@ubuntu:~$ pstree -s 3397
systemd───systemd───gnome-terminal-───bash───sudo───gedit───3*[{gedit}]
(base) ubuntu@ubuntu:~$ pstree -g 3397
gedit(3298)─┬─{gedit}(3298)
            ├─{gedit}(3298)
            └─{gedit}(3298)
(base) ubuntu@ubuntu:~$ pstree -sg 3397
systemd(1)───systemd(1732)───gnome-terminal-(2313)───bash(2327)───sudo(3298)───gedit(3298)─┬─{gedit}(3298)
                                                                                           ├─{gedit}(3298)
                                                                                           └─{gedit}(3298)
```

图 4-10 pstree 命令查看某个进程的所有父进程 ID 号

4.3 进程状态控制命令

视频讲解

4.3.1 后台启动进程符号

命令功能：进程默认采用前台启动方式，但使用这种方式，有的进程会一直占用着终端，这时，可以在命令最后添加 & 字符，让该进程在后台运行，不占用终端。

命令语法：命令名 [参数] &。

【例 4-11】 后台打开 gedit 窗口。

本例通过“&”在后台打开 gedit 窗口，而不需要占用终端，使用该终端可以继续输入命令。输入以下命令：

```
gedit 你的姓名.txt &
```

以上命令的执行效果如图 4-11 所示。从图 4-11 中可以观察到，打开 gedit 窗口的终端已经不再被 gedit 命令占用，出现了“$”符号，用户可以继续输入命令。不要关闭该 gedit 窗口，为下一个例子做准备。

```
(base) ubuntu@ubuntu:~$ gedit yujian.txt &
[1] 4272
(base) ubuntu@ubuntu:~$
```

图 4-11 通过“&”在后台打开 gedit 窗口

4.3.2 nice 调整进程优先级命令

命令功能：nice 命令可重新调整即将运行的进程的 niceness 值。niceness 值即友善值，表示进程优先级，该等级范围为−20～19。也就是说，niceness 值为−20 是最高优先级，niceness 值为 19 是最低优先级。因此，niceness 值越大，优先级越低；niceness 值越小，优先级越大。一个程序默认的 PRI 值为 80，niceness 值是其父进程的 niceness 的值，默认为 0。

命令语法：renice ［选项］ 进程名/命令名。

常用参数-n：指定 niceness 值增量。

【例 4-12】 nice 命令调整 gedit 进程优先级。

本例首先查看例 4-11 中的 gedit 进程默认的优先级 PRI 值和 NI 值。输入以下命令：

```
ps  -l
```

以上命令的执行效果如图 4-12 所示。从图 4-12 中可以发现，gedit 进程默认的 PRI 值为 80，NI 值为 0。

```
(base) ubuntu@ubuntu:~$ ps -l
F S   UID     PID    PPID  C PRI  NI ADDR SZ WCHAN  TTY          TIME CMD
0 S  1000    4258    4247  0  80   0 -  4879 do_wai pts/0    00:00:00 bash
0 S  1000    4272    4258  0  80   0 - 252950 poll_s pts/0   00:00:00 gedit
0 R  1000    4281    4258  0  80   0 -  5017 -      pts/0    00:00:00 ps
```

图 4-12 查看 gedit 进程默认优先级

关闭该 gedit 窗口。接着，使用 nice 命令不指定 niceness 值调整 gedit 进程的优先级。如果 nice 命令不指定 niceness 值，则 niceness 值为 10。输入以下命令：

```
nice  gedit  你的姓名.txt  &
ps  -l
```

以上命令的执行效果如图 4-13 所示。从图 4-13 中可以看出，字段名 CMD 中的 gedit 进程的 PRI 值为 90，NI 值为 10。这与式(4-1)的计算结果一致。

```
(base) ubuntu@ubuntu:~$ nice gedit yujian.txt &
[2] 4380
[1]   已完成               gedit yujian.txt
(base) ubuntu@ubuntu:~$ ps -l
F S   UID     PID    PPID  C PRI  NI ADDR SZ WCHAN  TTY          TIME CMD
0 S  1000    4258    4247  0  80   0 -  4952 do_wai pts/0    00:00:00 bash
0 S  1000    4380    4258  5  90  10 - 252955 poll_s pts/0   00:00:00 gedit
0 R  1000    4388    4258  0  80   0 -  5017 -      pts/0    00:00:00 ps
```

图 4-13 nice 命令不指定 niceness 值设置 gedit 进程优先级

关闭该 gedit 窗口。接着，使用 nice 命令和负 niceness 值调整 gedit 进程的优先级。当使用负 niceness 值调整进程优先级时，需要超级用户权限，即 sudo。因为负 niceness 值意味着优先级更高，可以抢占其他进程资源，所以需要超级用户权限才能执行。输入以下命令：

```
sudo  nice  -n  -20  gedit  你的姓名.txt  &
sudo  ps  -l
```

以上命令的执行效果如图 4-14 所示。从图 4-14 中可以看出，字段名 CMD 中的 gedit 进程的 PRI 值为 60，NI 值为－20。这与式(4-1)的计算结果同样一致。

```
(base) ubuntu@ubuntu:~$ sudo nice -n -20 gedit yujian.txt &
[4] 4408
[2]   已完成                  nice gedit yujian.txt
(base) ubuntu@ubuntu:~$ sudo ps -l
F S   UID     PID    PPID  C PRI  NI ADDR SZ WCHAN  TTY          TIME CMD
4 T     0    4394    4258  0  80   0 -  5035 do_sig pts/0    00:00:00 sudo
4 S     0    4408    4258  0  80   0 -  5158 poll_s pts/0    00:00:00 sudo
4 S     0    4409    4408  4  60 -20 - 124916 poll_s pts/0   00:00:00 gedit
```

图 4-14　nice 命令指定负 niceness 值设置 gedit 进程优先级

4.3.3　renice 调整运行进程优先级命令

命令功能：nice 命令调整的是即将运行进程的 NICE 值，与 nice 命令不同，renice 命令的功能是重新调整正在运行进程的 NICE 值。

命令语法：renice　[选项]　进程 ID 号。

常用参数-n：指定 nice 值增量。

【例 4-13】　renice 命令调整运行中 Python 进程优先级。

本例编写了一个简单的 Python 程序，运行该 Python 程序后，输出该进程的 ID 号、进程名和活动状态，然后，采用 renice 命令调整其优先级，并采用 ps 命令查看优先级的调整结果。输入以下命令：

```
gedit  你的学号.py
```

在打开的 gedit 窗口中，输入以下 Python 代码：

```
import  multiprocessing,time
def work():
  print(time.ctime())
p = multiprocessing.Process(target = work, args = ())
p. start()
print("p.pid: ", p.pid)
print("p.name: ", p.name)
s = input('waiting...\n')
```

保存并关闭 gedit 窗口。以上代码通过 Python 的 multiprocessing 多进程模块创建函数 work，并将其作为单个进程 p。运行该 Python 程序后，将输出该进程的 PID、进程名和进程存活状态。输入以下命令：

```
python  你的学号.py
```

调用 Python 命令执行以上 Python 程序，执行效果如图 4-15 所示。从图 4-15 中可以看出，显示进程的 PID 为 7033、进程名为 Process -1，输出当前系统时间后，程序等待用户输入。因为下一步要查看运行该 Python 程序的进程，所以不要关闭该终端。

```
(base) ubuntu@ubuntu:~$ gedit 20191191.py
(base) ubuntu@ubuntu:~$ python 20191191.py
p.pid: 7033
p.name: Process-1
waiting...
Wed Jan  5 23:23:52 2022
```

图 4-15　“你的学号.py”程序的执行效果

打开一个新终端，输入以下命令：

```
ps  -e  | grep  python
pstree  -apnh | grep  python
```

以上命令的执行效果如图 4-16 所示。从图 4-16 中可以发现，执行 ps -e |grep python 命令后，有两个 Python 进程：一个是 python，PID 为 7032；另一个是 python <defunct>，PID 为 7033。那么，哪个才是运行的 Python 程序的进程呢？可以通过 4.3.2 节所学的 pstree -ap 命令结合 grep python 命令来确定，该命令输出结果为 python，7032 yujian.py，表明运行 python yujian.py 的进程 ID 号为 7032，而下一级（python，7033）为该 Python 程序中的函数所创建的进程，与图 4-11 中输出的进程 PID 一致。最后，通过 ps -l 命令查看 PID 为 7032 的进程的详细信息，包括进程优先级和 NI 值。

```
(base) ubuntu@ubuntu:~$ ps  -e  | grep  python
  7032 pts/0     00:00:00 python
  7033 pts/0     00:00:00 python <defunct>
(base) ubuntu@ubuntu:~$ pstree  -apnh | grep  python
  |       |   `-python,7032 20191191.py
  |       |       `-(python,7033)
  |           `-grep,7078 --color=auto python
```

图 4-16 查看 Python 进程 ID 号(PID)

输入以下命令：

```
ps  -l  进程 ID 号
sudo  renice  -10  进程 ID 号
ps  -l  进程 ID 号
```

以上命令的执行效果如图 4-17 所示。从图 4-17 中可以看出，首先使用 ps -l 查看到当前 Python 进程的优先级 PRI 值为 80 和 NI 值为 0。然后，使用 renice 命令进行调整，设置 nice 值增量为－10，再次使用 ps -l 查看，调整后的 Python 进程的优先级 PRI 值为 70 和 NI 值为－10。

```
(base) ubuntu@ubuntu:~$ ps -l 7032
F S   UID    PID   PPID  C PRI  NI ADDR SZ WCHAN  TTY        TIME CMD
0 S  1000   7032   6989  0  70 -10 -  6725 wait_w pts/0      0:00 python 20191191.py
(base) ubuntu@ubuntu:~$ sudo  renice  -10  7032
[sudo] ubuntu 的密码：
7032 (process ID) 旧优先级为 -10，新优先级为 -10
(base) ubuntu@ubuntu:~$ ps -l 7032
F S   UID    PID   PPID  C PRI  NI ADDR SZ WCHAN  TTY        TIME CMD
0 S  1000   7032   6989  0  70 -10 -  6725 wait_w pts/0      0:00 python 20191191.py
```

图 4-17 调整 Python 进程的优先级

4.3.4 kill 后台终止进程命令

需要终止前台进程时，可以按 Ctrl＋C 组合键来终止它；后台进程可以使用 kill 命令向进程发送强制终止信号，以达到终止进程、回收内存的目的。

命令功能：通过进程 ID 号"杀死"进程。

命令语法：kill [参数]进程 ID 号。

常用参数：－9，强制"杀死"进程。

【例 4-14】 kill 命令"杀死"某个 Python 进程。

本例通过 ps 命令或者 pstree 命令查看例 4-13 中正在运行 Python 进程的 ID 号，然后通过 kill 命令“杀死”这个正在运行的 Python 进程。如果已经关闭了例 4-13 打开的运行 Python 程序的终端，可以输入以下命令再次执行：

```
python 你的学号.py
```

打开一个新终端，输入以下命令：

```
ps  -e | grep  python
pstree  -ap | grep  python
kill  python 进程 ID 号
ps  -e | grep  python
pstree  -ap | grep  python
```

以上命令的执行效果如图 4-18 所示。从图 4-18 中可以看出，分别使用 ps -e|grep python 和 pstree -ap|grep python 命令查看，得到了 Python 进程的 ID 号为 7032。然后，使用 kill 命令向该进程 ID 号发送终止信号，Python 程序显示已经终止，如图 4-19 所示。最后，再次使用 ps -e|grep python 查看，此时显示为空信息，表明该进程已经被“杀死”。或者再次使用 pstree -ap|grep python 命令查看，只显示使用 grep 查找 Python 的进程 ID 号。

```
(base) ubuntu@ubuntu:~$ ps  -e | grep  python
   7032 pts/0    00:00:00 python
   7033 pts/0    00:00:00 python <defunct>
(base) ubuntu@ubuntu:~$ pstree  -ap | grep  python
  |   |   |   `-python,7032 20191191.py
  |   |   |       `-(python,7033)
  |   |   |   |-grep,7468 --color=auto python
(base) ubuntu@ubuntu:~$ kill  7032
(base) ubuntu@ubuntu:~$ ps  -e | grep  python
(base) ubuntu@ubuntu:~$ pstree  -ap | grep  python
  |   |   |   |-grep,7472 --color=auto python
```

图 4-18　kill 命令“杀死”某个 Python 进程

```
(base) ubuntu@ubuntu:~$ gedit 20191191.py
(base) ubuntu@ubuntu:~$ python 20191191.py
p.pid: 7033
p.name: Process-1
waiting...
Wed Jan  5 23:23:52 2022
已终止
```

图 4-19　Python 进程终止

4.3.5　killall“杀死”指定进程名的进程命令

命令功能：通过进程名称“杀死”进程，可以单独使用，批量“杀死”同名进程时，相比 kill 命令更加方便。另外，Linux 系统还提供了 pkill 命令，作用与 killall 命令几乎相同。

命令语法：killall ［选项］ 进程名/用户名。

常用参数：在 killall 命令中，常用参数选项及其含义如表 4-6 所示。

表 4-6　killall 命令的常用参数含义

参　数	含　　义
-I	进程名忽略大小写
-i	交互模式，“杀死”进程前询问用户
-e	进程名精准匹配
-u	“杀死”指定用户的所有进程，需要谨慎使用
-9	强制“杀死”进程
-s	发送信号
-r	采用正则表达式

【例 4-15】 killall 命令“杀死”所有 Python 进程。

与 kill 命令不同,killall 命令不需要查看 Python 进程的 ID 号,通过 Python 进程名就可以“杀死”所有指定进程名为 Python 的进程。将例 4-11 所创建的“你的学号.py”使用 cp 命令复制为三个文件:你的姓名 1.py、你的姓名 2.py 和你的姓名 3.py,然后分别使用 Python 命令运行。这样,可以产生三个 Python 进程,然后通过 killall 命令一次性“杀死”。输入以下命令:

```
cp 你的学号.py 你的姓名 1.py
cp 你的学号.py 你的姓名 2.py
cp 你的学号.py 你的姓名 3.py
python 你的姓名 1.py
```

打开一个新终端,输入命令:

```
python 你的姓名 2.py
```

打开一个新终端,输入命令:

```
python 你的姓名 3.py
```

打开一个新终端,输入命令:

```
pstree  -ap|grep  python
killall  python
pstree  -ap|grep  python
```

以上命令的执行效果如图 4-20 所示。从图 4-20 中可以看出,通过 pstree -ap 命令查看 Python 进程,发现有三个 Python 进程:python,7725 yujian1.py、python,7755 yujian2.py 和 python,7783 yujian3.py。使用 killall 命令“杀死”所有 Python 进程后,再次使用 pstree -ap 命令查看 Python 进程,发现它们已经不存在了。

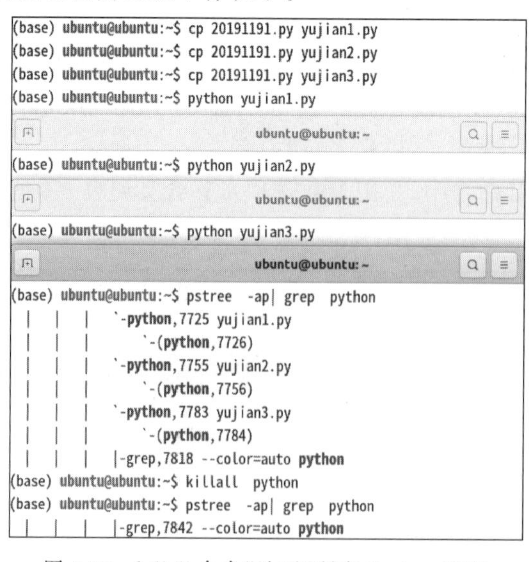

图 4-20 killall 命令“杀死”所有 Python 进程

4.3.6　time 进程或程序运行时间命令

命令功能：用于统计给定命令、运行进程或程序所花费的总时间。

命令语法：time　[命令名/运行的程序名]。命令输出结果为 real,表示实际运行时间；user,表示用户运行时间；sys,表示系统运行时间。

【例 4-16】　time 命令统计 Python 程序的运行时间。

本例通过 time 命令统计 Python 程序的运行时间。输入以下命令：

```
gedit　你的学号.py
```

在打开的 gedit 窗口中,将在例 4-11 中已经输入的 Python 代码删除最后一行,也就是 s＝input('waiting...\n')这一行。然后保存并关闭 gedit 窗口。输入以下命令：

```
time　python 你的学号.py
```

```
(base) ubuntu@ubuntu:~$ gedit 20191191.py
(base) ubuntu@ubuntu:~$ time python 20191191.py
p.pid: 5408
p.name: Process-1

real	0m1.040s
user	0m0.029s
sys	0m0.008s
```

图 4-21　time 命令统计 Python 程序的运行时间

以上命令的执行效果如图 4-21 所示。该 Python 进程的实际运行时间、用户运行时间和系统运行时间分别是 1.040s、0.029s 和 0.008s。

4.3.7　nohup 启动脱离终端运行的进程

命令功能：启动脱离终端运行的进程,也就是说,即使关闭了使用 nohup 命令运行进程的终端,该进程仍然在后台运行。通常,通过终端启动进程后,如果关闭了终端,那么在该终端运行的命令也将中断,但 nohup 命令可以让命令一直运行下去,与终端脱离关系。nohup 命令经常与后台进程符号 & 配合使用。

命令语法：nohup　命令名。

【例 4-17】　nohup 启动 ping 命令。

本例中使用 nohup 命令配合后台进程符号 &,在后台运行 ping 命令,并将 ping 命令在终端输出的内容重定向到 nohup.out 文件中。输入以下命令：

```
nohup　ping　www.baidu.com　&
```

输入以上命令后,会提示命令输出结果到 nohup.out 文件。直接按 Enter 键,出现 $,在该终端中继续输入以下命令：

```
tail　-n5　nohup.out
tail　-n5　nohup.out
```

以上命令的执行效果如图 4-22 所示。从图 4-22 中可以观察到 tail -n5 nohup.out 命令中的 icmp_seq 报文序号的变化,发现它们是连续的,说明 ping 命令仍在后台运行。为了验证关闭终端,nohup 命令启动的 ping 命令仍然在运行,将现在打开启动 ping 命令的终端关

闭,然后打开一个新的终端,输入以下命令:

```
tail  -n5  nohup.out
```

```
(base) ubuntu@ubuntu:~$ nohup  ping  www.baidu.com  &
[1] 8178
(base) ubuntu@ubuntu:~$ nohup: 忽略输入并把输出追加到'nohup.out'

(base) ubuntu@ubuntu:~$ tail  -n5  nohup.out
64 比特，来自 183.232.231.172 (183.232.231.172): icmp_seq=3 ttl=128 时间=17.1 毫秒
64 比特，来自 183.232.231.172 (183.232.231.172): icmp_seq=4 ttl=128 时间=16.7 毫秒
64 比特，来自 183.232.231.172 (183.232.231.172): icmp_seq=5 ttl=128 时间=16.9 毫秒
64 比特，来自 183.232.231.172 (183.232.231.172): icmp_seq=6 ttl=128 时间=16.8 毫秒
64 比特，来自 183.232.231.172 (183.232.231.172): icmp_seq=7 ttl=128 时间=16.8 毫秒
(base) ubuntu@ubuntu:~$ tail  -n5  nohup.out
64 比特，来自 183.232.231.172 (183.232.231.172): icmp_seq=7 ttl=128 时间=16.8 毫秒
64 比特，来自 183.232.231.172 (183.232.231.172): icmp_seq=8 ttl=128 时间=16.8 毫秒
64 比特，来自 183.232.231.172 (183.232.231.172): icmp_seq=9 ttl=128 时间=16.8 毫秒
64 比特，来自 183.232.231.172 (183.232.231.172): icmp_seq=10 ttl=128 时间=17.9 毫秒
64 比特，来自 183.232.231.172 (183.232.231.172): icmp_seq=11 ttl=128 时间=16.6 毫秒
```

图 4-22　nohup 启动 ping 命令

以上命令输出的结果如图 4-23 所示。从图 4-23 中可以发现,命令中的 icmp_seq 报文序号还在变化,这说明 ping 命令仍然在后台运行。

```
(base) ubuntu@ubuntu:~$ tail -n5 nohup.out
64 比特，来自 183.232.231.172 (183.232.231.172): icmp_seq=28 ttl=128 时间=17.3 毫秒
64 比特，来自 183.232.231.172 (183.232.231.172): icmp_seq=29 ttl=128 时间=17.7 毫秒
64 比特，来自 183.232.231.172 (183.232.231.172): icmp_seq=30 ttl=128 时间=19.2 毫秒
64 比特，来自 183.232.231.172 (183.232.231.172): icmp_seq=31 ttl=128 时间=17.1 毫秒
64 比特，来自 183.232.231.172 (183.232.231.172): icmp_seq=32 ttl=128 时间=17.5 毫秒
```

图 4-23　nohup 命令启动的 ping 命令仍然在后台运行

现在再使用 nohup 命令在后台启动 ping 命令,查看输出的输入 icmp_seq 报文序号的变化情况。输入以下命令:

```
nohup  ping  www.baidu.com  &
tail  -n5  nohup.out
ps  -e | grep  ping
killall  ping
ps  -e | grep  ping
rm  nohup.out
```

以上命令的执行效果如图 4-24 所示。图 4-24 中显示,使用 nohup 再次启动 ping 命令后,icmp_seq 报文序号出现新旧两个序列的变化。使用 ps 命令查看当前所有启动的 ping 进程后,可以发现,现在系统出现两个 ping 进程。运用 4.3.6 节所学的 killall 命令"杀死"所有进程名为 ping 的进程,再次使用 ps 命令查看 ping 进程,显示为空。最后,删除 nohup.out 输出结果文件。

```
(base) ubuntu@ubuntu:~$ nohup  ping  www.baidu.com  &
[1] 12251
(base) ubuntu@ubuntu:~$ nohup: 忽略输入并把输出追加到'nohup.out'

(base) ubuntu@ubuntu:~$ tail -n5 nohup.out
64 比特，来自 183.232.231.174 (183.232.231.174): icmp_seq=4 ttl=128 时间=17.4 毫秒
64 比特，来自 183.232.231.172 (183.232.231.172): icmp_seq=61 ttl=128 时间=17.7 毫秒
64 比特，来自 183.232.231.174 (183.232.231.174): icmp_seq=5 ttl=128 时间=17.4 毫秒
64 比特，来自 183.232.231.172 (183.232.231.172): icmp_seq=62 ttl=128 时间=17.4 毫秒
64 比特，来自 183.232.231.174 (183.232.231.174): icmp_seq=6 ttl=128 时间=16.9 毫秒
(base) ubuntu@ubuntu:~$ ps -e |grep ping
   8178 pts/0     00:00:00 ping
  12251 pts/1     00:00:00 ping
(base) ubuntu@ubuntu:~$ killall ping
[1]+  已终止                 nohup ping www.baidu.com
(base) ubuntu@ubuntu:~$ ps -e |grep ping
(base) ubuntu@ubuntu:~$ rm  nohup.out
```

图 4-24 nohup 命令启动两个 ping 命令

4.4 任务查看与控制命令

4.4.1 jobs 查看任务状态命令

Linux 系统中，除了使用“&”字符后台启动进程以外，还可以在进程执行过程中按 Ctrl+Z 组合键挂起该进程。当需要恢复该进程时，可以通过 jobs 命令显示进程序号和活动状态，并使用 fg 命令移至前台执行。

命令功能：列出所有活动任务。

命令语法：jobs[选项]。

常用参数：-l，列出任务信息和进程号。

【例 4-18】 进程挂起和 jobs 命令查看。

本例编写了一个简单但带有“恶意”的 Shell 脚本，该脚本的主要功能是不断显示“I am making files!”。首先，创建一个新目录 adir，改变到这个目录下，创建一个空文档 afile；然后，每隔 2s，在 adir 目录里面再次创建它的子目录 adir，改变到这个目录下，创建一个空文档 afile；最后，将不断循环，永远不会终止。

执行如上 Shell 脚本文件，需要增加它的可执行权限才能转换为可执行程序，进一步执行该程序后，就会成为系统中的进程。输入以下命令：

```
mv  你的姓名  你的姓名_backup
```

因为第 2 章中创建了“你的姓名”文件夹，接下来要创建“你的姓名”文件，两者不能同名，否则无法编辑“你的姓名”文件。因此，将原文件夹重命名为“你的姓名_backup”。输入以下命令：

```
gedit  你的姓名
```

在打开的 gedit 窗口中，输入以下 Shell 脚本：

```
#! /bin/bash
while echo  "I am making files!" do
  mkdir  -p  adir
  cd  adir
  touch  afile
  sleep  2s
done
```

保存并关闭gedit窗口。“你的姓名”文件现在只是一个普通的文本文件，需要给该脚本文件添加执行权限，然后使用“./”命令运行这个可执行文件。输入以下命令：

```
chmod  +x  你的姓名
./你的姓名
```

当出现若干次“I am making files!”后，按Ctrl+C组合键结束这个程序，在这个终端继续输入如下命令：

```
ps  -e  |  grep  你的姓名
```

查看“你的姓名”进程，显示为空，说明按Ctrl+C组合键后，进程结束了。以上命令的执行效果如图4-25所示。

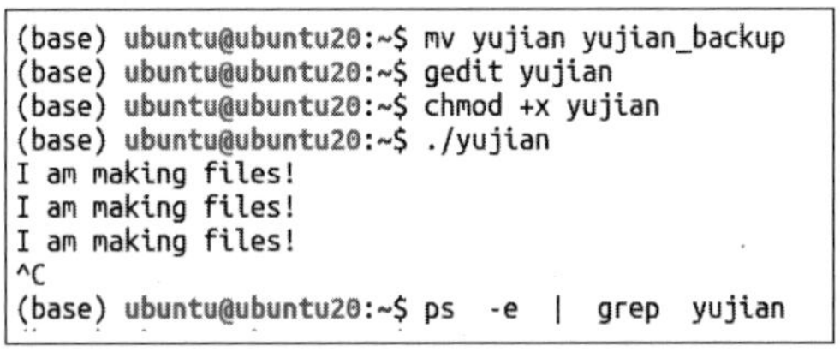

```
(base) ubuntu@ubuntu20:~$ mv yujian yujian_backup
(base) ubuntu@ubuntu20:~$ gedit yujian
(base) ubuntu@ubuntu20:~$ chmod +x yujian
(base) ubuntu@ubuntu20:~$ ./yujian
I am making files!
I am making files!
I am making files!
^C
(base) ubuntu@ubuntu20:~$ ps  -e  |  grep  yujian
```

图4-25 启动“恶意”进程

接着，将“你的姓名”的进程执行3次，分别按Ctrl+Z组合键挂起，这样，使用job -l命令就可以列出当前挂起的进程。输入以下命令：

```
./你的姓名
```

当出现一次以上的“I am making files!”后，按Ctrl+Z组合键挂起该进程。

```
./你的姓名
```

当出现一次以上的“I am making files!”后，按Ctrl+Z组合键挂起该进程。

```
./你的姓名
```

当出现一次以上的“I am making files!”后，按Ctrl+Z组合键挂起该进程。

```
jobs  -l
```

以上命令的执行效果如图 4-26 所示。从图 4-26 中可以看出，出现了 3 个挂起的“./yujian”进程任务，使用 jobs -l 命令列出进程详细信息。例如，序号[1]，进程 ID 号为 15061，任务名./yujian，目前任务状态停止。

```
(base) ubuntu@ubuntu:~$ ./yujian
I am making files!
^Z
[1]+  已停止                  ./yujian
(base) ubuntu@ubuntu:~$ ./yujian
I am making files!
^Z
[2]+  已停止                  ./yujian
(base) ubuntu@ubuntu:~$ ./yujian
I am making files!
^Z
[3]+  已停止                  ./yujian
(base) ubuntu@ubuntu:~$ jobs -l
[1]  15061 停止                  ./yujian
[2]- 15065 停止                  ./yujian
[3]+ 15069 停止                  ./yujian
```

图 4-26 进程挂起和 jobs 命令查看

4.4.2 fg 前台任务和 bg 后台任务命令

fg 命令功能：将指定任务序号的任务移到前台执行。

fg 命令语法：fg [任务序号]。请注意，fg 命令中的任务序号不是进程的 PID，而是通过 jobs 命令查看到的任务序号。如果不指定任务序号参数，那么当前任务将被使用。

bg 命令功能：将指定任务序号的任务移到后台执行，与进程使用“&”启动一样。

bg 命令语法：bg [任务序号]。请注意，与 fg 命令相同，bg 命令中的任务序号不是进程的 PID，而是通过 jobs 命令查看到的任务序号。如果不指定任务序号参数，那么当前任务将被使用。

【例 4-19】 fg 命令操作前台任务和 bg 命令操作后台任务。

本例在例 4-18 的基础上执行。将任务序号[1]和[2]移至前台执行后，按 Ctrl+C 组合键在前台结束该进程，然后将任务序号[3]移至后台执行。

```
fg  1
```

将进程序号[1]移至前台，当出现“I am making files!”后，按 Ctrl+C 组合键在前台结束该进程。继续输入以下命令：

```
fg  2
bg  3
```

关闭终端。在终端后台运行的“你的姓名”进程随之终止。以上命令的执行效果如图 4-27 所示。

打开一个新的终端，输入以下命令：

```
jobs  -l
ps  -e  |  grep  你的姓名
killall  -9 你的姓名
ps  -e  |  grep  你的姓名
rm  -rf  adir
```

以上命令的执行效果如图 4-28 所示。从图 4-28 中可以看出,使用 jobs -l 查看任务状态时,显示为空,说明当前系统已经没有任务了。但是使用 ps 命令时却发现,使用 bg 命令移至后台运行的./yujian 进程仍然在执行。最后使用 killall 命令"杀死"该进程。

```
(base) ubuntu@ubuntu:~$ fg 1
./yujian
I am making files!
^C
(base) ubuntu@ubuntu:~$ fg 2
./yujian
I am making files!
^C
(base) ubuntu@ubuntu:~$ bg 3
[3]+ ./yujian &
(base) ubuntu@ubuntu:~$ I am making files!
I am making files!
```

图 4-27 fg 命令操作前台任务和 bg 命令操作后台任务

```
(base) ubuntu@ubuntu:~$ jobs -l
(base) ubuntu@ubuntu:~$ ps -e|grep yujian
  15069 pts/0    00:00:00 yujian
(base) ubuntu@ubuntu:~$ killall -9 yujian
(base) ubuntu@ubuntu:~$ ps -e|grep yujian
(base) ubuntu@ubuntu:~$ rm  -rf  adir
```

图 4-28 bg 移至后台进程仍在执行

4.4.3 fuser 进程和任务信息命令

命令功能:fuser 命令列出了进程和任务使用的本地或远程文件的进程号、用户名,并且可以直接通过文件名"杀死"占用文件的所有进程。

命令语法:fuser [选项] [文件名、设备名或网络套接字]。

常用参数:在 fuser 命令中,常用参数选项及其含义如表 4-7 所示。

表 4-7 fuser 命令的常用参数含义

参 数	含 义
-a	显示所有未使用的文件
-k	"杀死"访问指定文件的所有进程
-i	"杀死"进程前需要用户进行确认
-l	列出所有已知的信号名称
-m	mount,挂载点
-n	命令空间,常指网络协议名
-u	在每个进程后显示所属的用户名
-v	verbose,显示过程

【例 4-20】 fuser 命令查看网络进程端口信息。

本例中采用 fuser 命令查看网络 TCP 进程的 22 端口、111 端口信息。输入以下命令:

```
sudo  fuser  -vn  tcp  22
sudo  fuser  -vn  tcp  111
```

以上命令的执行效果如图 4-29 所示。从图 4-29 中可以看出，使用 fuser 命令显示了网络 TCP 的 22 端口进程使用的命令是 sshd，进程 ID 号为 862，它是 SSH 远程登录服务器进程，启动的用户是 root 用户。使用 fuser 显示了网络 TCP111 端口进程使用的命令是 systemd 和 rpcbind，进程 ID 号分别为 1 和 700。systemd 是 Linux 系统的核心进程，rpcbind 是 samba 服务器启动的 RPC 进程。启动的用户都是 root 用户。

```
(base) ubuntu@ubuntu:~$ sudo  fuser  -vn  tcp  22
[sudo] ubuntu 的密码：
                     用户      进程号 权限    命令
22/tcp:              root        862 F.... sshd
(base) ubuntu@ubuntu:~$ sudo  fuser  -vn  tcp  111
                     用户      进程号 权限    命令
111/tcp:             root          1 F.... systemd
                     _rpc        700 F.... rpcbind
```

图 4-29　fuser 命令查看网络进程端口信息

4.4.4　at 定时任务命令

命令功能：at 命令定时启动进程，通常是一次性完成的任务。

at 命令需要安装后才能使用，使用下面这条语句进行安装：

```
sudo  apt  install  at
```

命令语法：at　[时间参数]。输入完这条命令后，将出现“at >”符号，让你输入要定时启动的进程、执行的任务语句。按 Ctrl+D 组合键结束 at 命令输入状态。

at 时间参数设置的方法主要有四种，如表 4-8 所示。

表 4-8　at 命令的时间参数设置方法及格式

时间参数设置方法	格　　式
指定命令执行的具体日期	指定格式为 month　day(月　日)或 mm/dd/yy(月/日/年)或 dd. mm. yy(日.月.年)，指定的日期必须跟在指定时间的后面。例如，08:00 2021-12-12
采用当天 24 小时制	指定时间格式为 HH:MM(小时:分钟)。假如该时间已过去，那么就放在第二天执行。例如，23:00
采用当天 12 小时制	在时间后面加上 AM(上午)或 PM(下午)来说明是上午还是下午。例如，8:00AM
使用相对计时法	指定格式为：NOW+计数时间单位。NOW 就是当前时间，计数采用十进制数，时间单位可以是 MINUTES(分钟)、HOURS(小时)、DAYS(天)、WEEKS(星期)。结合起来就是时间的数量，即几分钟、几小时、几天。例如，NOW+10 MINUTES，表示当前时间 10min 后执行

设置定时任务后，可以使用 atq 命令查看当前已经设置的定时启动任务，使用 atrm 可以删除已经设定的定时启动任务。at 任务只能在后台运行，无法将内容直接显示在终端上。

【例 4-21】　at 命令定时启动进程。

本例中使用 at 命令设置一个定时 3min 后启动进程，该进程使用 echo 回显命令，将当前日期时间加上“你的姓名”的文本内容重定向到“你的姓名. txt”文件。然后，使用 atq 命令显示当前定时启动任务。输入以下命令：

```
at  now  +3  minutes
```

在“at >”符号后输入如下命令：

```
echo  $(date)  "你的姓名">你的姓名.txt
```

注意，$符号后面跟着的括号需要是英文状态下的圆括号(())，“你的姓名”所使用的双引号需要是英文状态的双引号(" ")，否则系统无法识别。按Ctrl+D组合键结束输入，退出at命令。

```
atq
```

以上命令的执行效果如图4-30所示。图4-30中，atq命令显示有一个定时在3min后，即20:22启动的进程。

接着，再设定一个在23:30启动的关机进程。输入以下命令：

```
at  23: 30
```

在“at >”符号后输入如下命令：

```
poweroff
```

按Ctrl+D组合键结束输入，退出at命令。输入如下命令：

```
atq
```

以上命令的执行效果如图4-31所示。atq命令显示当前定时启动任务，有两个。因为在3min之内，第一个定时任务还没有启动，因此，atq显示当前有两个任务。

```
(base) ubuntu@ubuntu:~$ at  now  +3  minutes
warning: commands will be executed using /bin/sh
at> echo $(date) "yujian" > yujian.txt
at> <EOT>
job 5 at Thu Jan  6 20:22:00 2022
(base) ubuntu@ubuntu:~$ atq
5       Thu Jan  6 20:22:00 2022 a ubuntu
```

图4-30　at定时3min后启动进程

```
(base) ubuntu@ubuntu:~$ at 23:30
warning: commands will be executed using /bin/sh
at> poweroff
at> <EOT>
job 6 at Thu Jan  6 23:30:00 2022
(base) ubuntu@ubuntu:~$ atq
5       Thu Jan  6 20:22:00 2022 a ubuntu
6       Thu Jan  6 23:30:00 2022 a ubuntu
```

图4-31　at定时23:30启动进程(一)

等待3min后，输入以下命令：

```
cat 你的姓名.txt
atq
atrm  序号
atq
```

以上命令的执行效果如图4-32所示。从图4-32中可以看出，3min使用cat命令显示

yujian.txt 文件内容,输出了当前日期时间和"你的姓名",这说明定时任务已经启动了。再使用 atq 命令显示当前定时启动任务,目前只剩下一个定时在 23:30 自动关机的任务了。使用 atrm 按照任务序号,删除 23:30 自动关机任务。最后使用 atq 命令再次查看,显示当前定时任务为空。

```
(base) ubuntu@ubuntu:~$ cat yujian.txt
2022年 01月 06日 星期四 20:22:00 CST yujian
(base) ubuntu@ubuntu:~$ atq
6       Thu Jan  6 23:30:00 2022 a ubuntu
(base) ubuntu@ubuntu:~$ atrm 6
(base) ubuntu@ubuntu:~$ atq
(base) ubuntu@ubuntu:~$
```

图 4-32　at 定时 23:30 启动进程(二)

4.4.5　crontab 周期性任务命令

Linux 操作系统的计划任务是由 cron 这个系统服务进行控制的。crond 是 Linux 操作系统周期性执行某种任务或等待处理某些事件的一个守护进程。当安装完 Linux 操作系统后,默认会安装计划服务工具,并且会自动启动 crond 进程,crond 进程每分钟会定时检查是否有要执行的任务,如果有要执行的任务,则自动执行该任务。Linux 操作系统提供了 crontab 命令给用户设置自己的计划任务。

命令功能:周期性(固定的间隔时间)执行指定的系统命令或者 Shell 脚本。时间间隔的单位可以是分钟、小时、日、月、周及以上的任意组合。这个命令非常适合周期性的日志分析、数据备份或者定时查杀病毒等工作。

命令语法:crontab　crontab 文件。意思是使用 crontab 命令将 crontab 文件内容生成周期性执行的任务。

crontab 文件的格式:用户所建立的 crontab 文件中,每行都代表一项任务,每行包含六个字段,前五段是时间设定段,第六段是要执行的命令段,格式:minute hour day month week command。它们的含义如表 4-9 所示。

表 4-9　crontab 命令执行的命令段含义

命令段	含义
minute	表示分钟,可以是 0~59 的任何整数
hour	表示小时,可以是 0~23 的任何整数
day	表示日期,可以是 1~31 的任何整数
month	表示月份,可以是 1~12 的任何整数
week	表示星期几,可以是 0~7 的任何整数,这里的 0 或 7 代表星期日
command	需要执行的命令,可以是系统命令,也可以是自己编写的脚本文件

常用参数:crontab 命令的常用参数选项及其含义如表 4-10 所示。

表 4-10　crontab 命令的常用参数含义

参数	含义
-l	显示某个用户的 crontab 文件内容,如果不指定用户,则表示显示当前用户的 crontab 文件内容
-u	用来设定某个用户的 crontab 服务
-i	在删除用户的 crontab 文件时给出确认提示
-r	从/var/spool/cron 目录中删除某个用户的 crontab 文件,如果不指定用户,则默认删除当前用户的 crontab 文件

【例 4-22】 crontab 命令周期性启动进程。

本例为设置一个每分钟都启动的任务。输入以下命令：

```
gedit  job
```

在打开的 gedit 窗口中输入以下命令：

```
1 *  *  *  *   /bin/echo "Smile, 你的姓名." > /home/ubuntu/你的姓名.log
```

其中，命令、文件都需要给出绝对路径；ubuntu 为当前用户名，设置该任务每分钟启动一次。以上命令的执行效果如图 4-33 所示。图 4-33 中第一个 1 是 gedit 的行数显示，第二个 1 才是设置的分钟数。

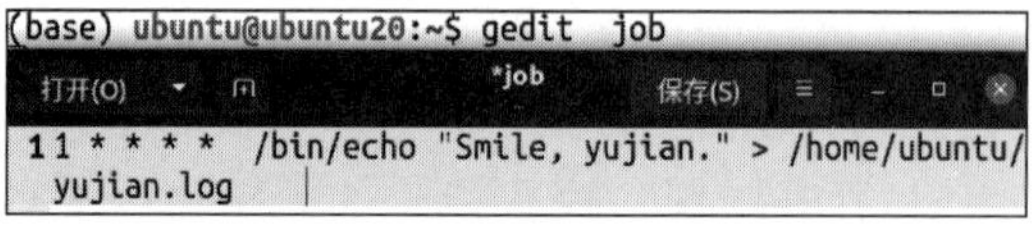

```
(base) ubuntu@ubuntu20:~$ gedit  job
打开(O)  ▾  ⊡        *job        保存(S)  ≡  –  ▫  ⊗
1 1 * * * *   /bin/echo "Smile, yujian." > /home/ubuntu/
  yujian.log
```

图 4-33　编辑周期性任务文件

保存并关闭 gedit 窗口。继续输入以下命令：

```
crontab  -l
crontab  job
crontab  -l
sudo  service  cron  reload
sudo  service  cron  restart
```

以上命令的执行效果如图 4-34 所示。从图 4-34 中可以看出，crontab -l 命令显示当前用户的 crontab 文件内容，目前为空；crontab　job 命令将 job 文件内容作为周期性启动进程；再次使用 crontab -l 命令查看，显示 job 文件内容。最后，使用 service 命令重新加载 cron 服务配置，使用 service 命令重启 cron 服务。

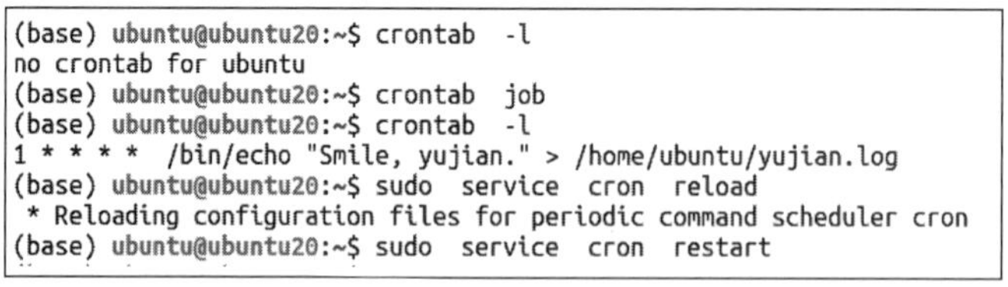

```
(base) ubuntu@ubuntu20:~$ crontab  -l
no crontab for ubuntu
(base) ubuntu@ubuntu20:~$ crontab  job
(base) ubuntu@ubuntu20:~$ crontab  -l
1 * * * *   /bin/echo "Smile, yujian." > /home/ubuntu/yujian.log
(base) ubuntu@ubuntu20:~$ sudo  service  cron  reload
 * Reloading configuration files for periodic command scheduler cron
(base) ubuntu@ubuntu20:~$ sudo  service  cron  restart
```

图 4-34　设置并重启周期性任务

等待 1min 后，输入以下命令：

```
cat  你的姓名.log
sudo  service  cron  stop
```

以上命令的执行效果如图 4-35 所示。从图 4-35 中可以看出，cat 命令显示周期性任务 1min 后的输出结果，然后使用 service 命令停止 cron 服务。

```
(base) ubuntu@ubuntu20:~$ cat yujian.log
Smile, yujian.
(base) ubuntu@ubuntu20:~$ sudo service cron stop
(base) ubuntu@ubuntu20:~$
```

图 4-35　显示周期性任务输出结果

请注意，如果 crontab 的设置出现较多错误，可以使用 crontab -r 删除现有周期任务，恢复到初始状态。另外，在日常工作中，可以把 job 文件中要执行的命令更改为查杀病毒、备份文件等日常运维工作命令。

4.5　综合实例："杀死"所有恶意进程

本综合实例在例 4-18 的基础上完成，首先启动多个"恶意"进程，然后分别使用 killall 命令和 fuser 命令将其"杀死"。

（1）使用 killall 强制"杀死"所有恶意进程。

输入以下命令：

```
nohup ./你的姓名
```

运行后，关闭该终端。nohup 命令将结果输出到 nohup. out，即使关闭终端，"恶意"进程照样在后台执行。再打开一个新终端，输入如下命令：

```
nohup ./你的姓名
```

运行后，关闭该终端。再打开一个新终端，输入如下命令：

```
nohup ./你的姓名
```

运行后，关闭该终端。再打开一个新终端，输入如下命令：

```
ps -e | grep 你的姓名
killall -9 你的姓名
ps -e | grep 你的姓名
rm -rf adir
```

以上命令的执行效果如图 4-36 所示。从图 4-36 中可以看出，使用 ps 命令查看到三个"你的姓名"进程，然后使用 killall 命令强制"杀死"进程名为"你的姓名"的所有"恶意"进程。再次查看进程，显示为空。最后，删除"恶意"进程创建的目录和文件。

```
(base) ubuntu@ubuntu20:~$ ps -e | grep yujian
   3665 ?        00:00:00 yujian
   3837 ?        00:00:00 yujian
   3889 ?        00:00:00 yujian
base) ubuntu@ubuntu20:~$ killall -9 yujian
base) ubuntu@ubuntu20:~$ ps -e | grep yujian
base) ubuntu@ubuntu20:~$ rm -rf adir
```

图 4-36　"杀死"所有"恶意"进程

(2) 使用 fuser 命令“杀死”所有挂起的“恶意”任务。

首先挂起“你的姓名”进程，然后使用 jobs -l 查看任务，尝试使用 killall 命令“杀死”该进程，但是使用 ps 命令查看。因为 killall 命令只能“杀死”正在执行的进程，无法“杀死”挂起的任务。输入以下命令：

```
./你的姓名
```

当出现一次以上的“I am making files!”后，按 Ctrl+Z 组合键挂起该进程。继续输入以下命令：

```
jobs  -l
killall  -9 你的姓名
jobs  -l
fuser  -k  你的姓名
fuser  你的姓名
jobs  -l
```

以上命令的执行效果如图 4-37 所示。从图 4-37 中可以看出，按 Ctrl+Z 组合键挂起“./yujian”进程后，使用 jobs -l 命令查看任务状态，发现进程已经停止。尝试采用 killall“杀死”该任务，使用 jobs -l 命令查看任务状态，发现“./yujian”进程仍然存在。再采用 fuser -k 命令通过“你的姓名”文件名，“杀死”访问指定该文件的所有进程，并显示其进程 ID 号为 15681。最后，使用 fuser 命令查看“你的姓名”文件，进程 ID 号为空，使用 jobs -l 命令查看任务状态，同样为空，说明任务已经被“杀死”。

```
(base) ubuntu@ubuntu:~$ ./yujian
I am making files!
^Z
[1]+  已停止                ./yujian
(base) ubuntu@ubuntu:~$ jobs -l
[1]+ 15681 停止                ./yujian
(base) ubuntu@ubuntu:~$ killall yujian
(base) ubuntu@ubuntu:~$ jobs -l
[1]+ 15681 停止                ./yujian
(base) ubuntu@ubuntu:~$ fuser -k yujian
/home/ubuntu/yujian: 15681
[1]+  已杀死                ./yujian
(base) ubuntu@ubuntu:~$ fuser yujian
(base) ubuntu@ubuntu:~$ jobs -l
(base) ubuntu@ubuntu:~$
```

图 4-37 fuser 命令“杀死”挂起任务

4.6 课后习题

单项选择题

1. 显示当前所有用户的进程信息的命令是(　　)。

   A. ps -aux　　B. ps -u　　C. ps -e　　D. stree -u

2. 后台进程可以使用(　　)命令向进程发送强制终止信号，以达到终止进程、回收内存的目的。

A. free　　B. kill　　C. rm　　D. ./

3. 显示当前所有用户的进程信息的命令是(　　)。

A. ps -aux　　B. ps -u　　C. ps -e　　D. pstree -u

4. 以树状图展现进程之间派生关系的命令是(　　)。

A. lsusb　　B. pstree　　C. lsblk　　D. lspci

5. Linux 操作系统设置计划任务的命令是(　　)。

A. cron　　B. crond　　C. crontab　　D. at

磁盘管理

磁盘是操作系统中最主要的数据存储设备。本章在介绍 Linux 磁盘管理理论知识的基础上，重点介绍 Ubuntu 操作系统的磁盘管理命令，包括磁盘分区的查看和操作，文件系统的查看、挂载、卸载、创建、修复、备份和恢复等。

5.1 Linux 磁盘管理概述

Linux 操作系统将每个硬件设备都看作一个文件，称为设备文件。Linux 磁盘管理实际上就是磁盘设备文件管理。Linux 内核为每个硬件设备在/dev 目录中创建其对应的设备文件。该设备文件关联驱动程序，通过访问设备文件可以访问该文件所关联的硬件设备。

一般情况下，一个设备有三个标志：设备类型、主设备号和次设备号。主设备号与驱动程序对应，如果使用驱动程序不同，那么主设备号也不同。次设备号被用来区分同一类型的不同设备。Linux 硬件设备可以分为字符(char)设备和块(block)设备。字符设备按字符方式顺序访问设备，如打印机。块设备按块方式随机访问设备，如硬盘和 U 盘。

5.1.1 Linux 磁盘分区表

磁盘分区是对磁盘物理设备的逻辑划分。磁盘在操作系统中的使用必须先分区，然后格式化，即建立文件系统后，才能存储数据。磁盘分区被格式化后，可以称为卷(Volume)。Linux 的磁盘分区主要采用两种分区表：MBR(Master Boot Record，主引导记录)和 GPT(Globally Unique Identifier Partition Table，全国唯一标识磁盘分区表)。MBR 最多支持 4 个主分区，MBR 分区的最大容量是 2TB。GPT 最多支持 128 个主分区，GPT 分区的最大容量可以超过 2TB。目前，大多数情况下，还是采用传统的 MBR 分区表，这样，可以将一个磁盘最多划分成 4 个主分区，或者 3 个主分区和 1 个扩展分区。

5.1.2 Linux 磁盘分区命名

Linux 系统中，磁盘分区的命名规则是在磁盘设备接口前缀和设备编号的基础上加上分区编号，即接口前缀＋设备编号＋分区编号。代表性的磁盘设备接口类型主要有两大类：IDE 接口和 SCSI、SATA、SAS、USB 接口。前一种接口类型前缀使用 hd 表示，后一种接口类型前缀使用 sd 表示。设备编号为小写英文字母顺序表示，从 a 开始编号，即按 a、b、c、d、e 顺序编排。

在磁盘分区编号方面，Linux 系统为每个磁盘分配一个 1～16 分区编号，即分区号。主分区（Primary Partion）和扩展分区（Extension Partion）占用前 4 个编号（1～4），逻辑分区（Logical Partion）占用后 12 个编号（5～16）。每块磁盘内只能划分一块扩展分区，扩展分区创建后不能直接使用，需要在扩展分区内创建逻辑分区，扩展分区内可划分任意块逻辑分区。逻辑分区实际上就是扩展分区内创建的分区。

按照以上的 Linux 磁盘分区命名规则，第 1 块 SCSI 磁盘表示为 sda，里面的主分区分别表示为 sda1、sda2，以此类推，扩展分区下的逻辑分区表示为 sda5、sda6，以此类推；第 2 块 SCSI 磁盘表示为 sdb，里面的主分区分别表示为 sdb1、sdb2，以此类推，扩展分区下的逻辑分区表示为 sdb5、sdb6，以此类推。

5.1.3 Linux 文件系统

文件系统是操作系统在磁盘上保存文件信息的方法和存储的数据结构，操作系统必须借助文件系统才能存储和检索磁盘上的原始数据，它对用户来说是不可见的。

Linux 文件系统格式主要使用 ext2、ext3 和 ext4 等。ext，即 Extented File System（扩展文件系统）的简称。Linux 内核自 2.6.28 版后，开始正式支持 ext4 文件系统。ext4 是 ext3 的改进版本，兼容 ext3，修改了 ext3 中部分重要的数据结构。相比 ext3 支持的最大 16TB 文件系统和最大 2TB 文件，ext4 支持最大 1EB（1 048 576TB）的文件系统和最大 16TB 的文件。目前的 Ubuntu 操作系统默认使用 ext4 作为文件系统。

除此以外，Linux 操作系统还支持 NTFS、vfat（FAT32）、ISO9660 等文件系统，以及 Linux 系统特有的 Linux Native 和 Linux Swap 分区。

Linux Native 分区，也就是根（/）分区，它是存储文件的地方，只能使用 ext2 文件系统。Swap 交换分区是 Linux 系统存储物理内存上暂时不用、在需要使用时再调进内存的数据的地方。Swap 交换分区建议最大设置为物理内存的大小。Ubuntu 操作系统至少包括一个 Linux Native 和 Linux Swap 分区。通常 Ubuntu 操作系统还会包括一个/boot 启动分区、一个/home 主目录分区、一个/usr 软件资源分区、/etc 配置文件分区和/var 日志文件分区，而不会将所有文件都直接放在根（/）分区上，这样操作系统难以管理和维护。

5.2 磁盘分区管理命令

5.2.1 ls 命令查看磁盘分区情况

【例 5-1】 ls 命令查看磁盘分区情况。

输入以下命令：

```
ls  /dev/sd*
ls  -l  /dev/sd*
```

以上命令的执行效果如图 5-1 所示。图 5-1 中，第一个字符 b 表示该设备的类型为块设备，如果显示为 c，则表示字符设备。另外，8 表示主设备号，0、1、2、5 表示次设备号。

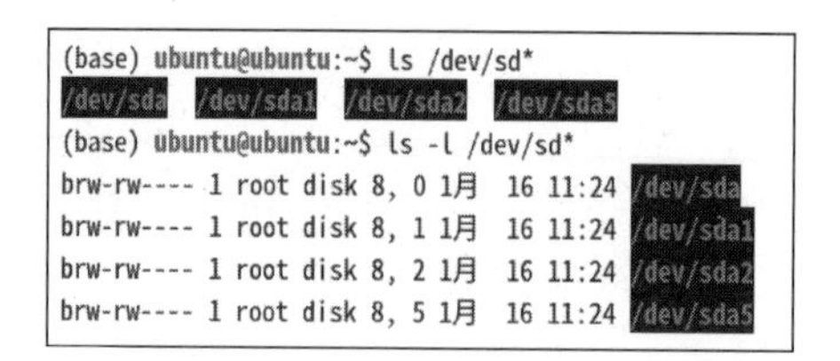

图 5-1　ls 命令查看磁盘分区

5.2.2　lsblk 查看磁盘分区命令

lsblk 命令的英文是 list block,即用树形格式列出所有可用块设备分区的信息,而且还能显示它们之间的依赖关系,但是不会列出 RAM 盘的信息。

【例 5-2】 lsblk 命令树形格式查看磁盘分区。

输入以下命令:

```
lsblk  | grep  sd
```

以上命令的执行效果如图 5-2 所示。图 5-2 中,lsblk 命令结合管道和 grep 过滤出包含 sd 的块设备。可以发现,系统的第一个 SCSI 硬盘 sda,大小为 40GB,sda 包括了 3 个分区:分区 sda1(大小为 512MB)、分区 sda2(大小为 1KB)和分区 sda5(大小为 39.5GB)。

```
(base) ubuntu@ubuntu20:~$ lsblk  | grep  sd
sda      8:0    0    40G  0 disk
├─sda1   8:1    0   512M  0 part /boot/efi
├─sda2   8:2    0     1K  0 part
└─sda5   8:5    0  39.5G  0 part /
```

图 5-2　lsblk 命令树形格式查看磁盘分区

5.2.3　gparted 软件调整磁盘分区大小

gparted 软件是一个图形界面的分区管理工具,相比传统的 Linux 系统命令行分区工具 fdisk 烦琐的命令行问答式操作,gparted 软件界面直观,功能强大,操作简单。使用 gparted 软件之前,需要先扩展虚拟机的硬盘空间,方法如下:选择"编辑虚拟机设置"→"硬盘(SCSI)"→"扩展"选项,在"最大磁盘大小(GB)(S)"文本框中输入扩展分区大小,如图 5-3 所示。需要设置足够大的扩展分区,如原来是 20GB,现在扩展到 40GB。本书安装的 Ubuntu 系统,原来设置为 40GB,现在设置为 45GB,读者可以按照实际情况设置,但必须大于原来的硬盘大小。

硬盘空间扩展之后,分区大小并不会起变化,需要使用 gparted 软件划分,才能真正起作用。如果读者的 Ubuntu 操作系统没有安装 gparted 软件,可以使用以下命令安装:

```
sudo  apt  install  gparted
```

【例 5-3】 gparted 软件扩展分区。

需要注意的是,必须使用超级用户权限启动 gparted 才能操作分区。输入以下命令:

```
sudo  gparted
```

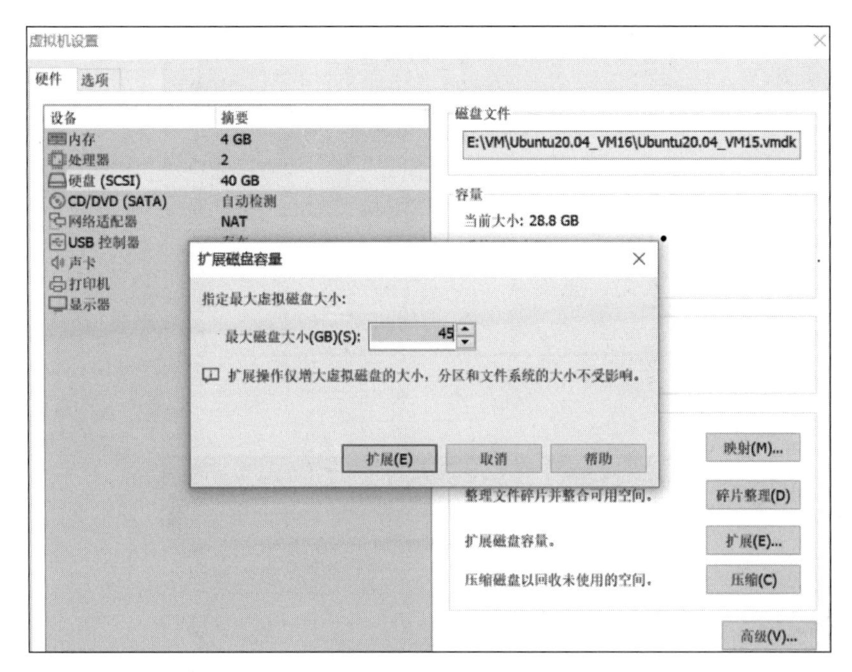

图 5-3　扩展虚拟机硬盘空间

以上命令的执行效果如图 5-4 所示。从图 5-4 中可以看出，gparted 软件的主界面直观地显示了硬盘上的所有分区情况，包括分区的大小、类型和挂载情况。可以发现，/dev/sda1 的"文件系统"是 fat32、"挂载点"是/boot/efi、"大小"是 512MB。/dev/sda2 是 extended 文件系统，即扩展分区，它的下面划分/dev/sda5 逻辑分区，文件系统是/ext，大小与扩展分区一样是 39.5GB，已用 22.60GB，未用 16.9GB。另外，还有一个未分配的分区，它的文件系统也未分配，大小为 5GB。

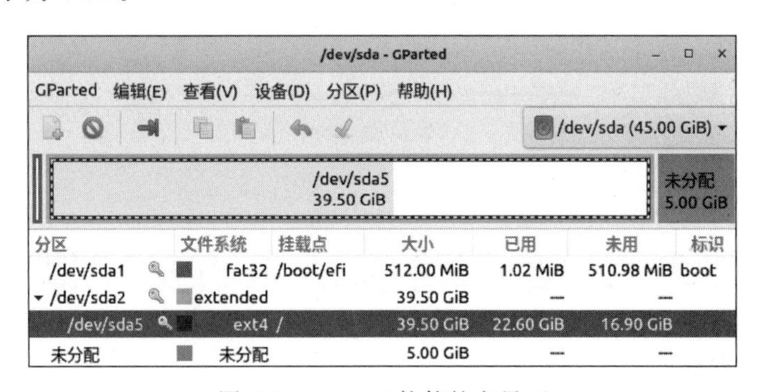

图 5-4　gparted 软件的主界面

选择/dev/sda2 区域，即 extended 扩展分区，右击，在弹出的"调整大小/移动/dev/sda2"对话框中将/dev/sda2 的大小调整到最大，如图 5-5 所示。

选择/dev/sda5 区域，即 ext4 扩展分区，右击，在弹出的"调整/dev/sda5 的大小"对话框中将/dev/sda5 的大小调整到最大，如图 5-6 所示。

单击工具栏中的 ✔ 按钮，应用全部操作，在弹出的对话框中单击"应用"按钮，如图 5-7 所示。

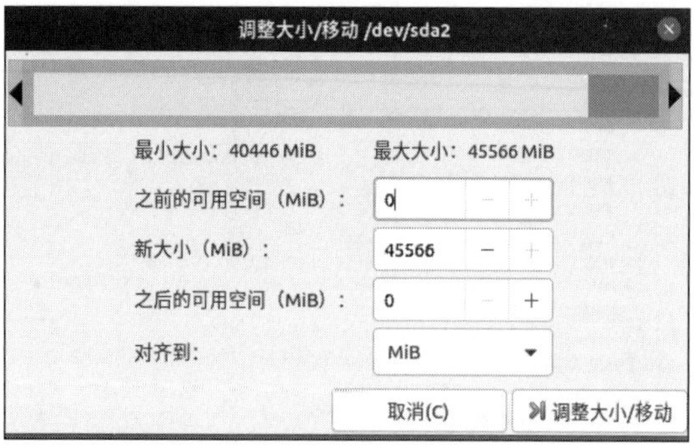

调整大小/移动 /dev/sda2
最小大小：40446 MiB
最大大小：45566 MiB
之前的可用空间（MiB）：
0
新大小（MiB）：
45566
之后的可用空间（MiB）：
0
对齐到：
MiB
取消(C)
调整大小/移动

图 5-5 “调整大小/移动/dev/sda2”对话框

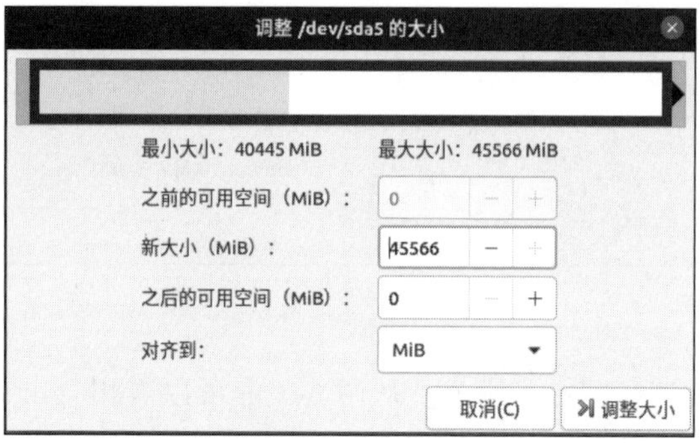

调整 /dev/sda5 的大小
最小大小：40445 MiB
最大大小：45566 MiB
之前的可用空间（MiB）：
0
新大小（MiB）：
45566
之后的可用空间（MiB）：
0
对齐到：
MiB
取消(C)
调整大小

图 5-6 “调整/dev/sda5 的大小”对话框

您确定要应用待处理的操作吗？
编辑分区可能会导致数据丢失。
建议执行操作之前先备份数据。
取消(C)
应用(A)

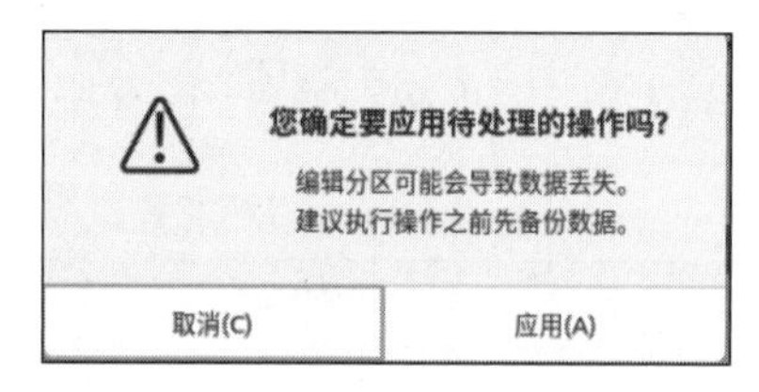

图 5-7 确认编辑分区操作

单击“关闭”按钮，再关闭软件，如图 5-8 所示。

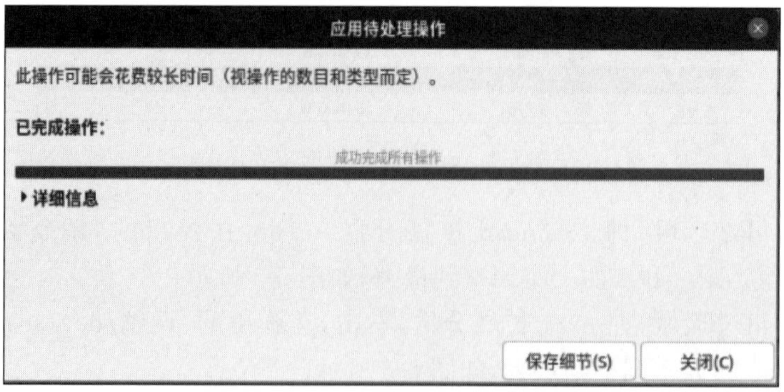

应用待处理操作
此操作可能会花费较长时间（视操作的数目和类型而定）。
已完成操作：
成功完成所有操作
详细信息
保存细节(S)
关闭(C)

图 5-8 关闭操作窗口

完成 gparted 软件的分区操作后，再查看当前的分区大小。输入以下命令：

```
lsblk  | grep  sd
```

以上命令的执行效果如图 5-9 所示。对比未使用 gparted 软件调整的分区大小，可以发现，/dev/sd5 分区由原来的 39.5GB 扩展到现在的 44.5GB，已经增加了 5GB。

```
(base) ubuntu@ubuntu:~$ lsblk  | grep  sd
sda      8:0    0   45G  0 disk
├─sda1   8:1    0  512M  0 part /boot/efi
├─sda2   8:2    0    1K  0 part
└─sda5   8:5    0 44.5G  0 part /
```

图 5-9　gparted 软件调整后的分区大小

5.2.4　free 查看内存和交换分区命令

命令功能：free 命令可以查看内存和交换分区情况，显示内存、磁盘交换分区的总计、已用、空闲、共享、缓冲、可用等大小。

命令语法：free　[选项]。

常用参数：-h，human -readable，人性化阅读。

【例 5-4】　free 命令查看内存和交换分区。

输入以下命令：

```
free
free  -h
```

以上命令的执行效果如图 5-10 所示。其中，无参数的 free 命令采用字节作为单位显示内存和交换分区大小，free -h 命令采用人性化易读方式显示大小。从图 5-10 可以看出，当前内存总计为 1.9GB，已用 1.1GB，可用 698MB，交换分区大小为 1.8GB。

```
(base) ubuntu@ubuntu20:~$ free
             总计        已用        空闲      共享   缓冲/缓存     可用
内存:      1994872     1109104      343980      3532     541788     714632
交换:      1918356      553072     1365284
(base) ubuntu@ubuntu20:~$ free -h
             总计        已用        空闲      共享   缓冲/缓存     可用
内存:        1.9Gi       1.1Gi       335Mi     3.0Mi      529Mi      698Mi
交换:        1.8Gi       540Mi       1.3Gi
```

图 5-10　free 命令查看内存和交换分区

5.2.5　交换分区管理命令

Linux 系统的 swap 含义就是交换，其作用相当于 Windows 系统的“虚拟内存”。当某进程向 Linux 操作系统请求内存，又发现物理内存不足时，Linux 系统会把内存中暂时不用的数据放到交换分区，从而解决内存容量不足的问题。当某进程又需要这些数据，并且 Linux 系统还有空闲物理内存时，又会把存储在交换分区中的数据移回物理内存中。

虽然在安装 Ubuntu 操作系统时会提示设置 swap 分区，但是这种方式并不灵活。如果需要在使用过程中调整交换分区的大小,可以使用交换分区管理命令。交换分区管理命令主要包括：swapon、swapoff、fallocate 和 mkswap 命令。

swapon 命令功能：查看交换分区的绝对路径和大小等信息、挂载交换分区。

swapoff 命令功能：关闭交换分区。

fallocate 命令功能：分配交换分区大小。

mkswap 命令功能：设置交换分区。

命令语法：交换分区管理命令 ［选项］［分区文件名］。

【例 5-5】 设置新的交换分区大小。

在设置新的交换分区大小之前,需要先关闭当前的交换分区。输入以下命令：

```
swapon
sudo  swapoff  /swapfile
swapon
free  -h
```

以上命令的执行效果如图 5-11 所示。从图 5-11 中可以看出,先使用 swapon 命令查看当前交换分区的信息：绝对路径为/swapfile、大小为 1.8GB 等。再使用 swapoff 命令关闭/swapfile 交换分区文件,最后使用 swapon 命令查看,显示为空,使用 free -h 命令查看,显示当前交换分区为 0B。

```
(base) ubuntu@ubuntu:~$ swapon
NAME      TYPE SIZE USED PRIO
/swapfile file 1.8G   0B   -2
(base) ubuntu@ubuntu:~$ sudo  swapoff  /swapfile
(base) ubuntu@ubuntu:~$ swapon
(base) ubuntu@ubuntu:~$ free -h
           总计        已用        空闲       共享    缓冲/缓存      可用
内存：      3.8Gi       1.2Gi       598Mi       6.0Mi       2.0Gi       2.3Gi
交换：         0B          0B          0B
```

图 5-11　关闭 swap 分区

接着,创建一个与当前内存大小接近的交换分区。通过图 5-11 可知,当前内存为 3.8GB,因此,可以分配一个 4GB 大小的文件,再将其转换为交换分区文件,并挂载。输入以下命令：

```
sudo  fallocate  -l  4G  /swapfile
sudo  mkswap  /swapfile
sudo  swapon  /swapfile
swapon
free  -h
```

以上命令的执行效果如图 5-12 所示。从图 5-12 中可以看出,使用 fallocate 命令创建了一个 4GB 大小的文件,通过 mkswap 命令转换交换分区文件,使用 swapon 挂载和查看。最后使用 free -h 命令查看,结果显示,当前交换分区大小已经成功设置为 4GB。

```
(base) ubuntu@ubuntu:~$ sudo fallocate -l 4G /swapfile
(base) ubuntu@ubuntu:~$ sudo mkswap /swapfile
mkswap: /swapfile：警告，将擦除旧的 swap 签名。
正在设置交换空间版本 1，大小 = 4 GiB (4294963200 个字节)
无标签， UUID=02acb664-8a12-4853-a7a5-e067568cac5a
(base) ubuntu@ubuntu:~$ sudo swapon /swapfile
(base) ubuntu@ubuntu:~$ swapon
NAME      TYPE SIZE USED PRIO
/swapfile file   4G   0B   -2
(base) ubuntu@ubuntu:~$ free -h
              总计        已用        空闲        共享     缓冲/缓存       可用
内存：        3.8Gi       1.2Gi       590Mi       6.0Mi       2.0Gi       2.3Gi
交换：        4.0Gi          0B       4.0Gi
```

图 5-12 设置新的交换分区

5.3 文件系统管理命令

视频讲解

5.3.1 du 查看磁盘目录命令

命令功能：du，即 disk usage 的缩写，用于查看文件和目录使用情况。

命令语法：du ［选项］ ［目录］。

常用参数：在 du 命令中，常用参数选项及其含义如表 5-1 所示。

表 5-1 du 命令的常用参数及其含义

常用参数	含 义
-h	即 human-readable，人性化阅读。将以 GB、MB、KB 为单位表示大小，易于阅读
-s	仅显示总计大小
-a	列出所有文件和目录大小

【例 5-6】 du 命令查看磁盘目录空间使用情况。

本例为查看主目录的磁盘空间使用情况。先改变目录到主目录，然后查看当前目录的空间使用情况，Linux 系统可以使用“.”或者“./”来表示当前目录。输入以下命令：

```
cd ~
sudo du -sh .
sudo du -sh ./
```

以上命令的执行效果如图 5-13 所示。从图 5-13 可以看出以上两个命令输出的结果是一样的，当前目录使用的空间总大小为 4.8GB。

```
(base) ubuntu@ubuntu:~$ cd ~
(base) ubuntu@ubuntu:~$ sudo du -sh .
4.8G    .
(base) ubuntu@ubuntu:~$ sudo du -sh ./
4.8G    ./
```

图 5-13 du 命令查看当前目录使用情况

接着，使用两种方式显示当前目录各子目录大小排在前三位的目录。输入以下命令：

```
du -sh * | sort -h | tail -n3
du -sh * | sort -rh | head -n3
```

以上命令的执行效果如图 5-14 所示。从图 5-14 中可以看出，第一种方式人性化地显示当前目录下每个目录的总大小，先通过管道输出给 sort -h 命令按大小顺序排序，再通过管道输出给 tail -n3 命令，显示最后 3 行。需要注意的是，第二种方式通过管道输出给 sort -rh 命令按大小逆序排序，再通过管道输出给 head -n3 命令，显示前面 3 行。

```
(base) ubuntu@ubuntu:~$ du  -sh  * | sort  -h | tail  -n3
13M      snap
753M     Downloads
3.3G     anaconda3
(base) ubuntu@ubuntu:~$ du  -sh  * | sort  -rh | head  -n3
3.3G     anaconda3
753M     Downloads
13M      snap
```

图 5-14　du 命令显示当前目录各子目录大小排在前三位的目录

最后，使用 du 命令显示/var 目录下各子目录的大小，按大小顺序排序后，重定向输出到"你的姓名.log"文件，并使用 tail -n5 命令显示目录大小排在前五位的目录。输入以下命令：

```
sudo  du  -h  /var | sort -h >你的姓名.log
tail  -n5  你的姓名.log
```

以上命令的执行效果如图 5-15 所示。

```
(base) ubuntu@ubuntu:~$ sudo  du  -h  /var | sort -h >yujian.log
(base) ubuntu@ubuntu:~$ tail -n5 yujian.log
562M    /var/lib/apt/lists
1.2G    /var/lib/snapd/snaps
1.6G    /var/lib/snapd
2.6G    /var/lib
3.5G    /var
```

图 5-15　du 命令显示/var 目录下各子目录大小排在前五位的目录

5.3.2　df 查看文件系统命令

命令功能：df，即 disk filesystem space usage，用于查看磁盘文件系统的空间使用情况。需要注意区分 df 命令与 du 命令功能上的差别，df 是查看文件系统空间使用情况的，而 du 命令是查看磁盘目录空间使用情况的，两个命令名字相近，但功能不同。

命令语法：df　[选项]　[文件系统名]。

常用参数：在 df 命令中，常用参数选项及其含义如表 5-2 所示。

表 5-2　df 命令的常用参数及其含义

常用参数	含　义
-h	即 human-readable，人性化阅读。将以 GB、MB、KB 为单位表示大小，易于阅读
-T	显示文件系统类型
-t	查看挂载的文件系统是哪个分区

【例 5-7】 df 命令查看文件系统的空间使用情况。

输入以下命令：

```
df  -h | grep sd
df  -hT | grep sd
df  -t  ext4
```

以上命令的执行效果如图 5-16 所示。从图 5-16 中可以看出，以人性化阅读方式显示了/dev/sda5 逻辑分区和/dev/sda1 主分区（启动分区）的空间使用情况，需要注意的是，df -h 命令并没有显示/dev/sda2 扩展分区，而是直接显示以上两个实际使用磁盘空间的分区。df -hT 命令进一步显示分区的文件系统，/dev/sda5 使用的是 ext4，/dev/sda1 使用的是 vfat，即 fat32 格式。另外，使用 df -t 命令查看使用 ext4 文件系统的分区，结果只有/dev/sda5。

```
(base) ubuntu@ubuntu:~$ df   -h | grep sd
/dev/sda5        44G   22G   20G   53% /
/dev/sda1       511M  4.0K  511M    1% /boot/efi
(base) ubuntu@ubuntu:~$ df   -hT | grep sd
/dev/sda5      ext4       44G   22G   20G   53% /
/dev/sda1      vfat      511M  4.0K  511M    1% /boot/efi
(base) ubuntu@ubuntu:~$ df   -t  ext4
文件系统            1K-块      已用      可用 已用% 挂载点
/dev/sda5       45664116 22965944 20401420   53% /
```

图 5-16 df 命令查看文件系统空间使用情况

5.3.3 blkid 查看块设备文件系统信息命令

命令功能：查看系统的块设备（包括交换分区）所使用的文件系统类型、卷标、UUID（Universally Unique Identifier，全局唯一标识符）等信息。UUID 是一个 128 位标识符，采用 32 位十六进制数字，用 4 个"－"符号连接。

命令语法：blkid ［选项］ ［设备文件名］。

常用参数：在 blkid 命令中，常用参数选项及其含义如表 5-3 所示。

表 5-3 blkid 命令的常用参数及其含义

常用参数	含义
-k	列出所有已知文件系统
-p	切换至低级超级探针模式
-o	输出格式
udev	使用"键值对"方式显示

【例 5-8】 blkid 命令查看文件系统卷标和 UUID。

输入以下命令：

```
sudo  blkid | grep  sd
sudo  blkid  /dev/sda5
sudo  blkid  -po  udev  /dev/sda5
```

以上命令的执行效果如图 5-17 所示。从图 5-17 中可以看出,第一个命令显示了所有包含 sd 的块设备的 UUID 和文件系统类型,第二个命令只显示/dev/sda5 设备的相关信息。需要注意的是,这两个命令都显示/dev/sda5 和/dev/sda1 没有设置卷标。第三个命令采用"键值对"方式整齐地列出/dev/sda5 的设备信息。

```
(base) ubuntu@ubuntu:~$ sudo  blkid | grep  sd
/dev/sda5: UUID="c73c4e3b-0fd0-4eb5-81d3-a7055c916fd7" TYPE="ext4" PARTUUID="d9d544ca-05"
/dev/sda1: UUID="C6DC-4835" TYPE="vfat" PARTUUID="d9d544ca-01"
(base) ubuntu@ubuntu:~$ sudo  blkid  /dev/sda5
/dev/sda5: UUID="c73c4e3b-0fd0-4eb5-81d3-a7055c916fd7" TYPE="ext4" PARTUUID="d9d544ca-05"
(base) ubuntu@ubuntu:~$ sudo  blkid  -po  udev  /dev/sda5
ID_FS_UUID=c73c4e3b-0fd0-4eb5-81d3-a7055c916fd7
ID_FS_UUID_ENC=c73c4e3b-0fd0-4eb5-81d3-a7055c916fd7
ID_FS_VERSION=1.0
ID_FS_TYPE=ext4
ID_FS_USAGE=filesystem
ID_PART_ENTRY_SCHEME=dos
ID_PART_ENTRY_UUID=d9d544ca-05
ID_PART_ENTRY_TYPE=0x83
ID_PART_ENTRY_NUMBER=5
ID_PART_ENTRY_OFFSET=1052672
ID_PART_ENTRY_SIZE=93317120
ID_PART_ENTRY_DISK=8:0
```

图 5-17　blkid 命令查看文件系统卷标和 UUID

5.3.4　e2label 命令设置文件系统卷标

命令功能:设置文件系统的卷标。

命令语法:e2label　设备文件名　[新卷标名]。

【例 5-9】 e2label 命令设置文件系统卷标。

本例将/dev/sda5 的文件系统卷标设置为 system。输入以下命令:

```
sudo  e2label  /dev/sda5  system
sudo  blkid  /dev/sda5
```

以上命令的执行效果如图 5-18 所示。从图 5-18 中可以看出,e2label 命令将文件系统卷标设置为 system,并通过 blkid 命令验证了卷标(LABEL)的设置结果。

```
(base) ubuntu@ubuntu:~$ sudo e2label /dev/sda5  system
(base) ubuntu@ubuntu:~$ sudo blkid /dev/sda5
/dev/sda5: LABEL="system" UUID="c73c4e3b-0fd0-4eb5-81d3-a7055c916fd7" TYPE="ext4"
PARTUUID="d9d544ca-05"
```

图 5-18　e2label 命令设置文件系统卷标

5.3.5　gparted 软件创建文件系统

【例 5-10】 gparted 软件创建文件系统。

本例需要先在虚拟机上添加一个硬盘,创建分区,然后才能创建文件系统。需要先关闭 Ubuntu 操作系统虚拟机系统,然后添加一个新的硬盘。

在虚拟机启动页选择"编辑虚拟机设置"→"硬盘(SCSI)"命令,在弹出的"硬件类型"对话框中选择"硬盘"选项,单击"下一步"按钮;在弹出的"添加硬件向导:选择磁盘类型"对话框中选择“虚拟磁盘类型”中的“SCSI(推荐)”选项，单击“下一步”按钮；在弹出的“添加硬件向导：选择磁盘”对话框中选择“创建新虚拟磁盘”选项，单击“下一步”按钮；在弹出的“添加硬件向导：指定磁盘容量”对话框中，设置“最大磁盘大小”为1GB，选中“将虚拟磁盘存储为单个文件”单选按钮，如图5-19所示。

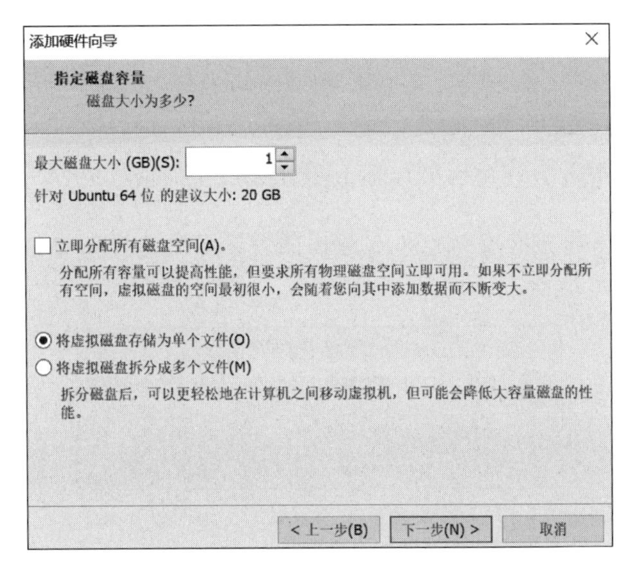

图5-19　指定新建磁盘的容量

接着，在弹出的“指定磁盘文件”对话框中，设置“磁盘文件”为默认的文件名，即Ubuntu 20.04_VM15-D.vmdk，单击“完成”按钮，在返回的“虚拟机设置”对话框中，单击“确定”按钮。启动Ubuntu操作系统虚拟机，进入系统后输入以下命令：

```
lsblk  | grep  sd
ls  /dev/sd*
```

以上命令的执行效果如图5-20所示。从图5-20中可以发现，相比例5-2的磁盘分区的查看结果，在添加了一个新硬盘后，增加了设备文件sdb。

```
(base) ubuntu@ubuntu:~$ lsblk  | grep  sd
sda       8:0    0    45G  0 disk
├─sda1    8:1    0   512M  0 part /boot/efi
├─sda2    8:2    0     1K  0 part
└─sda5    8:5    0  44.5G  0 part /
sdb       8:16   0     1G  0 disk
(base) ubuntu@ubuntu:~$ ls /dev/sd*
/dev/sda  /dev/sda1  /dev/sda2  /dev/sda5  /dev/sdb
```

图5-20　查看第二个硬盘设备文件名

接下来，采用gparted软件为第二个硬盘增加一个分区，并格式化，即创建文件系统。输入以下命令：

```
sudo  gparted  /dev/sdb
```

以上命令使用超级用户权限运行 gparted 软件并操作/dev/sdb 设备,打开的界面如图 5-21 所示。

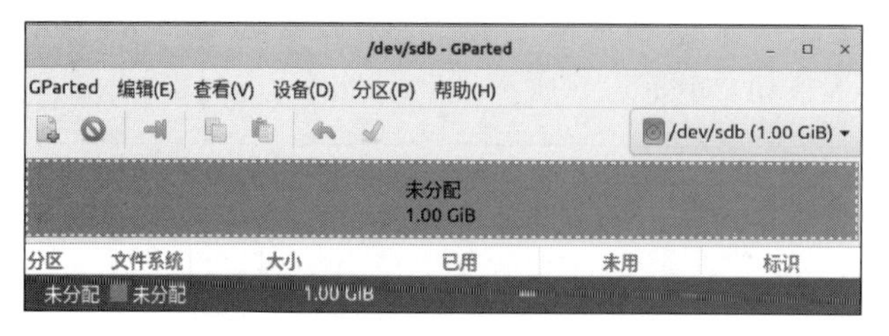

图 5-21　gparted 软件操作/dev/sdb

选择“设备”→“创建分区表”命令,在弹出的对话框中选择新分区表类型为 gpt,单击“应用”按钮,如图 5-22 所示。

图 5-22　gparted 软件在/dev/sdb 上建立新的分区表

选择“分区”→“新建”命令,在弹出的对话框中,“新大小”按默认选择最大,即 1023MiB,设置“创建为”为“主分区”,在“分区名称”文本框中输入/dev/sdb1,“文件系统”设置为默认的 ext4,“卷标”文本框中输入“你的姓名”,单击“添加”按钮,如图 5-23 所示。

图 5-23　gparted 软件创建新分区

选择“分区”→“格式化为”→ext4 命令,单击工具栏上的 ✓ 按钮,或者选择“编辑”→“应用全部操作”命令,在弹出的对话框中选择“应用”和“关闭”按钮。执行结果如图 5-24 所示,已经使用 gparted 软件为/dev/sdb1 分区创建了 ext4 文件系统。

最后,使用命令验证第二个硬盘的文件系统是否创建成功。关闭 gparted 软件,输入以下命令:

```
lsblk | grep sd
ls /dev/sd*
sudo blkid /dev/sdb1
sudo e2label /dev/sdb1 你的姓名
sudo blkid /dev/sdb1
```

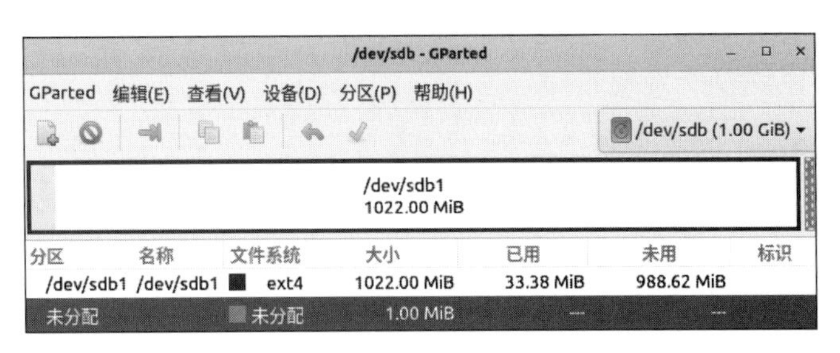

图 5-24　gparted 软件创建 ext4 文件系统

以上命令的执行效果如图 5-25 所示。从图 5-25 中可以发现，通过 lsblk 和 ls 命令验证了/dev/sdb1 分区已经创建成功，通过 blkid 命令可以发现，该分区的卷标没有设置成功，因此，采用 e2label 命令设置为“你的姓名”。

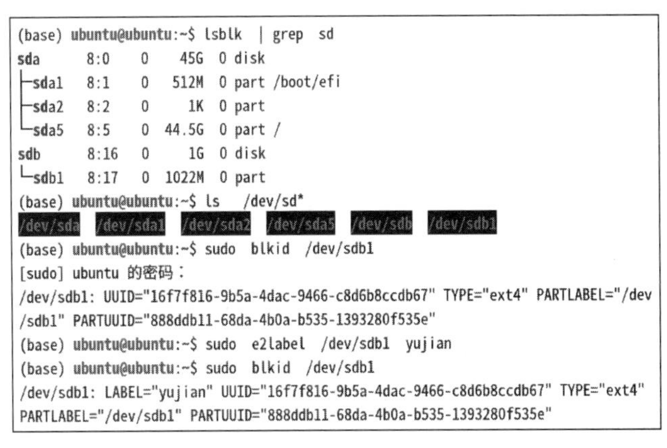

图 5-25　查看第二个硬盘文件系统设置情况

5.3.6 fsck 检查和修复文件系统命令

命令功能：fsck 命令能够检查、修复文件系统。

命令语法：fsck [选项] [设备名]。

常用参数：在 fsck 命令中，常用参数选项及其含义如表 5-4 所示。

表 5-4　fsck 命令的常用参数及其含义

常用参数	含义
-p	不提示用户，直接修复
-n	只检查，不修复
-f	强制检查，无论返回标志是否正常
-c	检查可能的坏块，并加入坏块列表

【例 5-11】 fsck 命令检查和修复文件系统。

本例将检查例 5-10 中所创建的文件系统。输入以下命令：

```
sudo fsck /dev/sdb1
```

以上命令的执行效果如图 5-26 所示。从图 5-26 中可以发现，/dev/sdb1，即第二个硬盘第一个分区的文件系统没有发现错误。

```
(base) ubuntu@ubuntu:~$ sudo  fsck -f /dev/sdb1
fsck，来自 util-linux 2.34
e2fsck 1.45.5 (07-Jan-2020)
第 1 步：检查inode、块和大小
第 2 步：检查目录结构
第 3 步：检查目录连接性
第 4 步：检查引用计数
第 5 步：检查组概要信息
yujian：11/65408 文件 (0.0% 为非连续的)， 8531/261632 块
```

图 5-26 fsck 命令检查第二个硬盘第一个分区文件系统

5.3.7 mount 挂载和 umount 卸载命令

命令功能：mount 用于将指定的设备文件名挂载到指定的挂载点上；umount 用于将指定的设备文件名从指定的挂载点卸载。

命令语法：mount/umount [选项] [设备名/挂载点]。

常用参数：mount 命令的常用参数及其含义如表 5-5 所示。

表 5-5 mount 命令的常用参数及其含义

常用参数	含义
-t	指定文件系统类型，通常不需要指定，mount 命令能够自动识别
-l	列出所有挂载点

【例 5-12】 手动挂载/dev/sdb1。

本例将挂载例 5-10 中所创建的分区/dev/sdb1。输入以下命令：

```
mount  -l|grep  sda
mount  -l|grep  sdb
```

以上命令的执行效果如图 5-27 所示。从图 5-27 中可以发现，/dev/sda5 分区挂载在/，即根目录上，/dev/sda1 分区挂载在/boot/efi 目录上，/dev/sdb1 分区挂载点为空，说明该分区还没有挂载。需要创建一个目录，然后挂载该分区。

```
(base) ubuntu@ubuntu:~$ mount -l | grep sda
/dev/sda5 on / type ext4 (rw,relatime,errors=remount-ro) [system]
/dev/sda1 on /boot/efi type vfat (rw,relatime,fmask=0077,dmask=0077,codepage=437,iocharset=iso8859-1,
shortname=mixed,errors=remount-ro)
(base) ubuntu@ubuntu:~$ mount -l | grep sdb
(base) ubuntu@ubuntu:~$
```

图 5-27 mount 命令查看系统各分区的挂载点

Linux 系统的/mnt 目录，通常用于挂载新添加的硬盘、U 盘和 CDROM 设备等。接下来在/mnt 上创建"你的姓名"目录，将新添加的/dev/sdb1 分区挂载到该目录上。输入以下命令：

```
sudo  mkdir  /mnt/你的姓名
sudo  mount  /dev/sdb1  /mnt/你的姓名
```

以上命令的执行效果如图 5-28 所示。从图 5-28 中可以看出，通过 mount -l 命令，/dev/sdb1 分区已经成功挂载到/mnt/yujian 目录上，文件系统类型为 gparted 软件所格式化的 ext4 文件系统。

```
(base) ubuntu@ubuntu:~$ sudo mkdir /mnt/yujian
(base) ubuntu@ubuntu:~$ sudo mount /dev/sdb1 /mnt/yujian
(base) ubuntu@ubuntu:~$ mount -l | grep sdb
/dev/sdb1 on /mnt/yujian type ext4 (rw,relatime) [yujian]
```

图 5-28　mount 命令设置/dev/sdb1 分区的挂载点

5.3.8　文件系统配置文件

/etc/fstab 是 Linux 系统的文件系统配置文件。系统启动时会自动读取该文件内容。共有 6 个字段，从左到右依次为设备名、挂载点、文件系统类型、挂载选项、是否备份(0 表示不备份，1 表示备份)、是否检查文件系统及顺序(0 表示不检查、1 表示检查)。

常用参数：/etc/fstab 文件的各字段及其含义如表 5-6 所示。

表 5-6　/etc/fstab 文件的各字段及其含义

字　段	含　义
device	磁盘设备文件或该设备的卷标和 UUID
mount point	设备的挂载点，即挂载到哪个目录下
filesystem	磁盘文件系统的格式，包括 ext2、ext3、ext4、ntfs、vfat 等
parameters	文件系统的参数
能否被 DUMP 命令备份	0 代表不要做 dump 备份，1 代表要每天进行 dump 的操作，2 代表不定日期地进行 dump 操作
是否检验扇区	开机的过程中，系统默认会以 fsck 检验该系统是否为 clean(完整)。0 代表不要检验，1 代表最早检验(一般根目录会选择)，2 代表 1 级检验完成之后进行检验

【例 5-13】 查看自动挂载的文件系统。

输入以下命令：

```
sudo  cat  /etc/fstab
```

以上命令的执行效果如图 5-29 所示。

```
(base) ubuntu@ubuntu20:~$ sudo  cat  /etc/fstab
[sudo] ubuntu 的密码:
# /etc/fstab: static file system information.
#
# Use 'blkid' to print the universally unique identifier for a
# device; this may be used with UUID= as a more robust way to name devic
es
# that works even if disks are added and removed. See fstab(5).
#
# <file system> <mount point>   <type>  <options>       <dump>  <pass>
# / was on /dev/sda5 during installation
UUID=a7b8cf8b-ae0d-4ef4-972f-d0123be725f6 /               ext4    errors
=remount-ro 0       1
# /boot/efi was on /dev/sda1 during installation
UUID=F89E-04B7  /boot/efi       vfat    umask=0077      0       1
/swapfile                                 none            swap    sw
        0       0
/dev/fd0        /media/floppy0  auto    rw,user,noauto,exec,utf8 0
```

图 5-29　查看文件系统配置文件

5.3.9 用户磁盘空间配额命令

Linux 是一个多用户多任务操作系统。系统的资源，包括磁盘空间总是有限的，作为系统管理员有必要限制登录系统用户使用的磁盘空间大小，即为登录 Linux 系统的用户磁盘空间配额。

用户磁盘空间配额命令主要包括三个命令：quota、setquota 和 edquota。以下分别介绍这三个命令的功能、语法和常用参数，并通过实例说明它们的使用方法。

quota 命令功能：用于显示分配给用户的磁盘空间大小，即用户磁盘配额。

quota 命令语法：quota [选项] [用户名或组名]。

quota 常用参数：该命令的常用参数及其含义如表 5-7 所示。

表 5-7 quota 命令的常用参数及其含义

常用参数	含　义
-u	显示用户的磁盘空间配额
-v	显示执行过程
-a	显示所有的文件系统
-s	人性化阅读方式显示配额

setquota 命令功能：用于非交互式设置用户磁盘配额。

setquota 命令语法：setquota -u 或-g 用户名 软配额 硬配额 软限制值 硬限制值 分区名。当用户使用的磁盘空间达到软配额时，系统会发出警告，而达到硬配额时，系统会直接限制使用。软限制值和硬限制值是指宽限期机制，如果不希望使用宽限机制，可以设为 0。

setquota 常用参数：该命令的用参数及其含义如表 5-8 所示。

表 5-8 setquota 命令的常用参数及其含义

常用参数	含　义
-u	非交互式设置用户的磁盘空间配额
-g	非交互式设置用户组的磁盘空间配额

edquota 命令功能：用于复制或交互式用户磁盘配额。

edquota 命令语法：edquota -p 模板用户 用户 1 用户 2。

edquota 常用参数：该命令的常用参数及其含义如表 5-9 所示。

表 5-9 edquota 命令的常用参数及其含义

常用参数	含　义
-p	复制用户的磁盘空间配额
-u	进入编辑界面，修改用户的磁盘空间配额
-g	进入编辑界面，修改用户组的磁盘空间配额

【例 5-14】 设置用户的磁盘空间配额。

本例设置“你的姓名 1”和“你的姓名 2”两个用户的磁盘空间配额。首先安装磁盘配额命令，输入以下命令：

```
sudo apt install quota
```

然后备份文件系统配置文件，编辑该文件，加入配额选项。输入以下命令：

```
sudo cp /etc/fstab /etc/fstab~
sudo gedit /etc/fstab
```

打开该文件系统配置文件后，在第 9 行找到单词 errors，在它的前面加上“usrquota,”，表示为文件系统加入配额选项，如图 5-30 所示。保存并关闭文件。

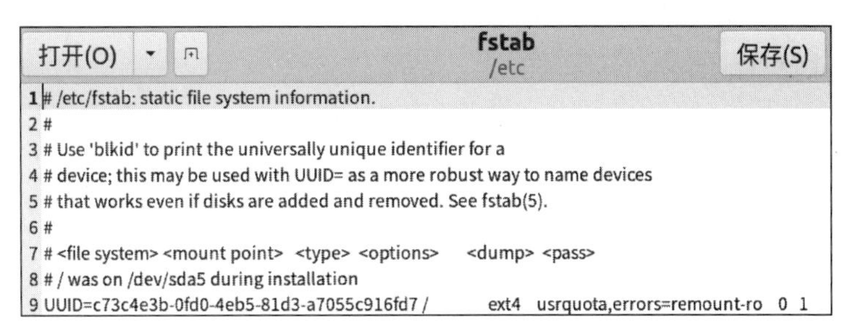

图 5-30　修改文件系统配置文件

重新挂载/，重启系统后，使用 quotaon 命令启动 quota。输入以下命令：

```
sudo mount -o remount /
reboot
sudo quotaon -avug
```

如果已经删除了前面创建的用户，那么需要添加“你的姓名 1”和“你的姓名 2”两个用户，并设置其磁盘配额。输入以下命令：

```
sudo useradd -m 你的姓名1
sudo useradd -m 你的姓名2
sudo setquota -u 你的姓名1 9GB 10GB 0 0 /
sudo edquota -p 你的姓名1 你的姓名2
sudo quota -uvs 你的姓名1 你的姓名2
```

以上命令的执行效果如图 5-31 所示。从图 5-31 中可以看出，使用 setquota 命令设置了 yujian1 用户的软配额为 9GB，硬配额为 10GB，软限制值和硬限制值均为 0，使用分区为“/”。然后，使用 edquota 命令将 yujian1 用户的磁盘配额复制给了 yujian2 用户。最后，使用 quota 命令查看了用户配额情况。

```
(base) ubuntu@yujian:~$ sudo useradd -m yujian1
[sudo] ubuntu 的密码：
(base) ubuntu@yujian:~$ sudo useradd -m yujian2
(base) ubuntu@yujian:~$ sudo setquota -u yujian1 9GB 10GB 0 0 /
(base) ubuntu@yujian:~$ sudo  edquota  -p  yujian1  yujian2
(base) ubuntu@yujian:~$ sudo quota -uvs yujian1 yujian2
Disk quotas for user yujian1 (uid 10002):
    文件系统   space  配额  规限宽限期文件节点  配额  规限宽限期
      /dev/sda5     16KB  9216MB  10240MB              4      0       0
Disk quotas for user yujian2 (uid 10003):
    文件系统   space  配额  规限宽限期文件节点  配额  规限宽限期
      /dev/sda5     16KB  9216MB  10240MB              4      0       0
```

图 5-31　设置和显示用户的磁盘空间配额

5.4　文件系统备份和恢复命令

5.4.1　tar 备份和恢复命令

tar 命令不但可以用于压缩和解压文件，也可以用于备份和恢复文件系统。

常用参数：tar 命令的常用参数及其含义如表 5-10 所示。

表 5-10　tar 备份和恢复命令的常用参数及其含义

常用参数	含　义
-c	即 create，建立新的备份文件
-v	即 verbose，显示命令的执行过程
-p	即 same-permissions，保留原来的文件目录权限
-z	使用 gzip 压缩属性备份或恢复文件系统
-j	使用 bzip2 压缩属性备份或恢复文件系统，效率更高，压缩包更小
-f	指定备份文件
-x	解压备份文件
--exclude=<样式>	排除符合样式的文件，如--exclude=/tmp，即备份时不包括/tmp
/lost+found	系统发生错误时提供了恢复丢失文件的方法

【例 5-15】 tar 命令备份和恢复启动分区。

本例使用 tar 命令使用 bzip2 压缩属性，将/boot 系统启动分区备份到/tmp 目录下。输入以下命令：

```
sudo  tar  -cpjf  /tmp/你的姓名.tar.bz2  /boot
ll  -h  /tmp/*.bz2
```

以上命令的执行效果如图 5-32 所示。从图 5-32 中可以看出，已经将/boot 启动分区备份至/tmp 下。

```
(base) ubuntu@ubuntu:~$ sudo  tar  -cpjf  /tmp/yujian.tar.bz2  /boot
tar: 从成员名中删除开头的 "/"
(base) ubuntu@ubuntu:~$ ll  -h  /tmp/*.bz2
-rw-r--r-- 1 root root 123M 1月  18 23:02 /tmp/yujian.tar.bz2
```

图 5-32　tar 备份/boot 启动分区文件系统

接下来将备份文件恢复到指定主目录下的boot文件夹中。输入以下命令：

```
mkdir ~/boot
sudo tar -xpjf /tmp/你的姓名.tar.bz2 -C ~/boot
ls ~/boot/boot
```

以上命令的执行效果如图5-33所示。从图5-33中可以看出，已经将/boot启动分区恢复至主目录的boot文件夹下。

```
(base) ubuntu@ubuntu:~$ mkdir ~/boot
(base) ubuntu@ubuntu:~$ sudo tar -xpjf /tmp/yujian.tar.bz2 -C ~/boot
(base) ubuntu@ubuntu:~$ ls ~/boot/boot
config-5.11.0-44-generic        memtest86+.elf
config-5.11.0-46-generic        memtest86+_multiboot.bin
efi                             System.map-5.11.0-44-generic
grub                            System.map-5.11.0-46-generic
initrd.img                      vmlinuz
initrd.img-5.11.0-44-generic    vmlinuz-5.11.0-44-generic
initrd.img-5.11.0-46-generic    vmlinuz-5.11.0-46-generic
initrd.img.old                  vmlinuz.old
memtest86+.bin
```

图5-33 tar恢复/boot启动分区文件系统

5.4.2 dump备份和restore恢复命令

dump命令是一个比较专业的备份工具，可以备份任何类型的文件系统，支持完全备份和增量备份，而restore命令是对应的文件系统恢复工具。

如果系统没有安装dump和restore命令，那么使用之前需要使用以下命令安装：

```
sudo apt install dump
sudo apt install restore
```

dump和restore命令的常用参数及其含义如表5-11所示。

表5-11 dump和restore命令的常用参数及其含义

常用参数	含义
-f	指定备份或恢复文件
-t	查看备份或恢复文件
-0～9	0～9级备份，0为完全备份，其余为增量备份

【例5-16】 dump备份和restore恢复文件系统。

本例使用dump命令和0级备份参数将/boot启动分区完全备份至/tmp下。输入以下命令：

```
sudo dump -0f /tmp/你的姓名.dump /boot
ls -lh /tmp/你的姓名.dump
```

以上命令的执行效果如图5-34所示。

接着，使用restore命令浏览备份文件中的数据，并显示前10行。输入以下命令：

```
(base) ubuntu@ubuntu:~$ sudo  dump  -0f  /tmp/yujian.dump  /boot
  DUMP: Date of this level 0 dump: Tue Jan 18 23:21:42 2022
  DUMP: Dumping /dev/sda5 (/ (dir boot)) to /tmp/yujian.dump
  DUMP: Label: system
  DUMP: Writing 10 Kilobyte records
  DUMP: mapping (Pass I) [regular files]
  DUMP: mapping (Pass II) [directories]
  DUMP: estimated 157572 blocks.
  DUMP: Volume 1 started with block 1 at: Tue Jan 18 23:21:42 2022
  DUMP: dumping (Pass III) [directories]
  DUMP: dumping (Pass IV) [regular files]
  DUMP: Closing /tmp/yujian.dump
  DUMP: Volume 1 completed at: Tue Jan 18 23:21:44 2022
  DUMP: Volume 1 157560 blocks (153.87MB)
  DUMP: Volume 1 took 0:00:02
  DUMP: Volume 1 transfer rate: 78780 kB/s
  DUMP: 157560 blocks (153.87MB) on 1 volume(s)
  DUMP: finished in 2 seconds, throughput 78780 kBytes/sec
  DUMP: Date of this level 0 dump: Tue Jan 18 23:21:42 2022
  DUMP: Date this dump completed:  Tue Jan 18 23:21:44 2022
  DUMP: Average transfer rate: 78780 kB/s
  DUMP: DUMP IS DONE
(base) ubuntu@ubuntu:~$ ls -lh /tmp/yujian.dump
-rw-r--r-- 1 root root 154MB 1月  18 23:21 /tmp/yujian.dump
```

图 5-34　dump 命令备份/boot 分区文件系统

```
sudo  restore  -tf  /tmp/你的姓名.dump  | head  -n10
```

以上命令的执行效果如图 5-35 所示。

```
(base) ubuntu@ubuntu:~$ sudo  restore  -tf  /tmp/yujian.dump  | head  -n10
Dump   date: Tue Jan 18 23:21:42 2022
Dumped from: the epoch
Level 0 dump of / (dir boot) on ubuntu:/dev/sda5
Label: system
         2      .
   1310721      ./boot
   1310722      ./boot/efi
   1310723      ./boot/grub
   1310733      ./boot/grub/gfxblacklist.txt
   1310734      ./boot/grub/unicode.pf2
```

图 5-35　restore 命令查看备份文件数据

需要注意的是，如果使用 restore 命令恢复一个文件系统至原磁盘分区，可以使用命令：sudo　restore　-rf　/tmp/你的姓名.dump。

5.5　综合实例：挂载和卸载 U 盘

本综合实例使用 mount 命令挂载 U 盘、使用 umount 命令卸载 U 盘。Ubuntu 操作系统能够识别 FAT32、NTFS 和 exFAT 文件系统的 U 盘。对于 FAT32 格式 U 盘能够自动识别，但对于使用 NTFS 文件系统的 U 盘，需要使用以下命令安装：

```
sudo  apt  install  ntfs-3g
```

如果 U 盘是 exFAT(FAT64)文件系统，请使用以下命令安装：

```
sudo  apt  install  exfat-fuse  exfat-utils
```

插入 U 盘，选择“虚拟机”→“可移动设备”→“U 盘名称”→“连接(断开与主机的连接)”命令，可以看到 U 盘已经挂载成功：左侧收藏栏出现按钮，即 U 盘小图标。如果 U 盘在菜单中能够识别，但挂载后在 Ubuntu 操作系统中无法显示，则检查虚拟机设置中 USB 控制器的 USB 兼容性，选择 USB 3.1，如图 5-36 所示。

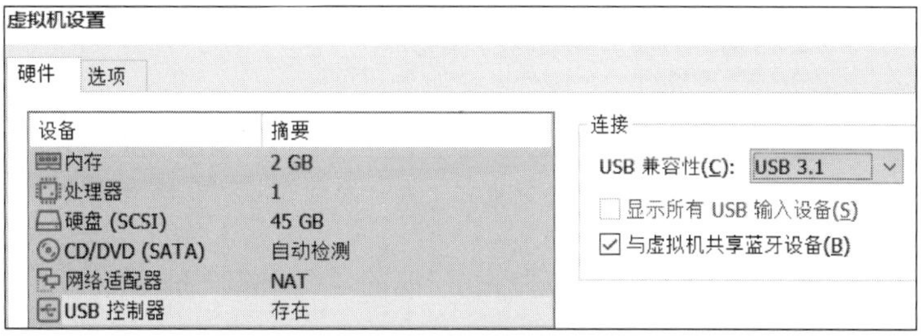

虚拟机设置

设备	摘要
内存	2 GB
处理器	1
硬盘 (SCSI)	45 GB
CD/DVD (SATA)	自动检测
网络适配器	NAT
USB 控制器	存在

连接　USB 兼容性(C): USB 3.1　显示所有 USB 输入设备(S)　与虚拟机共享蓝牙设备(B)

图 5-36　USB 兼容性设置

单击“确定”按钮后，重新启动 Ubuntu 操作系统，就能够正常显示 U 盘小图标了。然后使用命令查看 U 盘挂载后增加的磁盘分区变化，输入以下命令：

```
lsblk  | grep  sd
ls  /dev/sd*
```

以上命令的执行效果如图 5-37 所示。从图 5-37 中可以发现，插入 U 盘后，增加了块设备 sdc 和/dev/sdc1 分区。

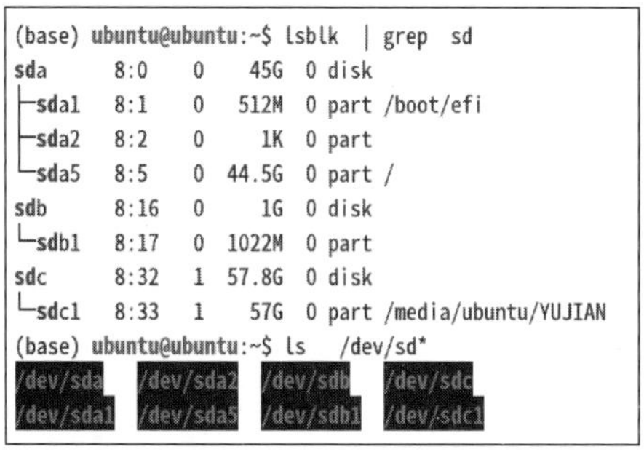

```
(base) ubuntu@ubuntu:~$ lsblk  | grep  sd
sda      8:0    0   45G  0 disk
├─sda1   8:1    0  512M  0 part /boot/efi
├─sda2   8:2    0    1K  0 part
└─sda5   8:5    0 44.5G  0 part /
sdb      8:16   0    1G  0 disk
└─sdb1   8:17   0 1022M  0 part
sdc      8:32   1 57.8G  0 disk
└─sdc1   8:33   1   57G  0 part /media/ubuntu/YUJIAN
(base) ubuntu@ubuntu:~$ ls  /dev/sd*
/dev/sda   /dev/sda2  /dev/sdb   /dev/sdc
/dev/sda1  /dev/sda5  /dev/sdb1  /dev/sdc1
```

图 5-37　U 盘挂载后增加的磁盘分区变化

U 盘被识别后，Ubuntu 操作系统默认将 U 盘挂载到“/media/登录用户名”，可以使用 ls 命令查看 U 盘挂载点的卷标和 U 盘中的文件和目录。然后，尝试将 U 盘重新挂载到“/mnt/你的学号”下。输入以下命令：

```
ls  /media/ubuntu
ls  /media/ubuntu/U 盘卷标
sudo  umount  /dev/sdc1
sudo  mkdir  /mnt/你的学号
sudo  mount  /dev/sdc1/mnt/你的学号
sudo  touch  /mnt/你的学号/你的学号.txt
```

以上命令的执行效果如图 5-38 所示。图 5-38 中显示该挂载的 U 盘的卷标为

YUJIAN,使用 umount 命令通过设备文件名/dev/sdc1 卸载 U 盘后,使用 mount 命令重新挂载到/mnt/2019119101,并创建“2019119101.txt”文件。

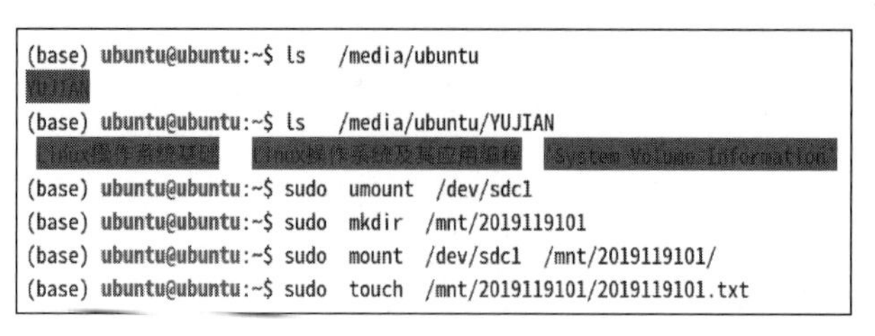

```
(base) ubuntu@ubuntu:~$ ls   /media/ubuntu
YUJIAN
(base) ubuntu@ubuntu:~$ ls   /media/ubuntu/YUJIAN
'Linux操作系统基础'  'Linux操作系统及其应用编程'  'System Volume Information'
(base) ubuntu@ubuntu:~$ sudo  umount  /dev/sdc1
(base) ubuntu@ubuntu:~$ sudo  mkdir  /mnt/2019119101
(base) ubuntu@ubuntu:~$ sudo  mount  /dev/sdc1  /mnt/2019119101/
(base) ubuntu@ubuntu:~$ sudo  touch  /mnt/2019119101/2019119101.txt
```

图 5-38　查看 U 盘挂载结果并重新挂载到“/mnt/你的学号”

接着,尝试使用 umount 通过挂载点“/mnt/你的学号”卸载 U 盘,使用 mount 重新挂载到默认目录,查看在挂载点“/mnt/你的学号”创建的文件是否存在于新的挂载点“/media/登录用户名”下。输入以下命令:

```
sudo   umount   /mnt/你的学号
sudo   mount   /dev/sdc1   /media/ubuntu
ls   /media/ubuntu/*.txt
```

以上命令的执行效果如图 5-39 所示。从图 5-39 中可以发现,原挂载点创建的“2019119101.txt”文件确实存在于新的挂载点下。

```
(base) ubuntu@ubuntu:~$ sudo   umount   /mnt/2019119101
(base) ubuntu@ubuntu:~$ sudo   mount   /dev/sdc1   /media/ubuntu
(base) ubuntu@ubuntu:~$ ls   /media/ubuntu/*.txt
/media/ubuntu/2019119101.txt
```

图 5-39　查看 U 盘在原挂载点产生的文件

需要注意的是,mount 和 umount 命令还可以挂载和卸载位于局域网的挂载点(共享目录)。这两个命令在网络共享目录上的使用实例,将在第 7 章介绍。

5.6　课后习题

一、填空题

1. 使用 ls 查看磁盘分区的命令是________或者________。
2. 查看文件系统磁盘空间情况,并且人性化显示的命令是________。
3. 使用超级用户权限,执行 gparted 分区软件的命令是________。
4. 使用超级用户权限,将第 3 个磁盘的第 1 个分区挂载到/mnt 目录上的命令是________。
5. 使用超级用户权限,查看第 5 个磁盘第 1 个分区的 UUID 的命令是________。
6. Linux 操作系统的第 2 个硬盘第 2 个逻辑分区表示为________。
7. 获取 swap 对应的绝对路径的命令是________。
8. 使用超级用户权限,暂时关闭 swap 分区的命令是________。
9. 使用超级用户权限,查看已有的交换分区空间的命令是________。
10. 修改________文件可实现软件开机自动挂载。提示:直接写绝对路径和文件名。

11. 使用超级用户权限卸载挂载点/mnt 的命令是________。

12. 查看当前的内存和交换分区情况并人性化显示的命令是________。

13. 使用 tar 命令和 gzip 压缩属性，保留文件权限，不显示压缩过程，将/boot 文件系统启动分区备份到/tmp/boot 目录下，备份文件名为 test. tar. gz，其命令是________。

14. 使用 tar 命令和 gzip 压缩属性，保留文件权限，不显示压缩过程，将文件系统备份文件 test. tar. gz 恢复到/tmp/boot 目录下，其命令是________。

15. 使用 dump 命令，将/boot 文件系统启动分区，0 级备份到/tmp/boot 目录下，备份文件名为 test. dump，其命令是________。

网络管理

本章将介绍 Linux 系统常用的网络管理命令，包括网络用户的查看、IP 地址查看和管理、网络通信和网络文件传输等命令。这些命令在 Linux 系统的服务器安装和配置中会经常使用。

6.1 网络用户查看命令

6.1.1 who 或 w 显示所有登录用户信息命令

命令功能：who 或 w 命令都能显示当前所有登录系统的用户信息。

命令语法：who 或 w。

常用参数：-H，显示各栏位的标题信息列。

【例 6-1】 who 或 w 命令显示所有登录用户信息。

输入以下命令：

```
who
who   -H
w
```

以上命令的执行效果如图 6-1 所示。从图 6-1 中可以看出，who -H 命令用标题栏方式显示了所有登录系统的用户信息，w 命令的功能相同，但显示了更多的细节。

```
(base) ubuntu@ubuntu:~$ who
ubuntu   :0          2022-01-20 09:25 (:0)
(base) ubuntu@ubuntu:~$ who -H
名称   线路       时间            备注
ubuntu   :0          2022-01-20 09:25 (:0)
(base) ubuntu@ubuntu:~$ w
 09:37:20 up  1:21,  1 user,  load average: 0.04, 0.04, 0.04
USER     TTY      来自             LOGIN@   IDLE   JCPU   PCPU WHAT
ubuntu   :0       :0               09:25   ?xdm?  44.18s  0.00s /usr/lib/gdm3/g
```

图 6-1　who 或 w 命令显示当前登录所有用户的信息

6.1.2 whoami 显示当前登录用户命令

命令功能：显示当前登录系统的用户名。

命令语法：whoami。

【例 6-2】 whoami 命令显示当前登录系统的用户名。

输入以下命令：

```
whoami
su  你的姓名
whoami
exit
whoami
```

以上命令的执行效果如图 6-2 所示。从图 6-2 中可以看出，使用 whoami 命令显示了默认的 ubuntu 用户，接着使用 su 命令切换到 yujian 用户，再执行 whoami 命令，此时显示当前登录用户为 yujian，最后使用 exit 命令回到了原用户 ubuntu。

```
ubuntu@ubuntu20:~$ whoami
ubuntu
ubuntu@ubuntu20:~$ su yujian
密码:
yujian@ubuntu20:/home/ubuntu$ whoami
yujian
yujian@ubuntu20:/home/ubuntu$ exit
exit
ubuntu@ubuntu20:~$ whoami
ubuntu
```

图 6-2 whoami 命令显示当前登录系统用户名

需要注意的是，使用前面例子中新建的"你的姓名"用户登录，如果已经删除了这个用户，可以使用命令添加"你的姓名"用户：sudo useradd -m 你的姓名；如果忘记了该用户的密码，请使用命令重置：sudo passwd 你的姓名。

6.2 ip 地址管理命令

ip 命令功能强大，用来取代已经不再维护的 ifconfig 命令。它包括了 ip a(ddress)、ip route、ip neighbor 和 ip link 等一系列子命令，分别实现 IP 地址查看和添加、路由查看、arp 表查看以及网卡信息查看和设置等功能。

6.2.1 ip a 管理 IP 地址命令

命令功能：ip a，即 ip address，查看本机 IP 地址；ip a add 添加 IP 地址命令；ip a del 命令用于删除一个 IP 地址。

命令语法：ip a [show] [网卡名]；

ip a add/del IP 地址 dev 网卡名。

【例 6-3】 ip a 命令显示本机 IP 地址。

输入以下命令：

```
ip a
```

以上命令的执行效果如图 6-3 所示。图 6-3 中，lo 表示 loopback，又称环回接口，它的 inet 地址默认为 127.0.0.1；ens33 网卡中的 inet 地址就是本机 IP 地址，它是 4 个 255 以内的十进制数。使用的 IP 地址是 C 类地址，其子网掩码为 255.255.255.0，转换成二进制表示，共有 24 个 1，8 个 0。需要注意的是，IP 地址后面的/24 表示子网掩码的 24 个 1。

```
(base) ubuntu@ubuntu:~$ ip a
1: lo: <LOOPBACK,UP,LOWER_UP> mtu 65536 qdisc noqueue state UNKNOWN group default qlen 1000
    link/loopback 00:00:00:00:00:00 brd 00:00:00:00:00:00
    inet 127.0.0.1/8 scope host lo
       valid_lft forever preferred_lft forever
    inet6 ::1/128 scope host
       valid_lft forever preferred_lft forever
2: ens33: <BROADCAST,MULTICAST,UP,LOWER_UP> mtu 1500 qdisc fq_codel state UP group default qlen
1000
    link/ether 00:0c:29:93:a6:87 brd ff:ff:ff:ff:ff:ff
    altname enp2s1
    inet 192.168.138.133/24 brd 192.168.138.255 scope global dynamic noprefixroute ens33
       valid_lft 922sec preferred_lft 922sec
    inet6 fe80::1ea7:9f5:7f50:81a8/64 scope link noprefixroute
       valid_lft forever preferred_lft forever
```

图 6-3　ip a 命令查看本机 IP 地址

如果只想显示 ens33 网卡的 IP 地址，可以使用如下命令：

```
ip  a  show  ens33
```

该命令的执行效果如图 6-4 所示。

```
(base) ubuntu@ubuntu:~$ ip  a  show  ens33
2: ens33: <BROADCAST,MULTICAST,UP,LOWER_UP> mtu 1500 qdisc fq_codel state UP group default qlen
1000
    link/ether 00:0c:29:93:a6:87 brd ff:ff:ff:ff:ff:ff
    altname enp2s1
    inet 192.168.138.133/24 brd 192.168.138.255 scope global dynamic noprefixroute ens33
       valid_lft 1706sec preferred_lft 1706sec
    inet6 fe80::1ea7:9f5:7f50:81a8/64 scope link noprefixroute
       valid_lft forever preferred_lft forever
```

图 6-4　ip a 命令查看本机 ens33 网卡 IP 地址

【例 6-4】 ip a add 命令添加 IP 地址。

本例将本机 IP 地址的最后一个十进制数改成“你的学号末两位＋100”，作为新 IP 地址，添加到本机 ens33 网卡。以学号 2019119101 为例，最后两位数字为 01，加上 100，即新 IP 地址的最后一个十进制数为 101。输入以下命令：

```
sudo  ip  a  add  IP地址/24  dev  ens33
ip  a  show  ens33
```

以上命令的执行效果如图 6-5 所示。图 6-5 中，使用超级用户权限和 ip a add 命令添加了 IP 地址：192.168.138.101。由此可以发现，ens33 网卡已经添加了新的 IP 地址，但原 IP 地址 192.168.138.133 仍然存在。

【例 6-5】 ip a del 命令删除 IP 地址。

本例将原本机 IP 地址，即 192.168.138.133 删除，再使用 ip a 命令查看当前本机 ens33 网卡 IP 地址。输入以下命令：

```
(base) ubuntu@ubuntu:~$ sudo  ip  a  add  192.168.138.101/24  dev  ens33
[sudo] ubuntu 的密码：
(base) ubuntu@ubuntu:~$ ip  a  show  ens33
2: ens33: <BROADCAST,MULTICAST,UP,LOWER_UP> mtu 1500 qdisc fq_codel state UP group default qlen
1000
    link/ether 00:0c:29:93:a6:87 brd ff:ff:ff:ff:ff:ff
    altname enp2s1
    inet 192.168.138.133/24 brd 192.168.138.255 scope global dynamic noprefixroute ens33
       valid_lft 1528sec preferred_lft 1528sec
    inet 192.168.138.101/24 scope global secondary ens33
       valid_lft forever preferred_lft forever
    inet6 fe80::1ea7:9f5:7f50:81a8/64 scope link noprefixroute
       valid_lft forever preferred_lft forever
```

图 6-5　ip a 命令为本机 ens33 网卡添加新 IP 地址

```
sudo  ip  a  del  IP地址/24  dev  ens33
ip  a  show  ens33
```

以上命令的执行效果如图 6-6 所示。图 6-6 中显示，原 IP 地址已经被删除，当前 ens33 网卡的 IP 地址只有 192.168.138.101。

```
(base) ubuntu@ubuntu:~$ sudo  ip  a  del  192.168.138.133/24  dev  ens33
[sudo] ubuntu 的密码：
(base) ubuntu@ubuntu:~$ ip  a  show  ens33
2: ens33: <BROADCAST,MULTICAST,UP,LOWER_UP> mtu 1500 qdisc fq_codel state UP group default qlen
1000
    link/ether 00:0c:29:93:a6:87 brd ff:ff:ff:ff:ff:ff
    altname enp2s1
    inet 192.168.138.101/24 scope global ens33
       valid_lft forever preferred_lft forever
    inet6 fe80::1ea7:9f5:7f50:81a8/64 scope link noprefixroute
       valid_lft forever preferred_lft forever
```

图 6-6　ip a 命令删除本机 ens33 网卡中的 IP 地址

6.2.2　ip route 查看网关 IP 地址命令

命令功能：查看当前网关的 IP 地址。也可以使用 route -n 命令，但需要安装 net -tools 软件包，可以使用 sudo apt install net -tools 命令安装。直接使用 ip route 命令则不需要另外安装软件包。

【例 6-6】　查看网关 IP 地址。

输入以下命令：

```
ip  route
route  -n
```

以上命令的执行效果如图 6-7 所示。图 6-7 中显示，当前网关 IP 地址为 192.168.138.2，dev 表示 device，即网卡设备；proto 表示 protocol，即网络协议；dhcp（Dynamic Host Configuration Protocol）表示动态主机配置协议。

```
(base) ubuntu@ubuntu:~$ ip route
default via 192.168.138.2 dev ens33 proto dhcp metric 100
169.254.0.0/16 dev ens33 scope link metric 1000
192.168.138.0/24 dev ens33 proto kernel scope link src 192.168.138.101
(base) ubuntu@ubuntu:~$ route -n
内核 IP 路由表
目标            网关            子网掩码        标志  跃点   引用  使用 接口
0.0.0.0         192.168.138.2   0.0.0.0         UG    100    0        0 ens33
169.254.0.0     0.0.0.0         255.255.0.0     U     1000   0        0 ens33
192.168.138.0   0.0.0.0         255.255.255.0   U     0      0        0 ens33
```

图 6-7　ip route 或 route -n 命令查看网关 IP 地址

6.2.3　ip link 网卡设备命令

命令功能：ip link show 命令用于显示网卡设备信息；

ip link set 命令用于设置网卡设备启动、关闭、网卡名称和最大传输单元等信息。

命令语法：ip link show　网卡设备名；

ip link set　网卡设备名[up|down|name]　[新的名称]。

【例 6-7】　ip link 命令查看和设置 ens33 网卡。

输入以下命令：

```
ip link show ens33
```

以上命令的执行效果如图 6-8 所示。从图 6-8 中可以看出，ens33 网卡的属性有广播、多播、启动、物理连接层正常(通电)，最大传输单元为 1500(以太网默认值)等。

```
(base) ubuntu@ubuntu:~$ ip  link  show  ens33
2: ens33: <BROADCAST,MULTICAST,UP,LOWER_UP> mtu 1500 qdisc fq_codel state UP mode DEFAULT group
default qlen 1000
    link/ether 00:0c:29:93:a6:87 brd ff:ff:ff:ff:ff:ff
    altname enp2s1
```

图 6-8　ip link 命令显示 ens33 网卡信息

接下来使用超级用户权限和 ip link 命令关闭 ens33 网卡，查看设置后的网卡信息，再启动。输入以下命令：

```
sudo ip link set ens33 down
ip a show ens33
sudo ip link set ens33 up
ip a show ens33
```

以上命令的执行效果如图 6-9 所示。图 6-9 中显示，关闭 ens33 网卡后，使用 ip a show 命令显示其 IP 地址为空，即没有 IP 地址；启动 ens33 网卡后，再次显示 ens33 网卡为 IP 地址 192.168.138.133。

```
(base) ubuntu@ubuntu:~$ sudo  ip  link  set  ens33  down
(base) ubuntu@ubuntu:~$ ip  a  show  ens33
2: ens33: <BROADCAST,MULTICAST> mtu 1500 qdisc fq_codel state DOWN group default qlen 1000
    link/ether 00:0c:29:93:a6:87 brd ff:ff:ff:ff:ff:ff
    altname enp2s1
(base) ubuntu@ubuntu:~$ sudo  ip  link  set  ens33  up
(base) ubuntu@ubuntu:~$ ip  a  show  ens33
2: ens33: <BROADCAST,MULTICAST,UP,LOWER_UP> mtu 1500 qdisc fq_codel state UP group default qlen
1000
    link/ether 00:0c:29:93:a6:87 brd ff:ff:ff:ff:ff:ff
    altname enp2s1
    inet 192.168.138.133/24 brd 192.168.138.255 scope global dynamic noprefixroute ens33
       valid_lft 1797sec preferred_lft 1797sec
    inet6 fe80::1ea7:9f5:7f50:81a8/64 scope link noprefixroute
       valid_lft forever preferred_lft forever
```

图 6-9　ip link 命令关闭和启动 ens33 网卡

6.2.4　nslookup 查询域名的 IP 地址命令

命令功能：查询域名的 IP 地址。

命令语法：nslookup　域名　[DNS 服务器]。

【例 6-8】　nslookup 命令查询域名的 IP 地址。

先采用默认 DNS，即域名服务器查询中华网的 IP 地址。输入以下命令：

```
nslookup  china.com
```

以上命令使用默认的域名服务器查询中华网 IP 地址，执行效果如图 6-10 所示。图 6-10 显示，中华网 IPv4 地址有两个：61.135.179.205 和 61.135.179.206，也列出了对应的 IPv6 地址。

```
ubuntu@ubuntu20:~$ nslookup   china.com
Server:         127.0.0.53
Address:        127.0.0.53#53

Non-authoritative answer:
Name:   china.com
Address: 61.135.179.205
Name:   china.com
Address: 61.135.179.206
Name:   china.com
Address: 240e:83:201:4a00:3::f3
Name:   china.com
Address: 240e:83:201:4a00:3::f4
```

图 6-10　nslookup 命令默认 DNS 查询域名 IP 地址

接下来使用指定的域名服务器查询科学网和搜狐网的 IP 地址，输入以下命令：

```
nslookup  sciencenet.cn  114.114.114.114
nslookup  sohu.com  8.8.8.8
```

以上命令采用指定的 DNS 服务器查询域名 IP 地址，执行效果如图 6-11 所示。图 6-11 中，114.114.114.114 是国内移动、电信和联通提供的 DNS 域名服务器，8.8.8.8 是谷歌提供的 DNS 域名服务器。

```
(base) ubuntu@ubuntu:~$ nslookup  sciencenet.cn  114.114.114.114
Server:         114.114.114.114
Address:        114.114.114.114#53

Non-authoritative answer:
Name:   sciencenet.cn
Address: 39.106.55.29

(base) ubuntu@ubuntu:~$ nslookup  sohu.com  8.8.8.8
Server:         8.8.8.8
Address:        8.8.8.8#53

Non-authoritative answer:
Name:   sohu.com
Address: 123.125.116.52
```

图 6-11　nslookup 命令指定 DNS 查询域名 IP 地址

6.2.5　ping 测试 IP 地址连通情况命令

命令功能：ping 命令是基于 ICMP(Internet 控制消息协议)报文协议工作的，用于测试本机与目标主机的连通性、连通速度和稳定性。

命令语法：ping [参数] [IP 地址或域名]。

常用参数：ping 命令的常用参数及其含义如表 6-1 所示。

表 6-1　ping 命令的常用参数及其含义

常用参数	含　义
-c	指定发送 ping 包的个数
-s	指定发送的 ping 包字节数，预设值是 56B 的内容＋28B 的 ICMP 报文头，共 84B；ping 包不能大于 65 535B，所以最大值为 65 535－28＝65 507B
-t	设置存活数值 TTL(Time To Live)的值，即 IP 包被路由器丢弃之前允许通过的最大网段数
-i	设置秒数，每隔几秒发送一次 ping 包，默认是 1s

【例 6-9】 ping 命令测试网关连通情况。

本例使用 ping 命令测试网关连通情况。输入以下命令：

```
ip  route
ping  网关 IP 地址
```

以上命令的执行效果如图 6-12 所示。从图 6-12 中可以看出，无参数的 ping 命令不间断地发送 ping 包测试网关连通情况，可以按 Ctrl+C 组合键结束 ping 命令进程。

接下来分别使用-c 和-s 参数指定 ping 命令的发送 ping 包的个数和大小。输入以下命令：

```
ping  -c4  网关 IP 地址
ping  -s  65535  网关 IP 地址
ping  -s  65507  网关 IP 地址
```

以上命令的执行效果如图 6-13 所示。从图 6-13 中可以看出，ping -c4 命令只发出 4 个

```
(base) ubuntu@ubuntu:~$ ip   route
default via 192.168.138.2 dev ens33 proto dhcp metric 100
169.254.0.0/16 dev ens33 scope link metric 1000
192.168.138.0/24 dev ens33 proto kernel scope link src 192.168.138.133 metric 100
(base) ubuntu@ubuntu:~$ ping 192.168.138.2
PING 192.168.138.2 (192.168.138.2) 56(84) bytes of data.
64 比特，来自 192.168.138.2: icmp_seq=1 ttl=128 时间=0.114 毫秒
64 比特，来自 192.168.138.2: icmp_seq=2 ttl=128 时间=0.541 毫秒
64 比特，来自 192.168.138.2: icmp_seq=3 ttl=128 时间=0.746 毫秒
64 比特，来自 192.168.138.2: icmp_seq=4 ttl=128 时间=0.350 毫秒
64 比特，来自 192.168.138.2: icmp_seq=5 ttl=128 时间=0.341 毫秒
64 比特，来自 192.168.138.2: icmp_seq=6 ttl=128 时间=0.672 毫秒
^C
--- 192.168.138.2 ping 统计 ---
已发送 6 个包， 已接收 6 个包, 0% 包丢失, 耗时 5076 毫秒
rtt min/avg/max/mdev = 0.114/0.460/0.746/0.215 ms
```

图 6-12　无参数 ping 命令不间断测试网关连通情况

ping 包就停止了；运行 ping -s 65535 命令时报错，显示最大 ping 包为 65 507B；输入 ping -s 65507 命令连通网关时，ping 命令正常反馈连通信息，但是反馈时间相比上一个使用默认 ping 包大小的命令大大增加了。需要注意的是，ping -s 65507 命令指定大数据包连通目标主机，可以进行网络攻击。可以按 Ctrl+C 组合键结束 ping 命令进程。

```
(base) ubuntu@ubuntu:~$ ping  -c4  192.168.138.2
PING 192.168.138.2 (192.168.138.2) 56(84) bytes of data.
64 比特，来自 192.168.138.2: icmp_seq=1 ttl=128 时间=0.557 毫秒
64 比特，来自 192.168.138.2: icmp_seq=2 ttl=128 时间=0.598 毫秒
64 比特，来自 192.168.138.2: icmp_seq=3 ttl=128 时间=0.348 毫秒
64 比特，来自 192.168.138.2: icmp_seq=4 ttl=128 时间=0.640 毫秒

--- 192.168.138.2 ping 统计 ---
已发送 4 个包， 已接收 4 个包, 0% 包丢失, 耗时 3066 毫秒
rtt min/avg/max/mdev = 0.348/0.535/0.640/0.112 ms
(base) ubuntu@ubuntu:~$ ping  -s65535  192.168.138.2
ping: packet size 65535 is too large. Maximum is 65507
(base) ubuntu@ubuntu:~$ ping  -s65507  192.168.138.2
PING 192.168.138.2 (192.168.138.2) 65507(65535) bytes of data.
65515 比特，来自 192.168.138.2: icmp_seq=1 ttl=128 时间=1.07 毫秒
65515 比特，来自 192.168.138.2: icmp_seq=2 ttl=128 时间=4.07 毫秒
65515 比特，来自 192.168.138.2: icmp_seq=3 ttl=128 时间=3.37 毫秒
65515 比特，来自 192.168.138.2: icmp_seq=4 ttl=128 时间=2.96 毫秒
65515 比特，来自 192.168.138.2: icmp_seq=5 ttl=128 时间=3.58 毫秒
^C
--- 192.168.138.2 ping 统计 ---
已发送 5 个包， 已接收 5 个包, 0% 包丢失, 耗时 4008 毫秒
rtt min/avg/max/mdev = 1.066/3.009/4.071/1.035 ms
```

图 6-13　ping 命令使用-c 和-s 参数测试网关连通情况

6.3　网络通信命令

视频讲解

6.3.1　ssh 安全远程登录命令

命令功能：ssh(Secure Shell，安全远程登录)命令是 openssh 套件中的客户端连接工具，可以使用 ssh 加密协议实现安全的远程登录服务器，实现对服务器的远程管理。

需要注意的是,本章的 scp 命令、ss 命令查看 ssh 进程等实例,以及第 9 章,同样需要安装 openssh-server 软件包。如果读者的系统没有安装该软件包,可以使用以下命令安装 openssh-server:

```
sudo apt install openssh-server
```

命令语法:ssh [选项] [用户名@服务器 IP 地址]。

命令参数:-p,指定登录端口,通常为 22。

【例 6-10】 ssh 命令安全远程登录。

本例使用已经创建的"你的姓名 1"用户远程登录本机 openssh-server 服务器。输入以下命令:

```
ssh -p 22 你的姓名 1@本机 IP 地址
pwd
exit
```

以上命令的执行效果如图 6-14 所示。

```
(base) ubuntu@ubuntu:~$ ssh  -p  22  yujian1@192.168.138.133
yujian1@192.168.138.133's password:
Welcome to Ubuntu 20.04.3 LTS (GNU/Linux 5.13.0-25-generic x86_64)

 * Documentation:  https://help.ubuntu.com
 * Management:     https://landscape.canonical.com
 * Support:        https://ubuntu.com/advantage

10 updates can be applied immediately.
9 of these updates are standard security updates.
To see these additional updates run: apt list --upgradable

Your Hardware Enablement Stack (HWE) is supported until April 2025.

The programs included with the Ubuntu system are free software;
the exact distribution terms for each program are described in the
individual files in /usr/share/doc/*/copyright.

Ubuntu comes with ABSOLUTELY NO WARRANTY, to the extent permitted by
applicable law.

$ pwd
/home/yujian1
$ exit
Connection to 192.168.138.133 closed.
```

图 6-14 ssh 命令安全远程登录本机

6.3.2 wall 和 write 发送消息命令

wall 命令功能:write all 的缩写,功能是向当前所有登录用户广播消息。

wall 命令语法:wall '消息内容'。消息内容最好使用英文,使用中文可能会乱码,并采用单引号。

write 命令功能:向指定登录用户发送消息。

write 命令语法:write 登录用户名,然后在空白处输入消息内容,按 Ctrl+D 组合键结束输入,发送消息。

【例 6-11】 wall 和 write 命令实现局域网通信。

本例使用 wall 和 write 命令使登录 Ubuntu 操作系统的用户能够接收广播消息或相互通信。首先,在虚拟机上使用 NAT 模式,同时开启两个 Ubuntu 操作系统。

在第一个 Ubuntu 操作系统中,输入以下命令:

```
ip  a  show  ens33
who
```

以上命令的执行效果如图 6-15 所示。查看第一个 Ubuntu 操作系统 IP 地址为 192.168.246.133,该系统作为服务器,当前只有一个登录用户。

```
ubuntu@ubuntu20:~$ ip  a  show  ens33
2: ens33: <BROADCAST,MULTICAST,UP,LOWER_UP> mtu 1500 qdisc fq_codel state UP
 group default qlen 1000
    link/ether 00:0c:29:86:49:f8 brd ff:ff:ff:ff:ff:ff
    altname enp2s1
    inet 192.168.246.133/24 brd 192.168.246.255 scope global dynamic noprefi
xroute ens33
       valid_lft 1206sec preferred_lft 1206sec
    inet 192.168.246.135/24 brd 192.168.246.255 scope global secondary dynam
ic ens33
       valid_lft 1672sec preferred_lft 1672sec
    inet6 fe80::7f71:27a2:831f:1bdb/64 scope link noprefixroute
       valid_lft forever preferred_lft forever
ubuntu@ubuntu20:~$ who
ubuntu   tty7         2021-12-12 10:47 (:0)
```

图 6-15 查看第一个 Ubuntu 操作系统 IP 地址

输入以下命令:

```
ssh  -p  22  ubuntu@本机 IP 地址
```

使用 ssh 命令使 ubuntu 用户登录本机 Ubuntu 操作系统,输入用户密码,如图 6-16 所示。

```
ubuntu@ubuntu20:~$ ssh -p 22 ubuntu@192.168.246.133
ubuntu@192.168.246.133's password:
Welcome to Ubuntu 20.04.3 LTS (GNU/Linux 5.11.0-41-generic x86_64)

 * Documentation:  https://help.ubuntu.com
 * Management:     https://landscape.canonical.com
 * Support:        https://ubuntu.com/advantage

6 updates can be applied immediately.
To see these additional updates run: apt list --upgradable

Your Hardware Enablement Stack (HWE) is supported until April 2025.
Last login: Sun Dec 12 16:38:07 2021 from 192.168.246.133
```

图 6-16 ssh 命令使 ubuntu 用户登录本机系统

在第二个 Ubuntu 操作系统中,输入以下命令:

```
ssh  -p  22  你的姓名@第一个 Ubuntu 操作系统 IP 地址
who
```

以上命令使用 ssh 命令使"你的姓名"用户登录第一个 Ubuntu 操作系统,并输入用户密码。可以发现有两个登录用户：ubuntu 和你的姓名，一个 tty 用户 ubuntu。执行效果如图 6-17 所示。

```
ubuntu@ubuntu20:~$ ssh -p 22  yujian@192.168.246.133
yujian@192.168.246.133's password:
Welcome to Ubuntu 20.04.3 LTS (GNU/Linux 5.11.0-41-generic x86_64)

 * Documentation:  https://help.ubuntu.com
 * Management:     https://landscape.canonical.com
 * Support:        https://ubuntu.com/advantage

6 updates can be applied immediately.
To see these additional updates run: apt list --upgradable

Your Hardware Enablement Stack (HWE) is supported until April 2025.
Last login: Sun Dec 12 16:37:09 2021 from 192.168.246.134
yujian@ubuntu20:~$ who
ubuntu   tty7         2021-12-12 10:47 (:0)
ubuntu   pts/1        2021-12-12 16:45 (192.168.246.133)
yujian   pts/2        2021-12-12 16:47 (192.168.246.134)
```

图 6-17　ssh 命令使 yujian 用户登录第一个 Ubuntu 操作系统

在第二个 Ubuntu 操作系统中，输入以下命令：

```
wall  你的姓名  login
```

该命令广播消息 yujian login，如图 6-18 所示。

```
yujian@ubuntu20:~$ wall yujian login

来自 yujian@ubuntu20 (pts/2) (Sun Dec 12 16:48:32 2021) 的广播消息:

yujian login
```

图 6-18　第二个 Ubuntu 操作系统广播消息

在第一个 Ubuntu 操作系统中可以收到如图 6-19 所示的消息。

```
ubuntu@ubuntu20:~$

来自 yujian@ubuntu20 (pts/2) (Sun Dec 12 16:48:32 2021) 的广播消息:

yujian login

ubuntu@ubuntu20:~$ ▌
```

图 6-19　第一个 Ubuntu 操作系统接收广播消息

在第一个 Ubuntu 操作系统中，直接按 Enter 键显示 $ 命令提示符，然后输入以下命令：

```
write  yujian
```

在下方空白处，输入发送内容：

```
tea?
```

然后按 Enter 键。再按 Ctrl+D 组合键结束输入，发送消息。以上命令执行效果如图 6-20 所示。

在第二个 Ubuntu 操作系统中可以收到如图 6-21 所示的消息。

```
ubuntu@ubuntu20:~$ write yujian
tea?
```

图 6-20　第一个 Ubuntu 操作系统发送消息

```
yujian@ubuntu20:~$
Message from ubuntu@ubuntu20 on pts/1 at 16:52 ...
tea?
EOF
```

图 6-21　第二个 Ubuntu 操作系统收到的消息

在第二个 Ubuntu 操作系统中，直接按 Enter 键，显示 $ 命令提示符，然后输入以下命令：

```
write  ubuntu
```

在下方空白处，输入发送内容：

```
OK
```

然后按 Enter 键。按 Ctrl+D 组合键结束输入，发送消息。以上命令执行效果如图 6-22 所示。

```
yujian@ubuntu20:~$ write ubuntu
write: ubuntu is logged in more than once; writing to pts/1
OK
```

图 6-22　第二个 Ubuntu 操作系统的回复消息

在第一个 Linux 系统中可以收到如图 6-23 所示的消息。

```
ubuntu@ubuntu20:~$
Message from yujian@ubuntu20 on pts/2 at 16:54 ...
OK
EOF
```

图 6-23　第一个 Ubuntu 操作系统收到的消息

在第一个 Linux 系统中，直接按 Enter 键，显示 $ 命令提示符，然后输入以下命令：

```
wall  go go go
```

第一个 Linux 系统广播消息 go go go。以上命令的执行效果如图 6-24 所示。

```
ubuntu@ubuntu20:~$ wall go go go

来自 ubuntu@ubuntu20 (pts/1) (Sun Dec 12 16:57:59 2021) 的广播消息:

go go go
```

图 6-24　第一个 Ubuntu 操作系统广播消息

在第一个 Linux 系统，结束 SSH 远程登录。输入以下命令：

```
exit
```

以上命令的执行效果如图 6-25 所示。

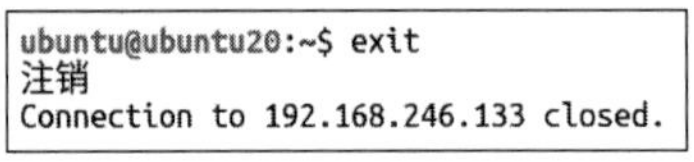

```
ubuntu@ubuntu20:~$ exit
注销
Connection to 192.168.246.133 closed.
```

图 6-25 第一个 Ubuntu 操作系统退出 SSH 登录

在第二个 Ubuntu 操作系统中收到如图 6-26 所示的广播消息。

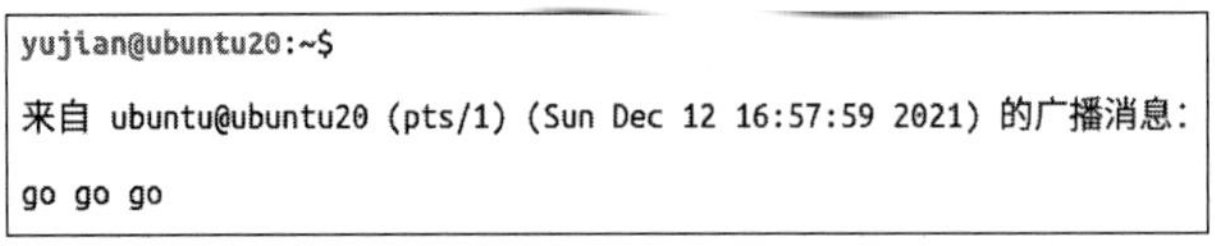

```
yujian@ubuntu20:~$

来自 ubuntu@ubuntu20 (pts/1) (Sun Dec 12 16:57:59 2021) 的广播消息:

go go go
```

图 6-26 第二个 Ubuntu 操作系统收到的广播消息

在第二个 Linux 系统中,结束 SSH 远程登录。输入以下命令:

```
exit
```

以上命令的执行效果如图 6-27 所示。

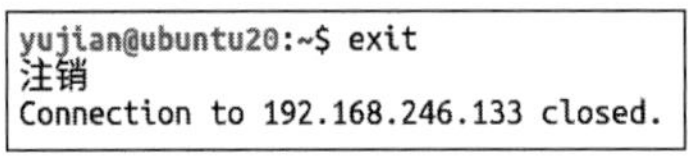

```
yujian@ubuntu20:~$ exit
注销
Connection to 192.168.246.133 closed.
```

图 6-27 第二个 Ubuntu 操作系统退出 SSH 登录

6.4 网络文件传输命令

6.4.1 wget 下载命令

命令功能:只用于下载网络文件。

命令语法:wget URL 地址。

常用参数:wget 命令的常用参数及其含义如表 6-2 所示。

表 6-2 wget 命令的常用参数及其含义

常用参数	含义
-p	指定下载目录
-p	下载所有用于显示 HTML 页面的图片等元素
-A	逗号分隔的可接收的扩展名列表
-r	表示递归下载,包括子目录
-O	指定下载后保存的文件名

【例 6-12】 wget 命令下载网站主页图片。

本例使用 nohup 和 wget 命令将科学网主页上的所有 jpg 格式图片,以后台进程方式下载到“你的姓名1”目录，将中华网主页上的所有png格式图片，以后台进程方式下载到“你的姓名2”目录。输入以下命令：

```
nohup  wget  -P  你的姓名1  -rpA  "jpg"  http://www.sciencenet.cn
tail  -n2  nohup.out
nohup  wget  -P  你的姓名2  -rpA  "png"  http://www.china.com
tail  -n2  nohup.out
```

以上命令的执行效果如图6-28所示。从图6-28中可以看出，使用wget命令和-rpA参数分别下载科学网和中华网主页的jpg和png格式图片后，使用tail命令查看nohup.out末尾两行的文件下载统计内容：在科学网共下载了192个jpg格式文件，用时35s；在中华网共下载了80个png格式文件，用时7.3s。

```
(base) ubuntu@ubuntu:~$ nohup  wget  -P  yujian1  -rpA  "jpg"  http://www.sciencenet.cn
nohup: 忽略输入并把输出追加到'nohup.out'
(base) ubuntu@ubuntu:~$ tail  -n2  nohup.out
总用时：35s
下载了：192 个文件，14s (776 KB/s) 中的 11MB
(base) ubuntu@ubuntu:~$ nohup  wget  -P  yujian2  -rpA  "png"  http://www.china.com
nohup: 忽略输入并把输出追加到'nohup.out'
(base) ubuntu@ubuntu:~$ tail  -n2  nohup.out
总用时：7.3s
下载了：80 个文件，0.6s (2.37 MB/s) 中的 1.3MB
```

图6-28　wget命令下载网站主页图片

6.4.2　curl文件传输命令

命令功能：使用URL规则进行文件传输，包括下载和上传。本节只介绍curl下载的功能，curl命令的更多功能将在第8章和第9章S中介绍。

命令语法：curl　[选项]　URL地址。

常用参数：curl命令的常用参数及其含义如表6-3所示。

表6-3　curl命令的常用参数及其含义

常用参数	含　义
-O	使用URL中默认的文件名保存在当前路径
-o	指定文件名，保存文件在当前路径
-C	对大文件使用断点续传功能
-u	指定用户名和密码
-T	指定上传的文件名

【例6-13】　curl命令下载文件。

本例将下载GNU操作系统在线手册和Anaconda3-2021.11-Linux-x86_64.sh文件。输入以下命令：

```
curl  -O  http://www.gnu.org/manual/manual.html
curl  -o  你的姓名.html  http://www.gnu.org/manual/manual.html
ls  -lh  *.html
curl  -C --O  https://repo.anaconda.com/archive/Anaconda3-2021.11-Linux-x86_64.sh
```

以上命令的执行效果如图 6-29 所示。从图 6-29 中可以看出，curl 命令使用-O 参数以默认网页名称保存文件名，使用-o 参数，指定文件名为 yujian. html，保存在当前路径；下载 Anaconda 3 安装文件时，由于该软件大小为 580. 5MB，最好使用断点续传功能。需要注意的是，curl 命令使用断点续传功能时，使用的-C 和-O 参数之间必须有一条短横线，该短横线与-O 之间要有一个空格；如果想中断下载，可以按 Ctrl+C 组合键结束 curl 命令。

```
(base) ubuntu@ubuntu:~$ curl  -O  http://www.gnu.org/manual/manual.html
  % Total    % Received % Xferd  Average Speed   Time    Time     Time  Current
                                 Dload  Upload   Total   Spent    Left  Speed
100   98KB   0   98KB   0     0  69226      0 --:--:--  0:00:01 --:--:-- 69178
(base) ubuntu@ubuntu:~$ curl  -o  yujian.html  http://www.gnu.org/manual/manual.html
  % Total    % Received % Xferd  Average Speed   Time    Time     Time  Current
                                 Dload  Upload   Total   Spent    Left  Speed
100   98KB   0   98KB   0     0  81272      0 --:--:--  0:00:01 --:--:-- 81272
(base) ubuntu@ubuntu:~$ ls -lh *.html
-rw-rw-r-- 1 ubuntu ubuntu 99K 1月  20 17:11 manual.html
-rw-rw-r-- 1 ubuntu ubuntu 99K 1月  20 17:11 yujian.html
(base) ubuntu@ubuntu:~$ curl -C - -O  https://repo.anaconda.com/archive/Anaconda3-2021.11-Linux-x86_64.sh
  % Total    % Received % Xferd  Average Speed   Time    Time     Time  Current
                                 Dload  Upload   Total   Spent    Left  Speed
  2  580M    2 17.3MB   0     0  3407KB     0  0:02:54  0:00:05  0:02:49 3419k^C
```

图 6-29 curl 命令下载文件

6.4.3 scp 安全文件复制命令

命令功能：scp 是 secure copy 的缩写，即安全文件复制。它是基于 ssh(安全远程)登录后，Linux 系统进行安全远程文件复制。scp 命令可以在 Linux 服务器之间安全地传输文件和目录，即可以上传或下载文件和目录。本节只介绍 scp 命令的上传功能，scp 命令的更多功能将在第 8 章和第 9 章中介绍。需要注意的是，需要安装 openssh--server 软件包才能使用 scp 命令。

命令语法：scp ［选项］［原路径］［目标路径］。

常用参数：scp 命令的常用参数及其含义如表 6-4 所示。

表 6-4 scp 命令的常用参数及其含义

常用参数	含义
-P	即 Port，如果连接的 SSH 端口不是 22，则使用此选项指定 SSH 端口
-p	保留文件的访问和修改时间
-C	即 Compression，在复制过程中压缩文件或目录
-c	即 cipher，将数据传输进行加密
-r	即 recursively copy，递归复制目录及其内容
-i	即 identity_file，从指定文件中读取传输时使用的密钥文件

【例 6-14】 scp 命令上传文件到服务器。

安装 openssh-server 软件包之后，本机已经创建了一个 SSH 服务器。本例将例 6-13 下载的文件和目录上传到本机的 SSH 服务器中。输入以下命令：

```
ip  a  show  ens33
scp  你的姓名.html  你的姓名1@本机 IP 地址：/home/你的姓名1
scp  -r  你的姓名1  你的姓名1@本机 IP 地址：/home/你的姓名1
```

以上命令的执行效果如图6-30所示。从图6-30中可以看出，通过ip a show ens33命令查看本机IP地址为192.168.138.133，使用scp命令和yujian1用户，分别将实例6-13中curl命令下载的yujian.html文件、yujian1目录上传到本机的SSH服务器下的/home/yujian1目录。

```
(base) ubuntu@ubuntu:~$ ip  a  show  ens33
2: ens33: <BROADCAST,MULTICAST,UP,LOWER_UP> mtu 1500 qdisc fq_codel state UP group
default qlen 1000
    link/ether 00:0c:29:93:a6:87 brd ff:ff:ff:ff:ff:ff
    altname enp2s1
    inet 192.168.138.133/24 brd 192.168.138.255 scope global dynamic noprefixroute
ens33
       valid_lft 1759sec preferred_lft 1759sec
    inet6 fe80::1ea7:9f5:7f50:81a8/64 scope link noprefixroute
       valid_lft forever preferred_lft forever
(base) ubuntu@ubuntu:~$ scp  yujian.html  yujian1@192.168.138.133:/home/yujian1
yujian1@192.168.138.133's password:
yujian.html                                  100%   99KB 128.9MB/s   00:00
(base) ubuntu@ubuntu:~$ scp -r  yujian1  yujian1@192.168.138.133:/home/yujian1
yujian1@192.168.138.133's password:
202171315184533.jpg                          100%   36KB 106.1MB/s   00:00
material.jpg                                 100%   16KB   3.4MB/s   00:00
zgkxb2022.jpg                                100%  104KB  82.0MB/s   00:00
20210119212739.jpg                           100%   30KB   7.8MB/s   00:00
```

图6-30　scp命令上传文件到服务器

6.4.4 git clone命令

命令功能：git clone命令复制一个Git仓库到本地目录，使用户能够查看和修改该项目。默认情况下，Git会按照URL所指向的项目的名称(将URL最后一个/之后的文件名作为项目名称)创建本地项目目录。复制成功后，本地当前目录会出现一个与Git仓库名相同的目录。如果想重命名为其他项目名称，可以在该命令最后加上想要改成的本地项目名。

命令语法：git　clone　[github地址]　[本地项目名]。

如果没有安装git命令，可以使用以下命令安装：

```
sudo  apt  install  git
```

【例6-15】 git clone命令下载开源项目。

本例将到GitHub网站下载一个脉冲星数据Git项目，输入以下命令：

```
git  clone  https://github.com/as595/HTRU1.git  你的姓名3
ls  -lh  你的姓名3
```

以上命令的执行效果如图6-31所示。图6-31中，使用git clone命令下载脉冲星数据Git项目，16.04MB。需要注意的是，读者在下载时可能会出现“拒绝连接”或者“无法访问”的提示，那是因为网站连接不稳定，需要多试几次才能成功。

```
(base) ubuntu@ubuntu:~$ git clone https://github.com/as595/HTRU1.git yujian3
正复制到 'yujian3'...
remote: Enumerating objects: 264, done.
remote: Total 264 (delta 0), reused 0 (delta 0), pack-reused 264
接收对象中: 100% (264/264), 16.04 MiB | 638.00 KiB/s, 完成.
处理 delta 中: 100% (158/158), 完成.
(base) ubuntu@ubuntu:~$ ls -lh yujian3
总用量 168KB
-rw-rw-r-- 1 ubuntu ubuntu   27 1月  20 18:43 _config.yml
-rw-rw-r-- 1 ubuntu ubuntu 6.2K 1月  20 18:43 htru1.py
-rw-rw-r-- 1 ubuntu ubuntu  37K 1月  20 18:43 htru1_tutorial_channel.ipynb
-rw-rw-r-- 1 ubuntu ubuntu  59K 1月  20 18:43 htru1_tutorial.ipynb
-rw-rw-r-- 1 ubuntu ubuntu 5.1K 1月  20 18:43 index.md
-rw-rw-r-- 1 ubuntu ubuntu  35K 1月  20 18:43 LICENSE
drwxrwxr-x 2 ubuntu ubuntu 4.0K 1月  20 18:43 media
-rw-rw-r-- 1 ubuntu ubuntu 5.1K 1月  20 18:43 README.md
```

图 6-31　git clone 命令下载 Git 项目

6.5　网络信息统计与监控命令

6.5.1　ss 统计网络信息命令

命令功能：统计网络信息。ss 用来统计 socket 连接信息，它可以显示和 netstat 类似的内容。ss 的优势在于它能够显示更多、更详细的有关 TCP 和连接状态的信息，而且比 netstat 更快速、更高效。

命令语法：ss [选项]。

常用参数：ss 命令的常用参数及其含义如表 6-5 所示。

表 6-5　ss 命令的常用参数及其含义

常用参数	含义
-a	即 all，所有的 socket 连接
-n	即 numeric，数字的，不去解析服务名
-t	即 TCP，显示 TCP 的 socket
-u	即 UDP，显示 UDP 的 socket
-p	即 processes，使用 socket 的进程
-w	即 raw，显示原始 socket
-l	即 listening，仅列出在监听状态的 socket
-r	即 resolve，尝试解析数字地址或端口

【例 6-16】 ss 命令统计网络信息。

本例使用 ss -antu 命令列出与 22 端口相关的所有 TCP 和 UDP 的 socket 连接信息，使用 ss -antp 命令列出进程名包含 ssh 关键字的协议信息。输入以下命令：

```
ss  -antu|grep  22
sudo  ss  -antp|grep  ssh
```

以上命令的执行效果如图 6-32 所示。从图 6-32 中可以看出，ss 命令列出了与 22 端口相关的 TCP 连接信息，没有与 22 相关的 UDP 信息；包含 ssh 关键字的进程方面，显示了监听 22 端口的进程，PID 为 1069。

```
(base) ubuntu@ubuntu:~$ ss -antu| grep 22
tcp    LISTEN 0      128                0.0.0.0:22            0.0.0.0:*

tcp    LISTEN 0      128                   [::]:22               [::]:*

(base) ubuntu@ubuntu:~$ sudo ss -antp| grep ssh
LISTEN    0      128              0.0.0.0:22            0.0.0.0:*        users:(("sshd",pid=1069,fd=3))

LISTEN    0      128                 [::]:22               [::]:*        users:(("sshd",pid=1069,fd=4))
```

图 6-32　ss 命令列出 22 端口和 ssh 协议相关网络信息

6.5.2　lsof 网络或文件进程信息命令

命令功能：lsof，list opened files，意思是列出进程打开网络端口或者文件信息。

命令语法：lsof ［选项］ 进程名；lsof ［选项］ ［：端口］。该命令通常需要拥有超级用户权限才能发挥作用，即使用 sudo lsof ［参数］ 进程名。

常用参数：-i，满足指定条件。

【例 6-17】 lsof 命令列出 TCP、UDP 和 22 端口网络信息。

本例查看 TCP 连接包含 ssh 的网络信息，UDP 连接包含 rpc 的网络信息。输入以下命令：

```
sudo  lsof  -i  tcp | grep ssh
sudo  lsof  -i  udp | grep rpc
sudo  lsof  -i: 22
```

以上命令的执行效果如图 6-33 所示。从图 6-33 中可以看出，lsof 命令列出了 TCP、UDP 和 22 端口网络信息，其中，rpcbind 是 RPC 远程调用程序，sshd 是 openssh-server 的服务进程。如果没有安装，可以使用如下命令安装：

```
sudo  apt  install  openssh-server.
```

```
(base) ubuntu@ubuntu:~$ sudo  lsof  -i tcp | grep ssh
sshd        1069              root    3u  IPv4  48373      0t0  TCP *:ssh (LISTEN)
sshd        1069              root    4u  IPv6  48375      0t0  TCP *:ssh (LISTEN)
(base) ubuntu@ubuntu:~$ sudo  lsof  -i  udp | grep rpcbind
rpcbind      848              _rpc    5u  IPv4  28028      0t0  UDP *:sunrpc
rpcbind      848              _rpc    7u  IPv6  28034      0t0  UDP *:sunrpc
(base) ubuntu@ubuntu:~$  sudo  lsof  -i:22
COMMAND  PID USER   FD   TYPE DEVICE SIZE/OFF NODE NAME
sshd    1069 root   3u   IPv4  48373      0t0  TCP *:ssh (LISTEN)
sshd    1069 root   4u   IPv6  48375      0t0  TCP *:ssh (LISTEN)
```

图 6-33　lsof 命令列出 TCP、UDP 和 22 端口网络信息

6.5.3　nethogs 实时网络流量监控命令

命令功能：nethogs 用来按进程或程序实时统计网络流量。使用 nethogs 命令时，通常需要使用超级用户权限 sudo。可以使用以下命令安装 nethogs：

```
sudo apt install nethogs.
```

命令语法：nethogs ［选项］ ［网卡名］。

常用参数：-d，指定间隔的时间，单位为 s。

【例 6-18】 nethogs 命令监控 ens33 网卡流量。

输入以下命令：

```
sudo nethogs ens33
```

打开火狐浏览器，输入网址详见前言二维码。查看 nethogs 流量监控的变化，如图 6-34 所示，send 列和 received 列显示的是按照每个进程的网络带宽(流量/秒)统计，总的收发数据带宽在最下方。按 Ctrl+C 组合键，退出 nethogs 命令。暂时不要关闭火狐浏览器。

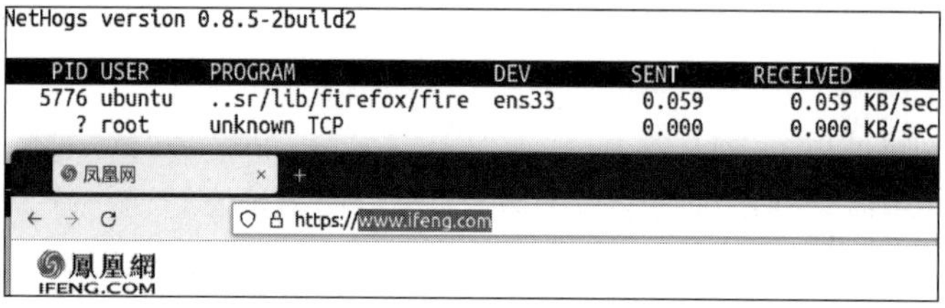
NetHogs version 0.8.5-2build2
PID USER PROGRAM DEV SENT RECEIVED
5776 ubuntu ..sr/lib/firefox/fire ens33 0.059 0.059 KB/sec
? root unknown TCP 0.000 0.000 KB/sec
凤凰网
https://www.ifeng.com
鳳凰網
IFENG.COM

图 6-34 nethogs 命令监控火狐浏览器流量

设置每秒监控一次 ens33 网卡流量，输入以下命令：

```
sudo nethogs -d 1 ens33
```

打开一个新终端，输入以下命令：

```
curl -o 你的姓名.sh
https://repo.anaconda.com/archive/Anaconda3-2021.11-Linux-x86_64.sh
```

以上命令的执行效果如图 6-35 所示。观察原来打开着 nethogs 的终端显示的 PROGRAM、SENT 和 RECEIVED 的变化。

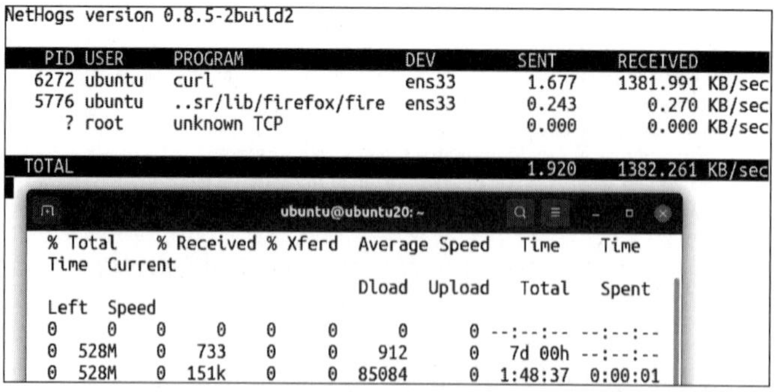
NetHogs version 0.8.5-2build2
PID USER PROGRAM DEV SENT RECEIVED
6272 ubuntu curl ens33 1.677 1381.991 KB/sec
5776 ubuntu ..sr/lib/firefox/fire ens33 0.243 0.270 KB/sec
? root unknown TCP 0.000 0.000 KB/sec
TOTAL 1.920 1382.261 KB/sec
ubuntu@ubuntu20: ~
% Total % Received % Xferd Average Speed Time Time
Time Current
Dload Upload Total Spent
Left Speed
0 0 0 0 0 0 0 0 --:--:-- --:--:--
0 528M 0 733 0 0 912 0 7d 00h --:--:--
0 528M 0 151k 0 0 85084 0 1:48:37 0:00:01

图 6-35 nethogs 命令监控 curl 下载流量

关闭打开 curl 的终端，按 Ctrl+C 组合键，退出 nethogs 命令，关闭火狐浏览器。

6.5.4 ufw 网络防火墙命令

Linux 原始的防火墙工具 iptables 过于烦琐，所以 Ubuntu 操作系统默认提供了一个基于 iptable 之上的网络防火墙命令 ufw。

命令功能：设置防火墙，控制网络协议或端口的启动、禁用。

命令语法：ufw ［动作参数］ ［in/out 方向］ ［协议名/端口］。

常用参数：ufw 命令的常用参数及其含义如表 6-6 所示。

表 6-6 ufw 命令的常用参数及其含义

常用参数	含 义
enable	启动防火墙
disable	关闭防火墙
status	查看防火墙状态
allow	允许协议或端口，或者端口/协议
deny	拒绝协议或端口，或者端口/协议
reset	重置防火墙为初始状态

【例 6-19】 ufw 命令拒绝和允许 HTTPS。

输入以下命令：

```
sudo ufw enable
sudo ufw status
sudo ufw deny https
sudo ufw status
```

以上命令执行效果如图 6-36 所示。

```
ubuntu@ubuntu20:~$ sudo ufw enable
在系统启动时启用和激活防火墙
ubuntu@ubuntu20:~$ sudo ufw status
状态: 激活
ubuntu@ubuntu20:~$ sudo ufw deny https
规则已添加
规则已添加 (v6)
ubuntu@ubuntu20:~$ sudo ufw status
状态: 激活

至                          动作          来自
-                           --            --
443/tcp                     DENY          Anywhere
443/tcp (v6)                DENY          Anywhere (v6)
```

图 6-36 ufw 命令拒绝 HTTPS

打开火狐浏览器，输入凤凰网网址，如图 6-37 所示，凤凰网无法连接。

输入以下命令：

```
sudo ufw allow https
sudo ufw status
```

以上命令的执行效果如图 6-38 所示。

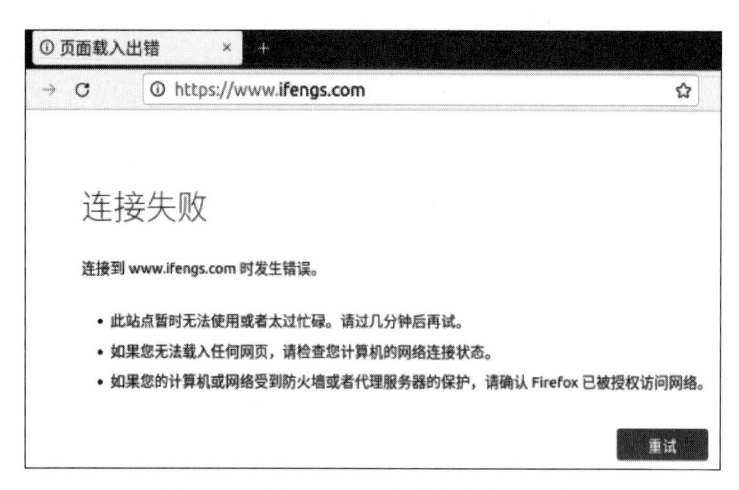

图 6-37 使用 HTTPS 的凤凰网无法连接

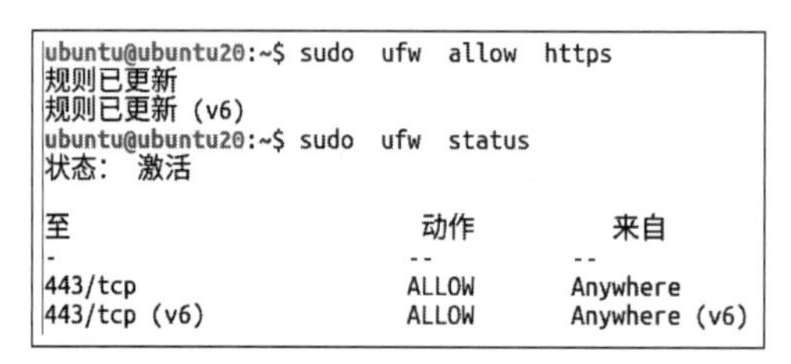

```
ubuntu@ubuntu20:~$ sudo  ufw  allow  https
规则已更新
规则已更新 (v6)
ubuntu@ubuntu20:~$ sudo  ufw  status
状态： 激活

至                          动作          来自
-                           --            --
443/tcp                     ALLOW         Anywhere
443/tcp (v6)                ALLOW         Anywhere (v6)
```

图 6-38 ufw 命令允许 HTTPS

再次输入凤凰网网址，如图 6-39 所示，此时凤凰网能够正常访问了。

图 6-39 使用 HTTPS 的凤凰网正常访问

最后重置和关闭防火墙。输入以下命令：

```
sudo  ufw  reset
sudo  ufw  disable
```

以上命令的执行效果如图 6-40 所示。

```
ubuntu@ubuntu20:~$ sudo  ufw  reset
所有规则将被重设为安装时的默认值。要继续吗 (y|n)?  y
备份 “user.rules” 至 “/etc/ufw/user.rules.20211212_152850”
备份 “before.rules” 至 “/etc/ufw/before.rules.20211212_152850”
备份 “after.rules” 至 “/etc/ufw/after.rules.20211212_152850”
备份 “user6.rules” 至 “/etc/ufw/user6.rules.20211212_152850”
备份 “before6.rules” 至 “/etc/ufw/before6.rules.20211212_152850”
备份 “after6.rules” 至 “/etc/ufw/after6.rules.20211212_152850”

ubuntu@ubuntu20:~$ sudo ufw disable
防火墙在系统启动时自动禁用
```

图 6-40 重置和关闭防火墙

6.6　课后习题

单项选择题

1. 以下为流量监控命令的是(　　)。

   A. ip a　　B. git　　C. ss　　D. nethogs

2. 以下只用于下载文件的命令是(　　)。

   A. curl　　B. scp　　C. wget　　D. ftp

3. 以下用于广播消息给登录 Ubuntu 操作系统用户的命令是(　　)。

   A. wall　　B. write　　C. mail　　D. ssh

4. 显示当前登录系统用户名的命令是(　　)。

   A. who　　B. w　　C. whoami　　D. hostname

5. 通过网站域名查询其 IP 地址的命令是(　　)。

   A. dns　　B. ping　　C. nslookup　　D. ip a

第二部分　服务器篇

第7章 Samba和NFS文件共享服务器

7.1 Samba 服务器

Samba 服务器是在 Linux 系统上实现 SMB(Server Messages Block,信息服务块)协议的一个免费软件,由服务器及客户端程序构成。Samba 服务器的主要作用是可以在局域网上,实现微软系统与 Linux 系统的互相访问。Samba 服务器有两个守护进程(smbd 和 nmbd),需要先运行它们,Samba 才能正常工作。

smbd 是 Samba 的核心服务进程,它是一种在局域网上共享文件和打印机的通信协议,主要负责建立 Linux 系统的 Samba 服务器与 Windows 系统客户端之间的对话,验证用户身份并提供对文件和打印系统的访问。只有 smbd 服务启动,才能实现文件的共享,需要监听 139 和 445 这两个 TCP 端口。

nmbd 进程是响应 NetBIOS Services Protocols 命名服务请求,例如 Windows 系统客户端请求,相当于局域网上的 DNS 域名服务器,建立网络名称与 IP 地址之间的联系,从而构建 Windows 网络邻居视图。nmbd 进程使用 137 和 138 这两个 UDP 端口。使用 Samba 之前,需要使用以下命令安装:

```
sudo apt install samba-common samba
```

以下实例中采用主机 Windows 10 系统作为客户端访问虚拟机中 Ubuntu 操作系统的 Samba 服务器,以及虚拟机中 Ubuntu 操作系统的 Samba 客户端访问主机 Windows 10 系统的共享目录。

7.1.1 查看 Samba 服务进程和端口

【例 7-1】 查看 Samba 服务器 smbd 和 nmbd 进程。

安装好 Samba 服务器后,可以通过查看服务器版本号、服务进程和服务进程端口等情况,以此判断服务器是否安装成功。本例查看 Samba 服务器的 smbd 和 nmbd 进程。首先,查看 Samba 服务器核心进程 smbd 的使用情况。输入以下命令:

```
samba -V
ps -e | grep smbd
sudo ss -antp | grep smbd
sudo lsof -i: 139
sudo lsof -i: 445
```

以上命令执行效果如图 7-1 所示。从图 7-1 中可以看出，Samba 版本号是 4.13.14；smbd 服务器进程已经启动，进程 ID 是 1230，smbd-notifyd 的通知进程 ID 是 1304；使用 ss -antp 命令列出所有的(-a)、数字的(-n)、TCP 的(-t)、进程的(-p)socket 连接，查看到 Samba 使用的 PID 是 1230 和端口 139 和 445；使用 lsof 命令查看 139 和 445 这两个 TCP 端口的使用情况，显示 smbd 进程 root 用户正在使用。

```
(base) ubuntu@ubuntu:~$ samba  -V
Version 4.13.14-Ubuntu
(base) ubuntu@ubuntu:~$ ps  -e  | grep  smbd
   1230 ?        00:00:00 smbd
   1249 ?        00:00:00 smbd-notifyd
(base) ubuntu@ubuntu:~$ sudo  ss  -antp | grep  smbd
LISTEN    0       50             0.0.0.0:139            0.0.0.0:*        users:
(("smbd",pid=1230,fd=49))
LISTEN    0       50             0.0.0.0:445            0.0.0.0:*        users:
(("smbd",pid=1230,fd=48))
LISTEN    0       50                [::]:139               [::]:*        users:
(("smbd",pid=1230,fd=47))
LISTEN    0       50                [::]:445               [::]:*        users:
(("smbd",pid=1230,fd=46))
(base) ubuntu@ubuntu:~$ sudo  lsof  -i:139
COMMAND  PID USER   FD   TYPE DEVICE SIZE/OFF NODE NAME
smbd    1230 root  47u  IPv6  52050      0t0  TCP *:netbios-ssn (LISTEN)
smbd    1230 root  49u  IPv4  52052      0t0  TCP *:netbios-ssn (LISTEN)
(base) ubuntu@ubuntu:~$ sudo  lsof  -i:445
COMMAND  PID USER   FD   TYPE DEVICE SIZE/OFF NODE NAME
smbd    1230 root  46u  IPv6  52049      0t0  TCP *:microsoft-ds (LISTEN)
smbd    1230 root  48u  IPv4  52051      0t0  TCP *:microsoft-ds (LISTEN)
```

图 7-1　查看 Samba 服务器 smbd 进程

然后，查看 nmbd 进程的使用情况。输入以下命令：

```
sudo  ss  -anup | grep  nmbd
sudo  lsof  -i: 137
sudo  lsof  -i: 138
```

以上命令执行效果如图 7-2 所示。从图 7-2 中可以看出，nmbd 进程 ID 是 1304；ss -anup

```
(base) ubuntu@ubuntu:~$ sudo  ss  -anup | grep  nmbd
[sudo] ubuntu 的密码：
UNCONN  0       0          192.168.138.255:137            0.0.0.0:*
 users:(("nmbd",pid=7953,fd=16))
UNCONN  0       0          192.168.138.133:137            0.0.0.0:*
 users:(("nmbd",pid=7953,fd=15))
UNCONN  0       0                0.0.0.0:137              0.0.0.0:*
 users:(("nmbd",pid=7953,fd=13))
UNCONN  0       0          192.168.138.255:138            0.0.0.0:*
 users:(("nmbd",pid=7953,fd=18))
UNCONN  0       0          192.168.138.133:138            0.0.0.0:*
 users:(("nmbd",pid=7953,fd=17))
UNCONN  0       0                0.0.0.0:138              0.0.0.0:*
 users:(("nmbd",pid=7953,fd=14))
(base) ubuntu@ubuntu:~$ sudo  lsof  -i:137
COMMAND  PID USER   FD   TYPE DEVICE SIZE/OFF NODE NAME
nmbd    7953 root  13u  IPv4 137790      0t0  UDP *:netbios-ns
nmbd    7953 root  15u  IPv4 137803      0t0  UDP ubuntu:netbios-ns
nmbd    7953 root  16u  IPv4 137804      0t0  UDP 192.168.138.255:netbios-ns
(base) ubuntu@ubuntu:~$ sudo  lsof  -i:138
COMMAND  PID USER   FD   TYPE DEVICE SIZE/OFF NODE NAME
nmbd    7953 root  14u  IPv4 137791      0t0  UDP *:netbios-dgm
nmbd    7953 root  17u  IPv4 137805      0t0  UDP ubuntu:netbios-dgm
nmbd    7953 root  18u  IPv4 137806      0t0  UDP 192.168.138.255:netbios-dgm
```

图 7-2　查看 Samba 服务器 nmbd 进程

命令列出所有的(a)、数字的(n)、UDP 的(u)、PID 的(p)连接,查看到 nmbd 进程使用的 PID 是 7953 和端口 137 和 138;使用 lsof 命令查看 137 和 138 这两个 UDP 端口的使用情况,显示 smbd 进程 root 用户正在使用。其中,192.168.138.133 是本机 IP 地址,192.168.138.255 是广播地址。

7.1.2　smbpasswd 用户和密码管理命令

命令功能:smbpasswd 命令具有添加 Samba 服务器用户,设置密码 Samba 服务器用户,删除、禁用用户和密码置空等功能。

命令语法:smbpasswd　[选项]　用户名。使用时,通常需要超级用户权限。

常用参数:smbpasswd 命令的常用参数及其含义如表 7-1 所示。

表 7-1　smbpasswd 命令的常用参数及其含义

常用参数	含义
-a	添加用户,并根据提示设置密码。需要注意的是,添加的访问 Samba 服务器用户,必须是在当前 Linux 系统中已经存在的用户
-x	删除用户
-d	禁用用户
-n	密码置空

【例 7-2】　创建 Samba 服务器用户并设置密码。

由于添加的 Samba 服务器用户必须是 Linux 系统用户,因此本例首先创建"你的姓名"和"a 你的学号"两个 Linux 系统用户,使用-m 参数创建这两个用户对应的用户主目录。这两个 Linux 系统用户就是访问 Samba 服务器的用户,它们的用户主目录就是登录 Samba 服务器能够访问的目录。

然后,对创建的用户再采用 smbpasswd 命令分别添加并设置用户访问 Samba 服务器的密码。输入以下命令:

```
sudo  useradd  -m  你的姓名
sudo  useradd  -m  a你的学号
sudo  smbpasswd  -a  你的姓名
sudo  smbpasswd  -a  a你的学号
```

以上命令执行效果如图 7-3 所示。

```
(base) ubuntu@ubuntu:~$ sudo  useradd  -m  yujian
(base) ubuntu@ubuntu:~$ sudo  useradd  -m  a2019119101
(base) ubuntu@ubuntu:~$ sudo  smbpasswd  -a  yujian
New SMB password:
Retype new SMB password:
Added user yujian.
(base) ubuntu@ubuntu:~$ sudo  smbpasswd  -a  a2019119101
New SMB password:
Retype new SMB password:
Added user a2019119101.
```

图 7-3　创建 Samba 服务器用户并设置密码

需要注意的是，如果已经添加了 Samba 服务器用户，但在使用过程中忘记了密码，可以直接使用命令"mbpasswd 用户名"直接修改用户密码。

7.1.3 设置 Samba 服务器用户的目录权限

【例 7-3】 设置 Samba 服务器用户的目录权限。

本例为登录 Samba 服务器用户的目录设置权限，为了后续测试方便，两个访问用户的主目录的权限为 777。输入以下命令：

```
sudo  chmod  777  /home/你的姓名
sudo  chmod  777  /home/a你的学号
sudo  touch  /home/你的姓名/你的姓名.py
sudo  touch  /home/a你的学号/a你的学号.py
```

以上命令执行效果如图 7-4 所示。从图 7-4 中可以看出，设置了两个登录用户的主目录权限为 777，即可读、可写、可执行，并分别创建了以用户名命令的空文件，方便后续登录识别。

```
(base) ubuntu@ubuntu:~$ sudo  chmod  777  /home/yujian
[sudo] ubuntu 的密码：
(base) ubuntu@ubuntu:~$ sudo  chmod  777  /home/a2019119101
(base) ubuntu@ubuntu:~$ sudo  touch  /home/yujian/yujian.py
(base) ubuntu@ubuntu:~$ sudo  touch  /home/a2019119101/a2019119101.py
```

图 7-4 设置 Samba 服务器用户主目录权限

7.1.4 修改 Samba 服务器配置文件

Samba 服务器配置文件是/etc/samba/smb.conf。smb.conf 含有多个段，每个段由段名开始，直到下个段名。每个段名放在方括号中间。段名是共享资源的名字，段里的参数是该共享资源的属性。每段的参数的格式是：名称=设置。Samba 服务器配置文件的主要共享参数及其作用如表 7-2 所示。

表 7-2 Samba 服务器配置文件的主要共享参数及其作用

常用参数	含义
comment=任意字符串	对该共享的描述
path=共享目录路径	指定共享目录的路径。如例 7-3 中的/home/你的姓名，/home/a2019119101
browseable=yes/no	指定该共享是否可以浏览
writable=yes/no	指定该共享路径是否可写
available=yes/no	指定该共享资源是否可用
admin users=访问共享资源的管理者	指定该共享资源的管理员(具有完全控制权限)
valid users=允许访问共享资源的用户	指定允许访问该共享资源的用户，多个用户可以用逗号隔开
invalid users=禁止访问共享资源的用户	指定禁止访问该共享资源的用户，多个用户可以用逗号隔开
write list=允许写入该共享资源的用户	指定允许写入该共享资源的用户，多个用户可以用逗号隔开
public=yes/no	指定该共享资源是否允许 guest 账户访问
guest ok=yes/no	指定该共享资源是否允许 guest 账户访问，与 public 功能相同

【例 7-4】　修改 Samba 服务器配置文件共享参数。

```
sudo  gedit  /etc/samba/smb.conf
```

在打开的配置文件末尾，按 Enter 键换行，输入以下“你的姓名”和“a 你的学号”两个用户的配置内容：

```
[你的姓名]
comment = Linux Share
path = /home/你的姓名
browseable = yes
writable = yes
available = yes
guest ok = no
valid users = 你的姓名

[a 你的学号]
comment = Linux Share
path = /home/a 你的学号
browseable = yes
writable = yes
available = yes
guest ok = no
valid users = a 你的学号
```

保存并关闭配置文件。需要注意的是，要将这个配置文件中的“你的姓名”和“a 你的学号”修改为自己的信息，与例 7-3 所创建的目录相对应。这样，当用户登录时，就能够自动跳转到对应的目录上了。修改配置文件的执行效果如图 7-5 所示。

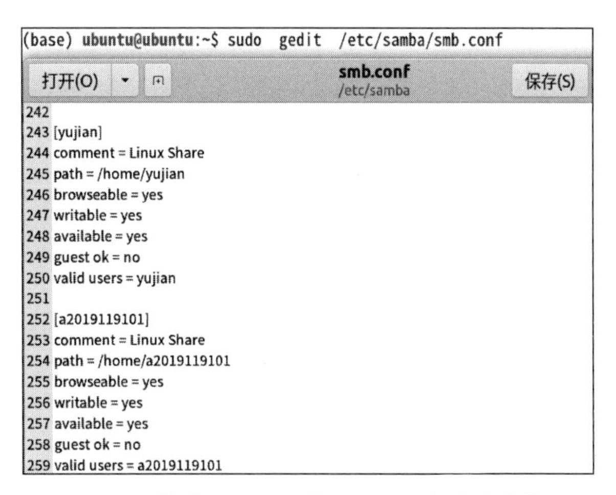

图 7-5　修改 Samba 服务器配置文件共享参数

可以使用 testparm 命令检查 smb.conf 配置是否正确，输入以下命令：

```
testparm
```

以上命令的执行效果如图 7-6 所示。图 7-6 中显示了 Loaded services file OK，即表示配置正确。

```
(base) ubuntu@ubuntu:~$ testparm
Load smb config files from /etc/samba/smb.conf
Loaded services file OK.
Weak crypto is allowed
Server role: ROLE_STANDALONE

Press enter to see a dump of your service definitions

[yujian]
        comment = Linux Share
        path = /home/yujian
        read only = No
        valid users = yujian


[a2019119101]
        comment = Linux Share
        path = /home/a2019119101
        read only = No
        valid users = a2019119101
```

图 7-6 testparm 命令检查 smb.conf 配置

修改 Samba 服务器配置文件后，需要重启 Samba 服务器才能使配置生效。重启 Samba 服务器并查看服务进程是否正常启动，输入以下命令：

```
sudo  service  smbd  restart
ps  -e | grep  smbd
pgrep  smbd
sudo  service  nmbd  restart
ps  -e | grep  nmbd
pgrep  nmbd
```

以上命令的执行效果如图 7-7 所示。图 7-7 中，采用系统服务 service 命令重启 Samba 服务器，对比图 7-1 和图 7-2 可以发现，重启 Samba 服务器后，smbd 和 nmbd 的进程 ID 改变了。其中，pgrep 命令只显示指定进程名的 PID 号。

```
(base) ubuntu@ubuntu:~$ sudo  service  smbd  restart
(base) ubuntu@ubuntu:~$ ps  -e | grep  smbd
   9279 ?        00:00:00 smbd
   9281 ?        00:00:00 smbd-notifyd
(base) ubuntu@ubuntu:~$ pgrep  smbd
9279
9281
(base) ubuntu@ubuntu:~$ sudo  service  nmbd  restart
(base) ubuntu@ubuntu:~$ ps  -e | grep  nmbd
   9295 ?        00:00:00 nmbd
(base) ubuntu@ubuntu:~$ pgrep  nmbd
9295
```

图 7-7 重启 Samba 服务器

7.1.5 Windows 访问 Linux 的 Samba 服务器

【例 7-5】 Windows 10 访问 Samba 服务器。

（1）测试 Samba 服务器连通情况。

首先查看 Samba 服务器的 IP 地址，即本机的 IP 地址。在 Ubuntu 操作系统终端输入以下命令：

```
ip  ashow  ens33
```

如上命令的执行效果如图 7-8 所示。图 7-8 显示 Samba 服务器 IP 地址为 192.168.138.133。

```
(base) ubuntu@ubuntu:~$ ip  a  show  ens33
2: ens33: <BROADCAST,MULTICAST,UP,LOWER_UP> mtu 1500 qdisc fq_codel state UP gro
up default qlen 1000
    link/ether 00:0c:29:93:a6:87 brd ff:ff:ff:ff:ff:ff
    altname enp2s1
    inet 192.168.138.133/24 brd 192.168.138.255 scope global dynamic noprefixrou
te ens33
       valid_lft 1171sec preferred_lft 1171sec
    inet6 fe80::1ea7:9f5:7f50:81a8/64 scope link noprefixroute
       valid_lft forever preferred_lft forever
```

图 7-8　Samba 服务器 IP 地址

在 Windows 10 系统中按 win+R 组合键，打开“运行”对话框，在该对话框中的文本框中输入 cmd 进入命令行，输入以下命令：

```
ping  Samba 服务器 IP 地址
```

如上命令的执行效果如图 7-9 所示。从图 7-9 中可以看出，Windows 10 系统连通 Samba 服务器 IP 地址情况正常。如果能连通则进入下面步骤，否则需要检查网络连接状况，并根据网络环境设置虚拟机的网络设置为 NAT 模式或桥接模式。

```
(base) C:\Users\Administrator>ping 192.168.138.133

正在 Ping 192.168.138.133 具有 32 字节的数据:
来自 192.168.138.133 的回复: 字节=32 时间<1ms TTL=64
来自 192.168.138.133 的回复: 字节=32 时间<1ms TTL=64
来自 192.168.138.133 的回复: 字节=32 时间<1ms TTL=64
来自 192.168.138.133 的回复: 字节=32 时间=1ms TTL=64

192.168.138.133 的 Ping 统计信息:
    数据包: 已发送 = 4, 已接收 = 4, 丢失 = 0 (0% 丢失),
往返行程的估计时间(以毫秒为单位):
    最短 = 0ms, 最长 = 1ms, 平均 = 0ms
```

图 7-9　Windows 系统测试连通 Samba 服务器

（2）使用“你的姓名”用户访问 Samba 服务器。

在 Windows 10 系统中，选择桌面上或者资源浏览器中的“我的电脑”，右击，在弹出的快捷菜单中选择“映射网络驱动器”选项，在弹出的“映射网络驱动器”对话框中默认选择“驱动器”为 Z 盘（可以修改为其他盘符），选中“登录时重新连接”和“使用其他凭据连接”复选框，并在“文件夹”文本框中输入地址：

```
\\Samba 服务器 IP 地址\你的姓名
```

单击“完成”按钮，使用“你的姓名”用户和密码登录访问 Samba 服务器，单击“确定”按钮，注意需要再确认一次才能成功登录。以上操作执行效果如图 7-10 和图 7-11 所示。

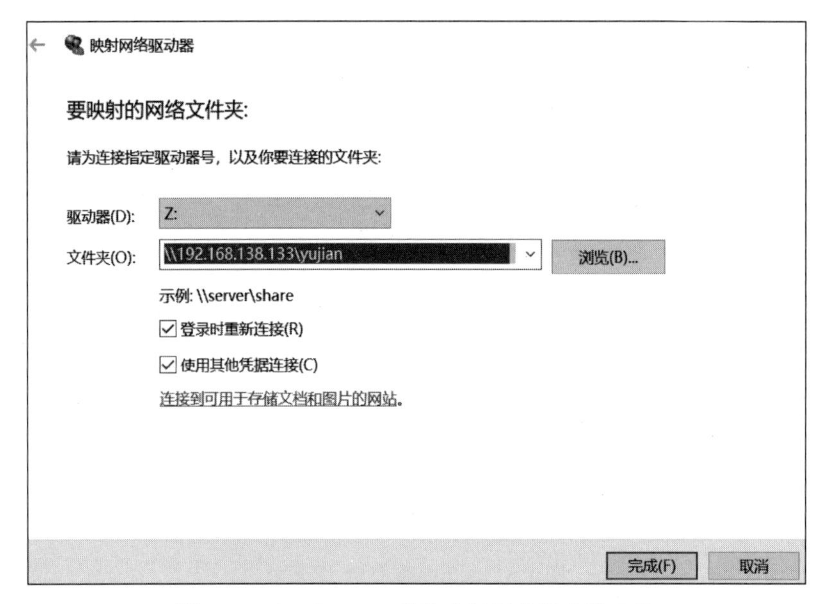

图 7-10　Windows 10 系统映射网络驱动器 Z 盘

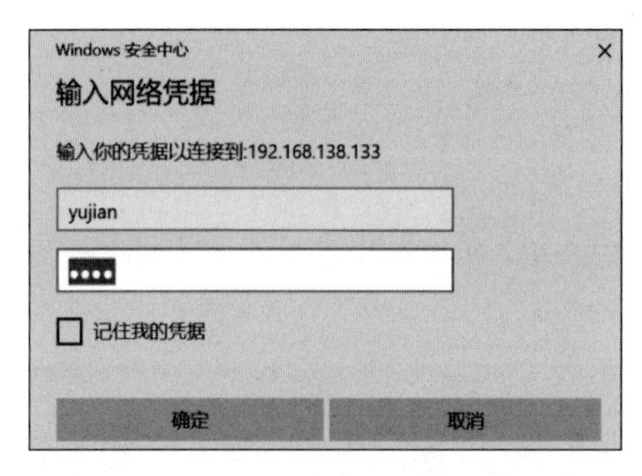

图 7-11　yujian 用户登录 Samba 服务器

成功登录后，打开“我的电脑”的 Z 盘，查看是否显示“你的姓名.py”。在 Z 盘的空白处右击，新建文件“你的姓名.html”。注意，需要修改为.html 扩展名。以上操作的执行效果如图 7-12 所示。

图 7-12　Windows 系统的 Z 盘

在 Ubuntu 操作系统终端，输入以下命令：

```
ls  /home/你的姓名
```

如上命令的执行效果如图 7-13 所示。

```
(base) ubuntu@ubuntu:~$ ls /home/yujian
yujian.html  yujian.py
```

图 7-13　Ubuntu 操作系统 yujian 用户主目录

(3) 使用"a 你的学号"用户访问 Samba 服务器。

在 Windows 10 系统中，打开"资源浏览器"或者"我的电脑"，然后右击"Z 盘"，在弹出的快捷菜单中选择"断开连接"选项；再右击"我的电脑"，在弹出的快捷菜单中选择"映射网络驱动器"选项，在弹出的"映射网络驱动器"对话框中选择"驱动器"为 Y 盘(可以修改为其他盘符)，选中"登录时重新连接"和"使用其他凭据连接"复选框，并在"文件夹"文本框中输入地址：

```
\\Samba 服务器 IP 地址\a 你的学号
```

单击"完成"按钮，使用"a 你的学号"用户和密码登录访问 Samba 服务器，单击"确定"按钮后，注意需要再确认一次才能成功登录。以上操作的执行效果如图 7-14 和图 7-15 所示。

图 7-14　Windows 10 系统映射网络驱动器 Y 盘

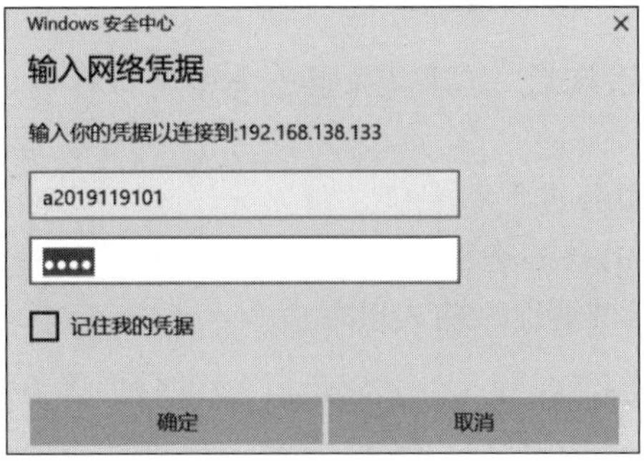

图 7-15　a2019119101 用户登录 Samba 服务器

成功登录后，打开“我的电脑”的 Y 盘，查看是否显示“a 你的学号. py”。在 Y 盘的空白处右击，新建文件“你的学号 html”，注意需要修改为. html 扩展名。以上操作的执行效果如图 7-16 所示。

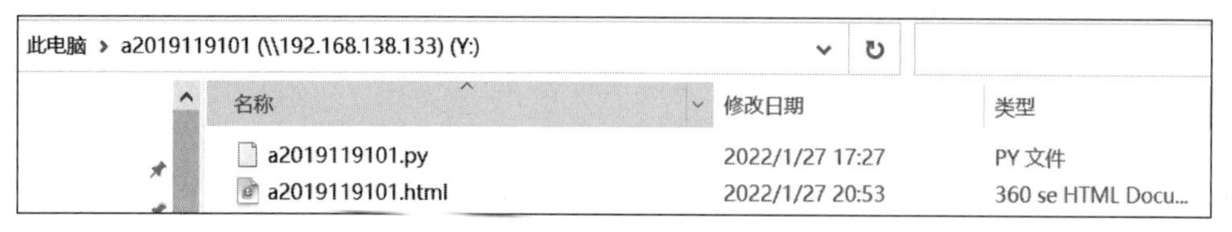

图 7-16 Ubuntu 操作系统 yujian 用户主目录

在 Ubuntu 操作系统终端输入以下命令：

```
ls  /home/a你的学号
```

如上命令的执行效果如图 7-17 所示。

```
(base) ubuntu@ubuntu:~$ ls /home/a2019119101
a2019119101.html  a2019119101.py
```

图 7-17 Ubuntu 操作系统 a2019119101 用户主目录

视频讲解

7.2 NFS 服务器

NFS 服务器可以通过网络让不同机器、不同系统之间实现文件共享。通过 NFS 可以访问远程共享目录，就像访问本地磁盘一样。NFS 只是一种文件系统，本身并没有传输功能，是基于 RPC(远程过程调用)协议实现通信的，采用 C/S 架构。

使用 NFS 服务器之前需要使用以下命令安装：

```
sudo  apt  update                              #更新软件列表
sudo  apt  install  nfs-kernel-server          #安装 NFS 服务器端
sudo  apt  install  nfs-common                 #安装 NFS 客户端
```

7.2.1 查看 NFS 服务进程和端口

安装好 NFS 网络文件系统后，需要查看服务进程是否开启，以此判断服务器是否安装成功。

【例 7-6】 查看 NFS 服务进程和端口。

本例查看 NFS 服务器的核心进程 nfsd 是否启动，RPC 服务进程 rpcbind 的启动情况，以及 rpcbind 使用的 111 端口情况。输入以下命令：

```
ps  -e | grep  nfsd
sudo  ss  -antup | grep  rpcbind
sudo  lsof  -i: 111
```

以上命令的执行效果如图 7-18 所示。由于 NFS 是基于 RPC 服务实现通信的，RPC 同时使用 TCP 和 UDP 传输数据，因此，使用 ss -antup 命令列出所有的(-a)、数字的(-n)、TCP 的(-t)、UDP 的(-u)、进程的(-p)socket 连接，查看 rpcbind 进程使用的端口和 PID。

```
(base) ubuntu@ubuntu:~$ ps  -e | grep  nfsd
   1334 ?        00:00:00 nfsd
   1340 ?        00:00:00 nfsd
   1345 ?        00:00:00 nfsd
   1346 ?        00:00:00 nfsd
   1352 ?        00:00:00 nfsd
   1354 ?        00:00:00 nfsd
   1362 ?        00:00:00 nfsd
   1369 ?        00:00:00 nfsd
(base) ubuntu@ubuntu:~$ sudo  ss  -antup | grep  rpcbind
udp   UNCONN 0      0              0.0.0.0:111           0.0.0.0:*
users:(("rpcbind",pid=849,fd=5),("systemd",pid=1,fd=32))
udp   UNCONN 0      0                 [::]:111              [::]:*
users:(("rpcbind",pid=849,fd=7),("systemd",pid=1,fd=34))
tcp   LISTEN 0      4096           0.0.0.0:111           0.0.0.0:*
users:(("rpcbind",pid=849,fd=4),("systemd",pid=1,fd=31))
tcp   LISTEN 0      4096              [::]:111              [::]:*
users:(("rpcbind",pid=849,fd=6),("systemd",pid=1,fd=33))
(base) ubuntu@ubuntu:~$ sudo  lsof   -i:111
COMMAND PID USER   FD   TYPE DEVICE SIZE/OFF NODE NAME
systemd   1 root  31u  IPv4  26802      0t0  TCP *:sunrpc (LISTEN)
systemd   1 root  32u  IPv4  26803      0t0  UDP *:sunrpc
systemd   1 root  33u  IPv6  26806      0t0  TCP *:sunrpc (LISTEN)
systemd   1 root  34u  IPv6  26809      0t0  UDP *:sunrpc
rpcbind 849 _rpc   4u  IPv4  26802      0t0  TCP *:sunrpc (LISTEN)
rpcbind 849 _rpc   5u  IPv4  26803      0t0  UDP *:sunrpc
rpcbind 849 _rpc   6u  IPv6  26806      0t0  TCP *:sunrpc (LISTEN)
rpcbind 849 _rpc   7u  IPv6  26809      0t0  UDP *:sunrpc
```

图 7-18　查看 NFS 服务进程和端口

7.2.2　创建 NFS 服务器访问目录并设置权限

【例 7-7】　创建 NFS 访问目录并设置权限。

本例创建目录/nfs 作为 NSF 服务器的访问目录，并设置权限为 777；在/nfs 上创建"你的姓名"文件夹和"你的姓名.txt"文件。输入以下命令：

```
sudo  mkdir  -p  /nfs/你的姓名
sudo  chmod  777  /nfs
sudo  touch  /nfs/你的姓名.txt
```

以上命令的执行效果如图 7-19 所示。

```
(base) ubuntu@ubuntu:~$ sudo  mkdir  -p  /nfs/
[sudo] ubuntu 的密码：
(base) ubuntu@ubuntu:~$ sudo  mkdir  -p  /nfs/yujian
[sudo] ubuntu 的密码：
(base) ubuntu@ubuntu:~$ sudo  chmod  777  /nfs
(base) ubuntu@ubuntu:~$ sudo  touch  /nfs/yujian.txt
```

图 7-19　查看 NFS 服务进程和端口

7.2.3 修改 NFS 服务器配置文件

NFS 服务器配置文件/etc/exports 的内容比较简单。NFS 服务器配置文件参数及其含义如表 7-3 所示。

表 7-3 NFS 服务器配置文件参数及其含义

常用参数	含义
ro	只读
rw	读写
sync	同步,即同时将数据写入内存与硬盘中,以免丢失数据
async	异步,即优先将数据保存到内存,然后再写入硬盘,这样效率较高,但可能丢失数据
root_squash	当 NFS 客户端以 root 用户访问时,映射为匿名用户
no_root_squash	当 NFS 客户端以 root 用户访问时,映射为 root 用户
all_squash	无论 NFS 客户端使用什么账户访问,均映射为匿名用户

另外,Linux 系统提供了 showmount 命令,用于显示 NFS 共享资源,其常用参数及其含义如表 7-4 所示。

表 7-4 showmount 命令参数及其含义

常用参数	含义
-e	显示 NFS 服务器的共享列表
-a	显示所有挂载的资源情况,包括本机的和远程的 NFS 服务器资源情况
-v	显示版本号

【例 7-8】 修改 NFS 服务器配置文件。

本例首先通过本机 IP 地址确定当前网段,然后通过 nano 命令修改 NFS 服务器配置文件,限定访问 NFS 服务器范围为当前网段。输入以下命令:

```
ip a show ens33
```

以上命令的执行效果如图 7-20 所示。首先,查看 NFS 服务器 IP 地址(本机 IP 地址)为 192.168.138.133。通常使用的 IP 地址都是 C 类地址,那么 IP 地址的前 3 个十进制数字为所在网段,可以发现,取该 IP 地址前三个数字为网段:192.168.138。

```
(base) ubuntu@ubuntu:~$ ip a show ens33
2: ens33: <BROADCAST,MULTICAST,UP,LOWER_UP> mtu 1500 qdisc fq_codel state UP group
default qlen 1000
    link/ether 00:0c:29:93:a6:87 brd ff:ff:ff:ff:ff:ff
    altname enp2s1
    inet 192.168.138.133/24 brd 192.168.138.255 scope global dynamic noprefixroute
ens33
       valid_lft 1667sec preferred_lft 1667sec
    inet6 fe80::1ea7:9f5:7f50:81a8/64 scope link noprefixroute
       valid_lft forever preferred_lft forever
```

图 7-20 NFS 服务器 IP 地址

然后，编辑/etc/exports 配置文件。需要注意的是，Ubuntu 20.04 版本的操作系统可以使用 gedit 命令编辑 NFS 配置文件，Ubuntu 18.04 和 Ubuntu 16.04 版本的操作系统则需要使用 nano 命令。输入以下命令：

```
sudo  gedit  /etc/exports
```

将光标移动到该文件的最后一行，按 Enter 键换行，追加以下内容：

```
/nfs  所在网段.*(rw,sync,no_root_squash)
```

以上命令将设置/nfs 为 NFS 服务器共享目录（注意这句配置前面不能有#号，它是注释符号）。读者需要按照 NFS 服务器 IP 地址修改所在网段，限制访问的主机必须位于 NFS 服务器 IP 地址所在网段，即同一个局域网。以上命令的执行效果如图 7-21 所示。

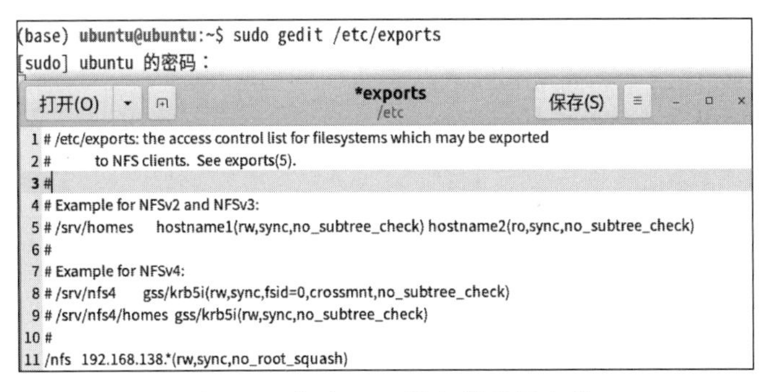

图 7-21　修改 NFS 服务器配置文件

保存并关闭 gedit 窗口。修改 NFS 服务器配置后，需要重启 NFS 服务器才能使配置文件生效。输入以下命令：

```
sudo  service  nfs-kernel-server  restart
```

7.2.4　Linux 系统挂载 NFS 服务器

在挂载 NFS 服务器共享目录时，默认选项包括文件锁，依赖于 portmap 提供的动态端口分配功能，因此需要解锁，一般直接在指令中加上-o nolock。

【例 7-9】 挂载 NFS 服务器共享目录。

本例使用 mount 命令将 NFS 服务器 IP 地址上的共享目录/nfs 挂载到/mnt 上。注意需要使用-t 参数指明挂载的文件系统是 nfs。输入以下命令：

```
sudo  mount  -t  nfs  NFS服务器IP地址:/nfs  /mnt  -o  nolock
showmount  -e
ls  /mnt
ls  /nfs
sudo  touch  /mnt/你的学号.txt
ls  /mnt
ls  /nfs
```

以上命令的执行效果如图 7-22 所示。图 7-22 中显示了当前挂载 NFS 服务器的共享资源是/nfs 目录,访问范围是 192.168.138. * 。将 NFS 服务器共享资源目录挂载到/mnt 上后,查看两者的文件情况,此时可以发现,它们是同步的。

```
(base) ubuntu@ubuntu:~$ sudo  mount  -t  nfs  192.168.138.133:/nfs  /mnt  -o  nolock
(base) ubuntu@ubuntu:~$ showmount  -e
Export list for ubuntu:
/nfs 192.168.138.*
(base) ubuntu@ubuntu:~$ ls   /mnt
yujian  yujian.txt
(base) ubuntu@ubuntu:~$ ls  /nfs
yujian  yujian.txt
(base) ubuntu@ubuntu:~$ sudo  touch  /mnt/2019119101.txt
(base) ubuntu@ubuntu:~$ ls   /mnt
2019119101.txt  yujian  yujian.txt
(base) ubuntu@ubuntu:~$ ls  /nfs
2019119101.txt  yujian  yujian.txt
```

图 7-22　挂载 NFS 服务器

最后,通过挂载点/mnt 卸载 NFS 服务器,再查看原挂载点情况。输入以下命令:

```
sudo  umount  /mnt
ls  /mnt
ls  /nfs
```

以上命令的执行效果如图 7-23 所示。从图 7-23 中可以看出,卸载 NFS 服务器挂载点/mnt 后,/mnt 内容为空,NFS 服务器共享目录/nfs 内容仍然存在,其中,包括通过挂载点/mnt 新建的 2019119101. txt 文件。

```
(base) ubuntu@ubuntu:~$ sudo  umount  /mnt
(base) ubuntu@ubuntu:~$ ls /mnt
(base) ubuntu@ubuntu:~$ ls /nfs
2019119101.txt  yujian  yujian.txt
```

图 7-23　卸载 NFS 服务器挂载点

7.2.5　Windows 系统挂载 NFS 服务器

【例 7-10】 Windows 10 系统挂载 NFS 服务器。

(1) 在 Windows 10 系统上添加 NFS 相关服务。

执行“控制面板”→“程序和功能”→“启动或关闭 Windows 功能”命令,在弹出的对话框中,选中“NFS 服务”和“适用于 Linux 的 Windows 子系统”复选按钮,如图 7-24 所示。

单击“确定”按钮,Windows 10 系统会自动搜索安装,然后提示重新启动计算机,不需要立刻重新启动系统,可先继续下面的操作。

(2) 在 Windows 10 系统上映射网络驱动器。

在 Windows 10 系统中按 Win+R 组合键,打开“运行”对话框,在该对话框的文本框中输入 cmd,进入命令行,输入以下命令:

```
mount  \\NFS 服务器 IP 地址\\nfs  x:
```

图 7-24 添加 NFS 服务和 Linux 子系统服务

注意如上命令的 x 后面一定要有“:”(冒号)。如上命令的执行效果如图 7-25 所示。图 7-25 中显示“命令已成功完成。”,即已经将 NFS 服务器共享目录/nfs 挂载到 Windows 10 系统的 x 盘。

```
C:\Users\Administrator>mount \\192.168.138.133\nfs x:
x: 现已成功连接到 \\192.168.138.133\nfs

命令已成功完成。

C:\Users\Administrator>
```

图 7-25 Windows 系统挂载 NFS 服务网络驱动器

打开 x 盘,并在右方窗口空白处右击,在弹出的快捷菜单中选择“新建文件夹”命令,输入“你的学号”,按 Enter 键确定,结果如图 7-26 所示。

› 此电脑 › 断开连接的网络驱动器 (X:)

名称	修改日期	类型
yujian	2022/1/28 9:42	文件夹
2019119101.txt	2022/1/28 10:27	文本文档
yujian.txt	2022/1/28 9:43	文本文档
2019119101	2022/1/28 11:43	文件夹

图 7-26 Windows 系统的 NFS 服务 X 盘

7.3 综合实例：smbclient 命令访问 Windows 共享目录

本综合实例使用 Linux 系统的 Samba 客户端访问 Windows 10 系统的共享目录。首先需要安装 smbclient，输入以下命令安装：

```
sudo  apt  update
sudo  apt  install  smbclient
```

操作步骤如下。

（1）Windows 10 系统添加"你的姓名"用户。

选择"控制面板"→"用户账户"→"管理其他账户"→"在电脑设置中添加新用户"→"将其他人添加到这台电脑"命令，在弹出的对话框中选中"用户"并右击，在弹出的快捷菜单中选择"新用户"命令，此时将弹出"新用户"对话框，如图 7-27 所示，在该对话框的"用户名"文本框中输入"你的姓名"，"全名"和"描述"文本框中不需要输入内容；接着在"密码""和"确认密码"文本框中输入设定的密码，取消"用户下次登录时须更改密码"复选按钮，选中"密码永不过期"复选按钮，同时，"用户不能更改密码"和"账户已禁用"复选按钮不能被选中。

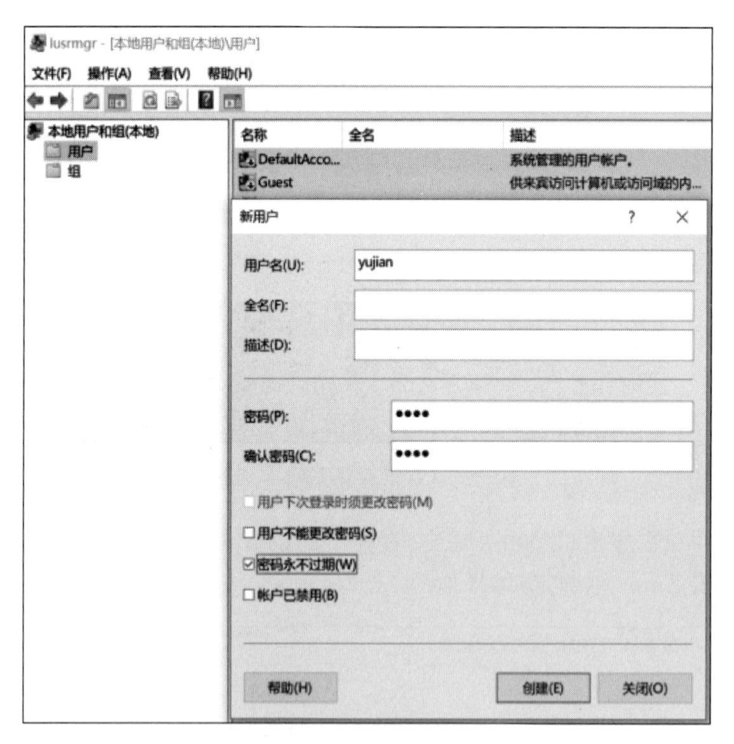

图 7-27　Windows 10 系统添加"你的姓名"用户

（2）Windows 10 系统添加"你的姓名"共享目录。

在某个硬盘分区上新建"你的姓名"文件夹，并在该文件夹中新建"你的姓名. docx"文件，如图 7-28 所示。

> 此电脑 > 本地磁盘 (E:) > Downloads > yujian

名称	修改日期	类型
yujian.docx	2022/1/27 10:47	Microsoft Word 文档

图 7-28　Windows 10 系统添加"你的姓名"共享目录

右击"你的姓名"文件夹，在弹出的快捷菜单中选择"属性"选项，在弹出来的对话框中选择"共享"选项卡，如图 7-29 所示。

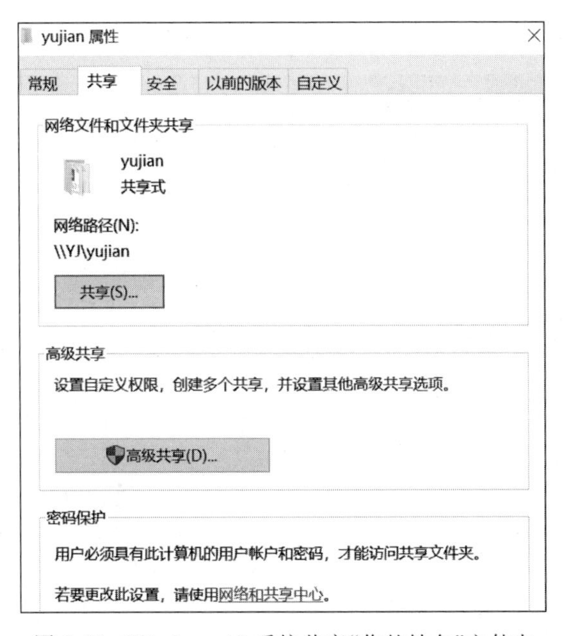

图 7-29　Windows 10 系统共享"你的姓名"文件夹

再单击"共享"按钮，在弹出来的对话框中的列表框选择中"你的姓名"用户，然后添加到用户列表中；选择该用户，并将权限修改为"读取/写入"，如图 7-30 所示。然后，单击"共享"按钮。

网络访问

选择要与其共享的用户

键入名称，然后单击"添加"，或者单击箭头查找用户。

添加(A)

名称	权限级别
Administrators	所有者
YJ	读取/写入
yujian	读取/写入

共享时有问题

共享(H)　取消

图 7-30　Windows 10 系统选择共享用户"你的姓名"

(3) Windows 10 系统查看本机 IP 地址。

然后,查看 Windows 系统端的 IP 地址。在 Windows 系统中按 Win+R 组合键,打开"运行"对话框,在"打开"文本框中输入 cmd 后单击"确定"按钮进入命令行,输入以下命令:

```
ipconfig
```

如上命令的执行效果如图 7-31 所示。图 7-31 中,Windows 10 系统 IP 地址为 192.168.0.105,注意不是 VMnet1 和 VMnet8 这两个虚拟机网卡的 IP 地址。

```
(base) C:\Users\Administrator>ipconfig

Windows IP 配置

以太网适配器 VMware Network Adapter VMnet1:

   连接特定的 DNS 后缀 . . . . . . . :
   本地链接 IPv6 地址. . . . . . . . : fe80::50c3:31c2:79bc:feb4%4
   IPv4 地址 . . . . . . . . . . . . : 192.168.244.1
   子网掩码  . . . . . . . . . . . . : 255.255.255.0
   默认网关. . . . . . . . . . . . . :

以太网适配器 VMware Network Adapter VMnet8:

   连接特定的 DNS 后缀 . . . . . . . :
   本地链接 IPv6 地址. . . . . . . . : fe80::fd04:1b64:a69:c9c4%2
   IPv4 地址 . . . . . . . . . . . . : 192.168.138.1
   子网掩码  . . . . . . . . . . . . : 255.255.255.0
   默认网关. . . . . . . . . . . . . :

无线局域网适配器 WLAN:

   连接特定的 DNS 后缀 . . . . . . . : DHCP HOST
   本地链接 IPv6 地址. . . . . . . . : fe80::dd85:3424:75d8:9101%13
   IPv4 地址 . . . . . . . . . . . . : 192.168.0.105
   子网掩码  . . . . . . . . . . . . : 255.255.255.0
   默认网关. . . . . . . . . . . . . : 192.168.0.1
```

图 7-31　查看 Windows 10 系统 IP 地址

(4) Samba 客户端访问 Windows 10 系统共享目录。

在 Ubuntu 操作系统终端,可以使用 Samba 客户端 smbclient 命令连接 Windows 10 系统共享目录,并新建文件夹、下载文件和上传文件。输入以下命令:

```
smbclient  //Windows 系统 IP 地址/你的姓名  -U 你的姓名
```

如上命令的执行效果如图 7-32 所示。

```
(base) ubuntu@ubuntu:~$ smbclient //192.168.0.105/yujian -U yujian
Enter WORKGROUP\yujian's password:
Try "help" to get a list of possible commands.
smb: \>
```

图 7-32　smbclient 命令连接 Windows 10 系统共享目录

在"smb: \>"提示符下,输入以下命令:

```
mkdir 你的姓名
get 你的姓名.docx
put 你的姓名.sh
ls
quit
```

以上命令的执行效果如图 7-33 所示。

```
(base) ubuntu@ubuntu:~$ smbclient //192.168.0.105/yujian -U yujian
Enter WORKGROUP\yujian's password:
Try "help" to get a list of possible commands.
smb: \> mkdir yujian
smb: \> get yujian.docx
getting file \yujian.docx of size 0 as yujian.docx (0.0 KiloBytes/sec) (average 0.0 KiloBytes/sec)
smb: \> put yujian.sh
putting file yujian.sh as \yujian.sh (24.7 kb/s) (average 24.7 kb/s)
smb: \> ls
  .                                   D        0  Thu Jan 27 23:22:54 2022
  ..                                  D        0  Thu Jan 27 23:22:54 2022
  yujian                              D        0  Thu Jan 27 23:22:43 2022
  yujian.docx                         A        0  Thu Jan 27 10:47:43 2022
  yujian.sh                           A       76  Thu Jan 27 23:22:54 2022

                250045620 blocks of size 4096. 118616834 blocks available
smb: \>
smb: \> quit
(base) ubuntu@ubuntu:~$
```

图 7-33　smbclient 命令操作 Windows 10 系统共享目录

如果想查看 smbclient 支持的其他命令，可以在“smb:\>”提示符下输入 help。最后，打开 Windows 10 系统共享目录查看情况，如图 7-34 所示。从图 7-34 中可以看出，已经新建了一个 yujian 的目录，yujian.sh 也已经上传到这个目录中。

› 此电脑 › 本地磁盘 (E:) › Downloads › yujian　搜索"y

名称	修改日期	类型
yujian	2022/1/27 23:22	文件夹
yujian.docx	2022/1/27 10:47	Microsoft Word 文档
yujian.sh	2022/1/27 23:22	SH 文件

图 7-34　查看 Windows 10 系统共享目录

7.4　课后习题

单项选择题

1. Samba 服务器的配置文件是(　　)。

   A. samba.conf　　B. smbd.conf　　C. httpd.conf　　D. smb.conf

2. 下列网络服务器中，可以通过“映射网络驱动器”进行访问的是(　　)。

   A. Samba 服务器　　B. FTP 服务器　　C. NFS 服务器　　D. SSH 服务器

3. 某学生在配置 Linux 的 Samba 服务器时,打算将共享目录设置为可写入,那么编辑相应的配置文件,以下语句表示“可写入”的是( )。

A. browseable=yes B. writable=yes C. available=yes D. public=yes

4. 某学生在配置 Linux 的 Samba 服务器时,打算禁止匿名登录,那么编辑相应的配置文件,以下语句表示“禁止匿名登录”的是( )。

A. guest ok=yes B. guest ok=no C. valid users=yes D. valid users=no

5. 添加 NFS 服务器共享目录时,需要编辑的文件是( )。

A. /etc/nfs B. /nfsroot C. /mnt D. /etc/exports

6. 通过( )服务器,可以访问远程共享目录,就像访问本地磁盘一样。它只是一种文件系统,本身并没有传输功能,是基于 RPC(远程过程调用)协议实现的,采用 C/S 架构。

A. Samba B. FTP C. NFS D. SSH

FTP文件传输服务器

本章主要介绍 FTP 服务器的安装配置方法。掌握使用 curl、scp 命令，以及 Windows 资源浏览器在自己搭建的 FTP 服务器上传下载文件的方法。掌握 Wireshark 网络监听 FTP 登录用户密码信息和特定端口的方法。掌握 Linux 防火墙命令 ufw 控制 FTP 服务器的访问方法。安装 FTP 服务器的命令如下：

```
sudo  apt  install  vsftpd
```

8.1 FTP 服务器的配置

视频讲解

8.1.1 查看 FTP 服务进程和端口

安装好 FTP 服务器之后，可以查看 FTP 服务的守护进程 vsftpd 是否启动，以及通过 FTP 服务器使用的端口以及端口情况来判断 FTP 服务器是否安装成功。

【例 8-1】 查看 FTP 服务进程和端口。

本例查看 FTP 服务进程 vsftpd 和使用端口。输入以下命令：

```
ps  -e  |grep  vsftpd
pgrep  vsftpd
sudo  ss  -antp|grep  vsftpd
sudo  lsof  -i: 21
```

以上命令的执行效果如图 8-1 所示。从图 8-1 中可以看出，通过 ps -e 命令和 pgrep 命令查看到 FTP 服务器的守护进程 vsftpd 已经启动，通过 ss -antp 命令列出所有的(-a)、数字的(-n)、TCP 的(-t)、进程的(-p)socket 连接，查看到进程名包含 vsfptd 的服务进程使用 TCP 的 21 端口、PID 为 1029。

```
(base) ubuntu@ubuntu:~$ ps  -e  | grep  vsftpd
    958 ?        00:00:00 vsftpd
(base) ubuntu@ubuntu:~$ pgrep  vsftpd
958
(base) ubuntu@ubuntu:~$ sudo  ss  -antp | grep  vsftpd
LISTEN    0        32                    *:21                    *:*
 users:(("vsftpd",pid=958,fd=3))
(base) ubuntu@ubuntu:~$ sudo  lsof  -i:21
COMMAND PID USER   FD   TYPE DEVICE SIZE/OFF NODE NAME
vsftpd  958 root   3u  IPv6  46398      0t0  TCP *:ftp (LISTEN)
```

图 8-1　查看 FTP 服务进程和端口

可以发现，使用 lsof 命令查看 22 端口，可以查看到 vsftpd 进程的用户是 root，因此，使用 lsof 命令和 ss 命令查看 vsftpd 进程端口和 PID 等信息时，需要使用超级用户权限。

8.1.2 创建工作目录并设置权限

本节将创建两个目录并设置权限：/srv/ftp，并复制文件到这两个工作目录上，为 8.1.3 节关联两个访问用户工作目录做准备。

【例 8-2】 创建 FTP 工作目录并设置权限。

本例创建 FTP 工作目录并设置权限。从本书的配套资源中下载 apktool_2.5.0.jar(一个反编译小软件)，并复制到主目录上，然后，输入以下命令：

```
sudo  mkdir  -p  /srv/ftp/upload
sudo  mkdir  -p  /srv/ftp/download
sudo  chmod   777  /srv/ftp/upload
sudo  chmod   555  /srv/ftp/download
sudo  cp  apktool_2.5.0.jar  /srv/ftp/download/你的姓名.jar
```

以上命令的执行效果如图 8-2 所示。从图 8-2 中可以看出，首先，创建了/srv/ftp 工作目录，并设置其子目录 upload 具有可读、可写、可执行权限，设置其子目录 download 具有可读和可执行权限。然后，将 apktool_2.5.0.jar 复制并重命名到/srv/ftp/download 下，这是为了后续可以从该目录上下载。

```
(base) ubuntu@ubuntu:~$ sudo  mkdir  -p  /srv/ftp/upload
(base) ubuntu@ubuntu:~$ sudo  mkdir  -p  /srv/ftp/download
(base) ubuntu@ubuntu:~$ sudo  chmod  777  /srv/ftp/upload
(base) ubuntu@ubuntu:~$ sudo  chmod  555  /srv/ftp/download
(base) ubuntu@ubuntu:~$ sudo  cp  apktool_2.5.0.jar  /srv/ftp/download/yujian.jar
```

图 8-2 创建 FTP 工作目录并设置权限

8.1.3 修改登录用户主目录

在第 7 章已经创建了“你的姓名”用户，默认主目录为/home/你的姓名。本节将改登录 FTP 服务器的用户主目录为指定的 FTP 共享资源的目录。

【例 8-3】 修改登录 FTP 服务器的用户主目录。

本例修改登录 FTP 服务器的用户主目录。如果没有删除第 7 章创建的“你的姓名”用户，可以输入以下命令：

```
sudo  usermod  -d  /srv/ftp  你的姓名
sudo  cat  /etc/passwd|grep  你的姓名
```

以上命令的执行效果如图 8-3 所示。从图 8-3 中可以发现，yujian 用户的登录主目录已经修改为/srv/ftp 了。

```
(base) ubuntu@ubuntu:~$ sudo  usermod  -d  /srv/ftp  yujian
(base) ubuntu@ubuntu:~$ sudo  cat  /etc/passwd | grep  yujian
yujian:x:10000:10000::/srv/ftp:/bin/sh
```

图 8-3 修改登录 FTP 服务器的用户主目录

如果已经删除了第7章创建的"你的姓名"用户，那么输入以下命令：

```
sudo useradd -d /srv/ftp 你的姓名
sudo cat /etc/passwd | grep 你的姓名
sudo passwd 你的姓名
```

如上命令将新建"你的姓名"用户，并指定登录目录为/srv/ftp。

8.1.4 修改 FTP 服务器配置文件

【例 8-4】 修改 FTP 服务器配置文件。

本例修改 FTP 服务器配置文件/etc/vsftpd.conf，配置文件中默认已经禁止匿名用户登录 FTP 服务器(anonymous_enable=NO)，允许局域网用户登录(local_enable=YES)；需要设置可写入 FTP 服务器工作目录，并允许 FTP 服务器使用被动监听模式。输入以下命令：

```
sudo gedit /etc/vsftpd.conf
```

在配置文件末尾，按 Enter 键换行，追加以下语句：

```
write_enable = YES
pasv_enable = YES
pasv_min_port = 30000
pasv_max_port = 40000
```

其他内容不要修改，保存并关闭文件。

以上命令的执行效果如图 8-4 所示。需要注意的是，"write_enable=YES"的作用是允许写入，而添加到配置文件末尾的语句的作用是允许 FTP 使用被动监听，即允许用户使用 Windows 系统的资源浏览器登录 FTP 服务器。为了避免端口冲突，本例将监听端口范围设置为 30 000～40 000。

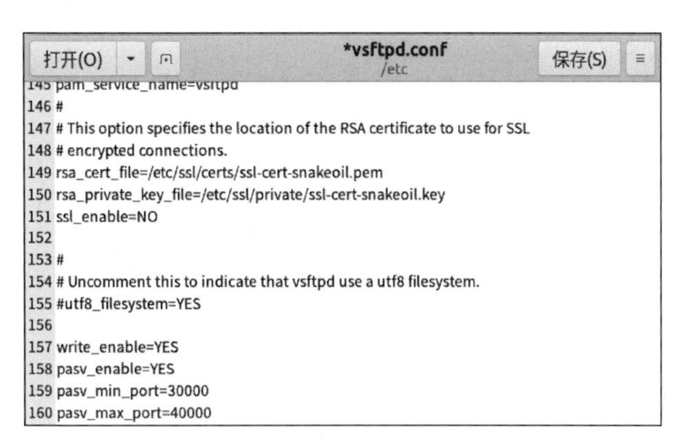

图 8-4 修改 FTP 服务器配置文件

修改服务器配置文件后，需要重启服务器。可以使用 service 服务命令重启 FTP 服务器的 vsftpd 进程，输入以下命令：

```
sudo  service  vsftpd  restart
```

也可以使用带有路径的命令“sudo /etc/init.d/vsftpd restart”重启FTP服务器。请注意,Linux系统所有服务的启动脚本都存放在/etc/init.d中。

8.2 FTP服务器的文件传输

8.2.1 curl命令传输方法

【例8-5】 curl命令传输文件到FTP服务器。

读者可以将本书配套资源中的chair.jpg下载后,复制到主目录上。本例首先查看FTP服务器的IP地址,然后将chair.jpg复制并重命名为“你的姓名.jpg”后,使用curl命令上传到FTP服务器的upload目录,将FTP服务器的download目录中的“你的姓名.jar”下载到主目录。输入以下命令:

```
ip  a  show  ens33
cp  chair.jpg  你的姓名.jpg
curl  -u  你的姓名:密码  -T 你的姓名.jpg  ftp://FTP服务器地址/upload/你的姓名.jpg
curl  -u  你的姓名:密码 ftp://FTP服务器地址/download/你的姓名.jar  -o 你的姓名.jar
ls  /srv/ftp/upload
ls  *.jar
```

以上命令的执行效果如图8-5所示。从图8-5中可以看出,查看到FTP服务器的IP地址是192.168.138.133,并使用curl命令将yujian.jpg上传到FTP服务器,将yujian.jar下载到主目录。

```
(base) ubuntu@ubuntu:~$ ip a  show  ens33
2: ens33: <BROADCAST,MULTICAST,UP,LOWER_UP> mtu 1500 qdisc fq_codel state UP group default qlen 1000
    link/ether 00:0c:29:93:a6:87 brd ff:ff:ff:ff:ff:ff
    altname enp2s1
    inet 192.168.138.133/24 brd 192.168.138.255 scope global dynamic noprefixroute ens33
       valid_lft 910sec preferred_lft 910sec
    inet6 fe80::1ea7:9f5:7f50:81a8/64 scope link noprefixroute
       valid_lft forever preferred_lft forever
(base) ubuntu@ubuntu:~$ cp chair.jpg yujian.jpg
(base) ubuntu@ubuntu:~$ curl  -u  yujian:hstc  -T yujian.jpg  ftp://192.168.138.133/upload/yujian.jpg
  % Total    % Received % Xferd  Average Speed   Time    Time     Time  Current
                                 Dload  Upload   Total   Spent    Left  Speed
100 1691k    0     0  100 1691k      0   150M --:--:-- --:--:-- --:--:--  150M
(base) ubuntu@ubuntu:~$ curl  -u  yujian:hstc  ftp://192.168.138.133/download/yujian.jar -o  yujian.jar
  % Total    % Received % Xferd  Average Speed   Time    Time     Time  Current
                                 Dload  Upload   Total   Spent    Left  Speed
100 18.4M  100 18.4M    0     0   347M      0 --:--:-- --:--:-- --:--:--  347M
(base) ubuntu@ubuntu:~$ ls  /srv/ftp/upload
yujian.jpg
(base) ubuntu@ubuntu:~$ ls  *.jar
apktool_2.5.0.jar  yujian.jar
```

图8-5 curl命令传输文件到FTP服务器

8.2.2　scp 命令传输方法

scp(secure copy)命令是基于 ssh 的安全的远程文件复制。使用之前，需要安装 openssh 服务器，安装命令如下：

```
sudo apt install openssh-server
```

【例 8-6】　scp 命令传输文件到 FTP 服务器。

读者可以将本书配套资源中的 google-chrome-stable_current_amd64.deb 下载后，复制到主目录上。本例将 google-chrome-stable_current_amd64.deb 命名为“你的姓名.deb”后，使用 scp 命令指定端口 22，上传到 FTP 服务器的 upload 目录，将 FTP 服务器的 download 目录及其子目录递归下载到主目录。输入以下命令：

```
mv google-chrome-stable_current_amd64.deb 你的姓名.deb
scp -P 22 你的姓名.deb 你的姓名@FTP 服务器地址: /srv/ftp/upload/你的姓名.deb
scp -P 22 -r 你的姓名@FTP 服务器地址: /srv/ftp/download download
ls /srv/ftp/upload
ls download
```

以上命令的执行效果如图 8-6 所示。从图 8-6 中可以看出，使用 scp 命令将 yujian.deb 上传到了 FTP 服务器，将 FTP 服务器上的 download 文件夹递归下载到主目录上，同样命名为 download 文件夹。注意递归下载目录需要使用-r 参数。

```
(base) ubuntu@ubuntu:~$ mv google-chrome-stable_current_amd64.deb yujian.deb
(base) ubuntu@ubuntu:~$ scp -P 22 yujian.deb yujian@192.168.138.133:/srv/ftp/upload/yujian.deb
yujian@192.168.138.133's password:
yujian.deb                                        100%   85MB 150.8MB/s   00:00
(base) ubuntu@ubuntu:~$ scp -P 22 -r yujian@192.168.138.133:/srv/ftp/download download
yujian@192.168.138.133's password:
yujian.jar                                        100%   18MB 124.3MB/s   00:00
(base) ubuntu@ubuntu:~$ ls  /srv/ftp/upload
yujian.deb  yujian.jpg
(base) ubuntu@ubuntu:~$ ls download
yujian.jar
```

图 8-6　scp 命令传输文件到 FTP 服务器

8.2.3　资源管理器传输方法

【例 8-7】　Windows 资源管理器传输文件到 FTP 服务器。

本例使用 Windows 资源管理器传输文件到 FTP 服务器，包括下载文件、上传文件和创建文件夹。

(1) 测试 Windows 10 系统与虚拟机中 Linux 系统的连通情况。

在 Windows 10 系统中按 Win+R 组合键，打开“运行”对话框，在“打开”文本框中输入 cmd，单击“确定”按钮，进入命令行，输入如下命令：

```
ping FTP 服务器地址
```

查看 Linux 系统是否能连通，如果能连通则进入下面步骤，否则需要检查网络连接状况，根据网络环境设置虚拟机的网络设置为 NAT 模式或桥接模式。

(2) 使用 Windows 资源管理器登录 FTP 服务器。

在 Windows 资源管理器中输入：

```
ftp://FTP 服务器地址
```

使用 FTP 服务器账号，即用户的姓名和密码登录，如图 8-7 所示。

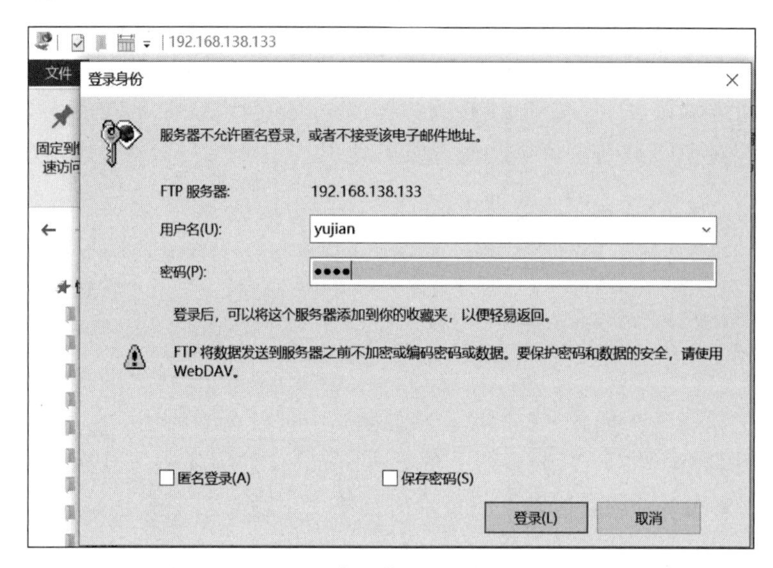

图 8-7　Windows 资源管理器登录 FTP 服务器

(3) 使用 Windows 资源管理器从 FTP 服务器下载文件。

登录 FTP 服务器后，进入 download 目录，右击“你的姓名.jar”，从弹出的快捷菜单中选择“复制到文件夹”命令，在弹出的“浏览文件夹”对话框中选择“桌面”选项，粘贴到 Windows 10 系统的桌面上，如图 8-8 所示。

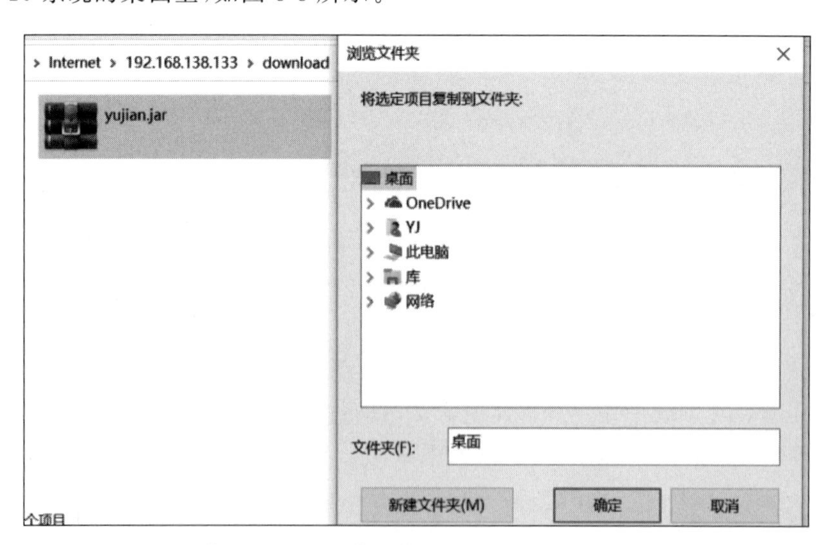

图 8-8　使用 Windows 资源管理器从 FTP 服务器下载文件

(4) 使用 Windows 资源管理器在 FTP 服务器新建文件夹和上传文件。

进入 upload 目录，创建一个名称为“你的姓名”的文件夹，并将 Windows 系统桌面上“你的姓名.jar”的文件上传到 FTP 服务器的 upload 目录(可以从桌面上拖放到 FTP 服务器 upload 目录)，如图 8-9 所示。

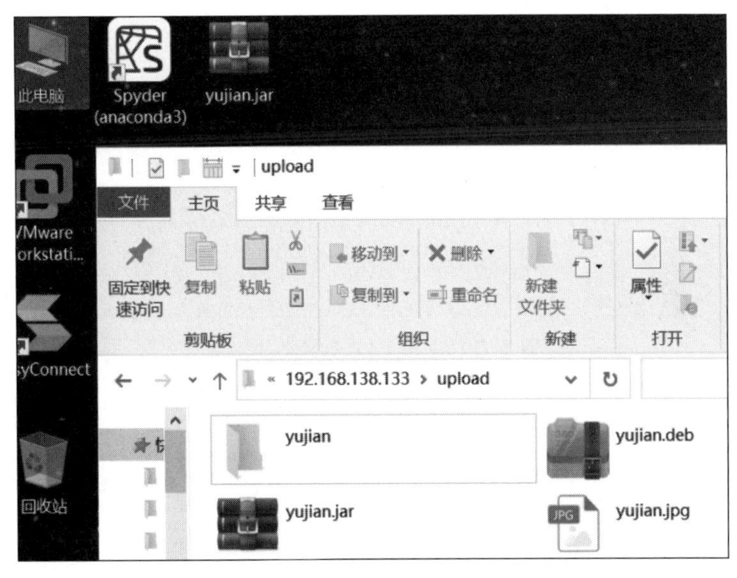

图 8-9　使用 Windows 资源管理器在 FTP 服务器新建文件夹和上传文件

切换到 Ubuntu 操作系统查看“你的姓名”用户新建的文件夹和上传的文件是否在 FTP 服务器的 upload 目录中。在 Ubuntu 操作系统的终端，输入以下命令：

```
ls  /srv/ftp/upload
```

如上命令的执行效果如图 8-10 所示。

```
(base) ubuntu@ubuntu:~$ ls  /srv/ftp/upload
yujian  yujian.deb  yujian.jar  yujian.jpg
(base) ubuntu@ubuntu:~$
```

图 8-10　查看 FTP 服务器的 upload 目录

8.3　FTP 服务器的用户黑名单

【例 8-8】　使用 FTP 服务器用户黑名单。

本例测试 FTP 服务器用户黑名单的使用效果。注意 FTP 服务器的黑名单的文件名是/etc/ftpusers，该文件每行都是一个用户名，在该文件中的用户名将无法登录 FTP 服务器。

在 Ubuntu 操作系统的终端，输入以下命令：

```
sudo  gedit  /etc/ftpusers
```

在打开的文件中,将"你的姓名"添加到文件末尾,如图 8-11 所示。

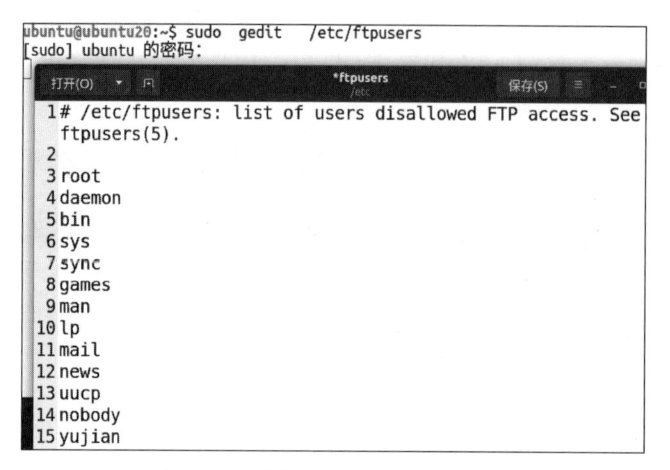

图 8-11 编辑 FTP 服务器黑名单

保存文件并关闭窗口,然后重启 FTP 服务器 vsftpd 进程。输入以下命令:

```
sudo service vsftpd restart
```

打开 Windows 资源管理器,并在地址栏中输入:

```
ftp://FTP 服务器地址
```

如果尝试使用 FTP 服务器账号"你的姓名"和密码登录,将被拒绝。在 Ubuntu 操作系统的终端输入以下命令:

```
sudo gedit /etc/ftpusers
```

在打开的黑名单文件中,将"你的姓名"删除后,保存文件,关闭窗口;然后重启 FTP 服务器 vsftpd 进程。输入以下命令:

```
sudo service vsftpd restart
```

接着,打开 Windows 资源管理器,并在地址栏中输入:

```
ftp://FTP 服务器地址
```

此时如果尝试使用 FTP 服务器账号"你的姓名"和密码登录,将成功登录。

视频讲解

8.4 综合实例一:Wireshark 监听 FTP 登录信息

本综合实例监听 FTP 服务器登录用户名和密码信息。FTP 服务器一般采用 20 端口传输数据,采用 21 端口传输控制指令;FTP 登录服务器的密码没有加密(明文密码)。由于 FTP 用户密码在传输过程中没有加密,因此存在较大的安全隐患。本节将采用 Wireshark

软件监听 FTP 用户的登录过程，可以非常容易地监听到 FTP 登录的用户名和密码。

使用 Wireshark 软件之前，需要使用如下命令安装：

```
sudo apt install wireshark
```

(1) 使用超级用户权限运行 Wireshark。

在 Ubuntu 操作系统的终端，必须使用超级用户权限运行 Wireshark 才能监听，输入以下命令：

```
sudo  wireshark
```

双击 ens33 网卡，开始监听，如图 8-12 所示。

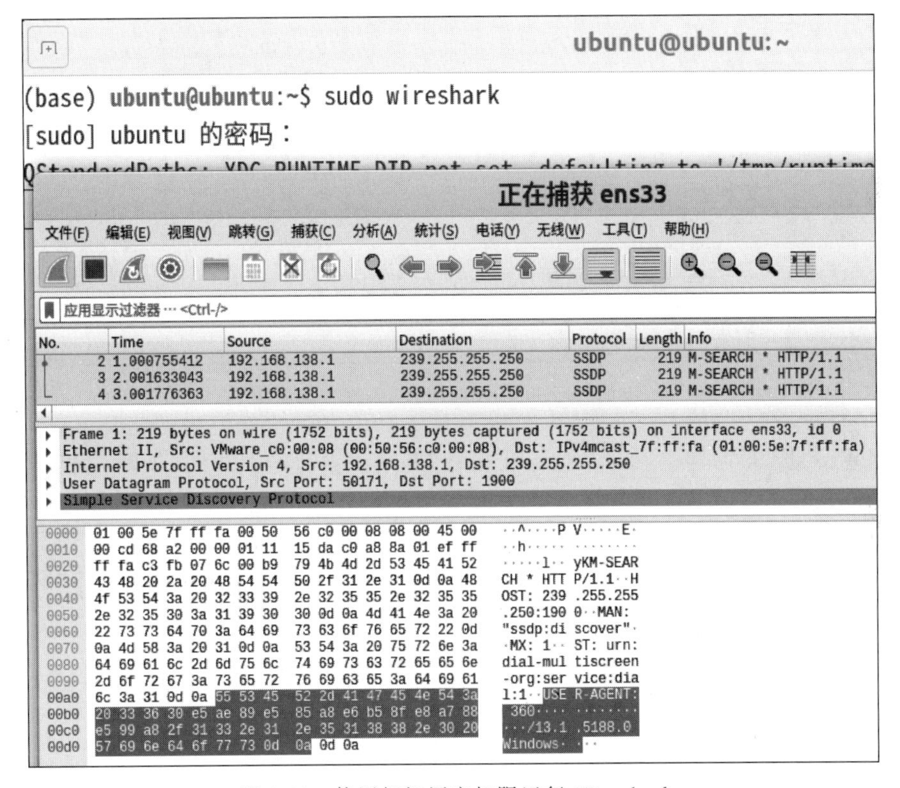

图 8-12 使用超级用户权限运行 Wireshark

(2) Windows 资源管理器登录。

必须打开一个新的 Windows 资源管理器(不能直接刷新原有的资源管理器)，并在地址栏中输入：

```
ftp://FTP 服务器地址
```

使用 FTP 服务器账号，即“你的姓名”和密码登录。

(3) 设置 Wireshark 软件过滤条件并监听登录 FTP 服务器信息。

切换回 Ubuntu 操作系统的 Wireshark 软件窗口，在过滤器栏输入以下过滤条件：

```
ftp && ip.addr = = FTP 服务器地址
```

注意过滤条件中,"&&"表示并且,"ip.addr"表示 IP 地址,"=="表示"等于"号。输入过滤条件后按 Enter 键确认,或者单击过滤栏右侧的向右小箭头确认。可以看到,已经监听到的登录 FTP 服务器的用户名:你的姓名,密码:hstc,并且成功登录了 FTP 服务器,如图 8-13 所示。从图 8-13 中可以发现,Wireshark 软件监听到 USER yujian 和 PASS hstc 的信息,也就是说,监听到 FTP 用户名 yujian 和密码 hstc 等登录信息。

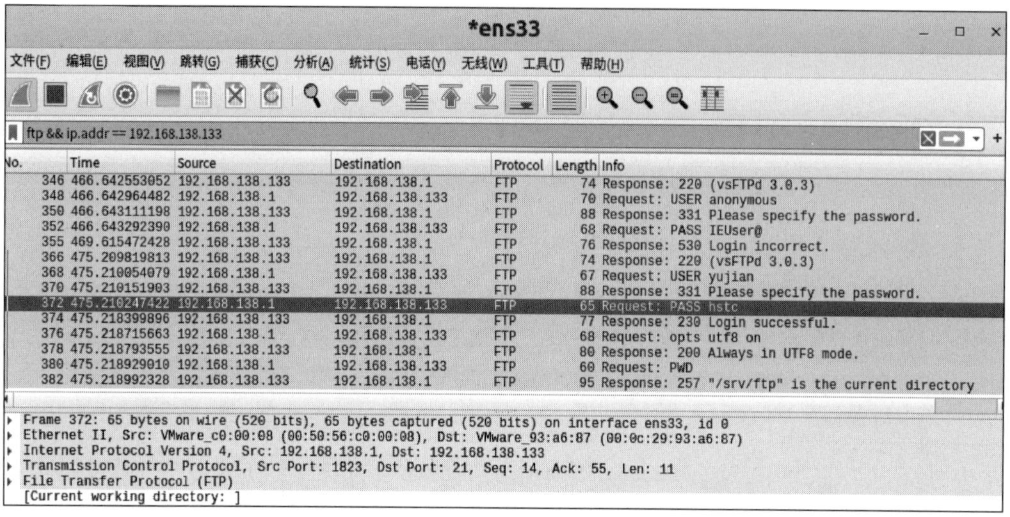

图 8-13 设置 Wireshark 软件过滤条件并监听 FTP 信息

单击 Wireshark 工具栏上的红色停止按钮,并单击窗口右上角的"关闭"按钮,接着在弹出的对话框中选择"直接退出;不保存"选项。

8.5 综合实例二:ufw 命令控制 FTP 的访问

本综合实例使用 ufw 防火墙命令控制 FTP 服务器访问。在 Ubuntu 操作系统的终端输入以下命令:

```
sudo  ufw  enable
sudo  ufw  status
sudo  ufw  deny  ftp
sudo  ufw  status
```

以上命令的执行效果如图 8-14 所示。

打开一个新的 Windows 文件资源管理器(不能直接刷新原有的资源管理器),并在地址栏中输入:

```
ftp://FTP 服务器地址
```

```
ubuntu@ubuntu20:~$ sudo  ufw  enable
在系统启动时启用和激活防火墙
ubuntu@ubuntu20:~$ sudo  ufw  status
状态: 激活
ubuntu@ubuntu20:~$ sudo  ufw  deny  ftp
规则已添加
规则已添加 (v6)
ubuntu@ubuntu20:~$ sudo  ufw  status
状态: 激活

至                          动作          来自
-                           --            --
21/tcp                      DENY          Anywhere
21/tcp (v6)                 DENY          Anywhere (v6)
```

图 8-14 ufw 命令禁止访问 FTP 服务器

使用"你的姓名"用户名和密码登录,结果无法登录。

使用 ufw 命令允许 FTP,并设置允许被动监听 FTP 的 30 000～40 000 端口。在 Ubuntu 操作系统的终端输入以下命令:

```
sudo ufw allow ftp
sudo ufw allow 30000: 40000/tcp
sudo ufw status
```

以上命令的执行效果如图 8-15 所示。

```
ubuntu@ubuntu20:~$ sudo ufw allow ftp
规则已更新
规则已更新 (v6)
ubuntu@ubuntu20:~$ sudo ufw allow 30000:40000/tcp
规则已添加
规则已添加 (v6)
ubuntu@ubuntu20:~$ sudo ufw status
状态: 激活

至                          动作          来自
-                           --            --
21/tcp                      ALLOW         Anywhere
30000:40000/tcp             ALLOW         Anywhere
21/tcp (v6)                 ALLOW         Anywhere (v6)
30000:40000/tcp (v6)        ALLOW         Anywhere (v6)
```

图 8-15 ufw 命令允许访问 FTP 服务器

打开一个新的 Windows 文件资源管理器(不能直接刷新原有的资源管理器),并在地址栏中输入:

```
ftp://FTP 服务器地址
```

使用"你的姓名"用户名和密码登录 FTP 服务器,结果成功登录。需要注意的是,如果以上 ufw 命令的设置出现较多错误,可以使用 sudo ufw reset 命令重置防火墙,再按以上步骤重做这个综合实例。

最后,禁用防火墙。输入以下命令:

```
sudo  ufw  disable
```

8.6 课后习题

填空题

1. 查看当前执行进程中是否有 FTP 服务的命令是________。提示：不需要使用超级用户权限。

2. 要将用户加入 Linux 操作系统的 FTP 服务器用户黑名单，需要编辑的文件是________。提示：只需要写路径和文件名。

3. 使用超级用户权限和防火墙命令允许 FTP 的命令是________。

4. 某学生通过命令监听到 FTP 登录信息如图 8-16 所示，请问成功登录 FTP 的用户，它的用户名是________，密码是________。

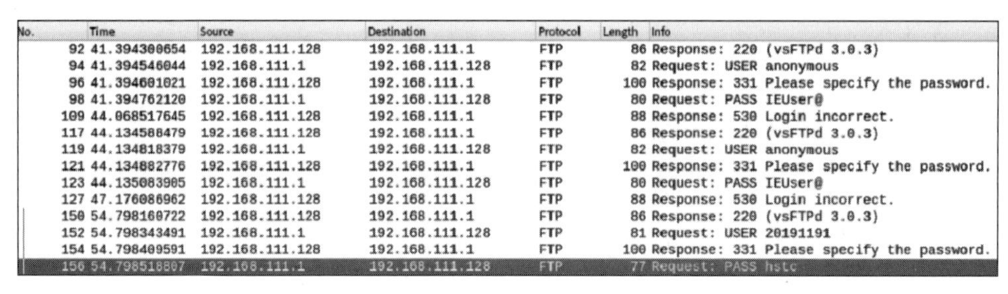

No.	Time	Source	Destination	Protocol	Length	Info
92	41.394300654	192.168.111.128	192.168.111.1	FTP	86	Response: 220 (vsFTPd 3.0.3)
94	41.394546044	192.168.111.1	192.168.111.128	FTP	82	Request: USER anonymous
96	41.394601021	192.168.111.128	192.168.111.1	FTP	100	Response: 331 Please specify the password.
98	41.394762120	192.168.111.1	192.168.111.128	FTP	80	Request: PASS IEUser@
109	44.068517645	192.168.111.128	192.168.111.1	FTP	88	Response: 530 Login incorrect.
117	44.134588479	192.168.111.128	192.168.111.1	FTP	86	Response: 220 (vsFTPd 3.0.3)
119	44.134818379	192.168.111.1	192.168.111.128	FTP	82	Request: USER anonymous
121	44.134882776	192.168.111.128	192.168.111.1	FTP	100	Response: 331 Please specify the password.
123	44.135083905	192.168.111.1	192.168.111.128	FTP	80	Request: PASS IEUser@
127	47.176086962	192.168.111.128	192.168.111.1	FTP	88	Response: 530 Login incorrect.
150	54.798160722	192.168.111.128	192.168.111.1	FTP	86	Response: 220 (vsFTPd 3.0.3)
152	54.798343491	192.168.111.1	192.168.111.128	FTP	81	Request: USER 20191191
154	54.798409591	192.168.111.128	192.168.111.1	FTP	100	Response: 331 Please specify the password.
156	54.798518807	192.168.111.1	192.168.111.128	FTP	77	Request: PASS hstc

图 8-16　某学生通过命令监听到 FTP 登录信息

5. 使用超级用户权限和 service 命令，重启 FTP 服务器的完整命令是________。

6. 使用 curl 将文件 test.py 上传到 FTP 服务器 192.168.1.1 的/srv/ftp/upload/目录上，用户名为 hstc，密码为 xxyy，并保留原文件名的完整命令是________。提示：不需要超级用户权限。

7. 在主目录上，使用 curl 将 FTP 服务器 192.168.1.1 的/srv/ftp/download/目录下的文件 test.py 下载到当前目录，用户名为 hstc，密码为 xxyy，并保留原文件名的完整命令是________。提示：不需要超级用户权限。

8. Linux 操作系统所有服务的启动脚本都存放在________目录中。

9. 某 FTP 网站的 IP 地址是 192.168.1.1，那么登录该 FTP 网站的地址是________。

10. 设置允许 FTP 服务器被动监听 TCP 链接的 30 000～40 000 端口的防火墙命令是________________。

第9章 SSH安全远程登录服务器

本章主要介绍SSH(安全远程登录)服务器的安装配置方法,包括使用Windows端的PuTTY软件、FileZilla软件、WinScp软件上传和下载Linux操作系统的SSH服务器上的文件,以及使用Wireshark网络监听SSH登录的用户密码等信息,以及特定端口的方法。

SSH是Secure Shell Protocol的缩写,是专为远程登录会话和其他网络服务提供的安全性协议,由IETF网络工作小组制定。在进行数据传输之前,SSH会先对联机数据包通过加密技术进行加密处理,加密后再进行数据传输,从而确保了传输过程的数据安全性,防止信息泄露。目前普遍采用SSH(22端口)协议服务来代替传统的不安全的远程联机服务软件,如非加密的telnet(23端口)远程控制管理和非加密的FTP(21端口)远程文件共享服务。SSH服务器的安装语句如下:

```
sudo apt install openssh-server
```

9.1 SSH服务器的配置

9.1.1 查看SSH服务进程和端口

SSH服务器的守护进程是sshd。可以通过查看该进程是否启动,以及该进程使用的端口来判断SSH服务器是否正常运行。

【例9-1】 查看SSH服务器进程和端口。

本例查看SSH服务器进程和端口。输入以下命令:

```
ps -e | grep sshd
pgrep sshd
sudo ss -antp | grep sshd
sudo lsof -i: 22
```

以上命令的执行效果如图9-1所示。从图9-1中可以看出,通过ps -e命令和pgrep命令查看到SSH服务器的守护进程sshd已经启动,通过ss -antp命令列出所有的(-a)、数字的(-n)、TCP的(-t)、进程的(-p)socket连接,查看到包含sshd的进程名的服务进程使用TCP的22端口,PID为957。

可以发现,使用lsof命令查看22端口,可以查看到sshd进程的用户是root,因此,使用lsof命令和ss命令查看sshd进程端口和PID等信息时,需要使用超级用户权限。

```
(base) ubuntu@ubuntu:~$ ps  -e | grep  sshd
    957 ?        00:00:00 sshd
(base) ubuntu@ubuntu:~$ pgrep  sshd
957
(base) ubuntu@ubuntu:~$ sudo ss  -antp | grep  sshd
LISTEN     0        128                  0.0.0.0:22                0.0.0.0:*
 users:(("sshd",pid=957,fd=3))
LISTEN     0        128                     [::]:22                   [::]:*
 users:(("sshd",pid=957,fd=4))
(base) ubuntu@ubuntu:~$ sudo  lsof  -i:22
COMMAND PID USER   FD   TYPE DEVICE SIZE/OFF NODE NAME
sshd    957 root   3u  IPv4  46274      0t0  TCP *:ssh (LISTEN)
sshd    957 root   4u  IPv6  46290      0t0  TCP *:ssh (LISTEN)
```

图 9-1　查看 SSH 服务器进程和端口

9.1.2　创建工作目录并设置权限

本节将创建/srv/ssh 目录并设置权限，为下一节创建 SSH 服务器访问用户并关联 SSH 服务器工作目录做准备。

【例 9-2】 创建 SSH 服务器工作目录并设置权限。

本例创建 SSH 工作目录并设置权限。从本书配套资源中下载 images. tar(一个风景图片的 tar 压缩包)并复制到主目录上，然后，输入以下命令：

```
sudo  mkdir  -p  /srv/ssh/upload
sudo  mkdir  -p  /srv/ssh/download
sudo  chmod  777  /srv/ssh/upload
sudo  chmod  555  /srv/ssh/download
sudo  cp  images.tar  /srv/ssh/download/你的姓名.tar
```

以上命令的执行效果如图 9-2 所示。从图 9-2 中可以看出，首先，创建了/srv/ssh 工作目录，并设置其子目录 upload 具有可读、可写、可执行权限，设置其子目录 download 具有可读和可执行权限。然后，将 images. tar 复制重命名并保存到/srv/ssh/download 下，这是为了后续可以从该目录上下载。

```
(base) ubuntu@ubuntu:~$ sudo  mkdir  -p  /srv/ssh/upload
(base) ubuntu@ubuntu:~$ sudo  mkdir  -p  /srv/ssh/download
(base) ubuntu@ubuntu:~$ sudo  chmod  777  /srv/ssh/upload
(base) ubuntu@ubuntu:~$ sudo  chmod  555  /srv/ssh/download
(base) ubuntu@ubuntu:~$ sudo  cp  images.tar  /srv/ssh/download/yujian.tar
```

图 9-2　创建 SSH 服务器工作目录并设置权限

9.1.3　修改登录用户主目录

第 8 章已经创建了“你的姓名”用户，默认主目录为/srv/ftp。本节将修改登录 SSH 服务器的用户主目录为指定的 SSH 服务器共享资源的目录，即/srv/ssh。

【例 9-3】 修改登录 SSH 服务器的用户主目录。

本例修改登录 SSH 服务器的用户主目录。如果没有删除第 8 章创建的“你的姓名”用户，可以输入以下命令：

```
sudo  usermod  -d  /srv/ssh  你的姓名
sudo  cat  /etc/passwd | grep  你的姓名
```

以上命令的执行效果如图9-3所示。从图9-3中可以发现，yujian用户的登录主目录已经修改为/srv/ssh了。

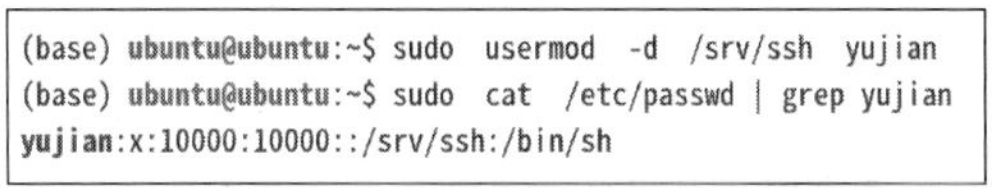

```
(base) ubuntu@ubuntu:~$ sudo  usermod  -d  /srv/ssh  yujian
(base) ubuntu@ubuntu:~$ sudo  cat  /etc/passwd | grep yujian
yujian:x:10000:10000::/srv/ssh:/bin/sh
```

图9-3 修改登录SSH服务器的用户主目录

如果已经删除了第8章创建的"你的姓名"用户，那么输入以下命令：

```
sudo  useradd  -d  /srv/ssh  你的姓名
sudo  cat  /etc/passwd | grep  你的姓名
sudo  passwd  你的姓名
```

如上命令将新建"你的姓名"用户，并指定登录目录为/srv/ssh。

9.1.4 修改SSH服务器配置文件

【例9-4】 修改SSH服务器配置文件。

本例修改SSH服务器配置文件/etc/ssh/sshd_config，SSH服务器默认使用22端口，但配置文件中默认将Port 22注释。除了使SSH服务器默认使用的22端口启用以外，再添加一个6666端口。输入以下命令：

```
sudo  gedit  /etc/ssh/sshd_config
```

在配置文件末尾，按Enter键换行，追加以下两条语句：

```
Port  22
Port  6666
```

其他内容不要修改，保存并关闭文件。

以上命令的执行效果如图9-4所示。

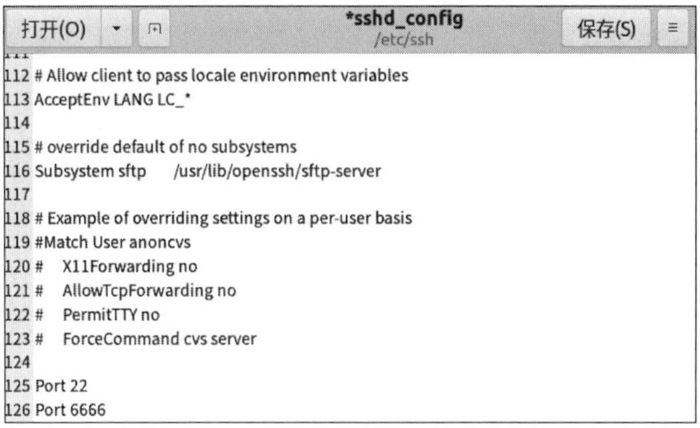

```
打开(O) ▾   *sshd_config /etc/ssh   保存(S) ≡
112 # Allow client to pass locale environment variables
113 AcceptEnv LANG LC_*
114
115 # override default of no subsystems
116 Subsystem sftp     /usr/lib/openssh/sftp-server
117
118 # Example of overriding settings on a per-user basis
119 #Match User anoncvs
120 #    X11Forwarding no
121 #    AllowTcpForwarding no
122 #    PermitTTY no
123 #    ForceCommand cvs server
124
125 Port 22
126 Port 6666
```

图9-4 修改SSH服务器配置文件

与其他服务器一样，修改服务器配置文件后，需要重新启动服务器进程。使用 service 服务命令重启 sshd 进程，输入以下命令：

```
sudo  service  sshd  restart
sudo  ss  -antp | grep  sshd
```

以上命令的执行效果如图 9-5 所示。从图 9-5 中可以发现，SSH 服务器的监听端口除了 22 端口以外，增加了 6666 端口。

```
(base) ubuntu@ubuntu:~$ sudo  service  sshd  restart
(base) ubuntu@ubuntu:~$ sudo  ss  -antp | grep  sshd
LISTEN     0          128              0.0.0.0:22              0.0.0.0:*
 users:(("sshd",pid=5744,fd=5))
LISTEN     0          128              0.0.0.0:6666            0.0.0.0:*
 users:(("sshd",pid=5744,fd=3))
LISTEN     0          128                 [::]:22                 [::]:*
 users:(("sshd",pid=5744,fd=6))
LISTEN     0          128                 [::]:6666               [::]:*
 users:(("sshd",pid=5744,fd=4))
```

图 9-5　查看 SSH 服务器 6666 端口

9.2　SSH 服务器的文件传输

9.2.1　scp 命令传输方法

先将本书配套资源中的 termux_108.apk 下载后，复制到主目录上。首先查看 SSH 服务器的 IP 地址，然后将 termux_108.apk 命名为“你的姓名.apk”后，使用上一节修改配置文件后添加的 6666 端口，上传到 SSH 服务器的 upload 目录，将 SSH 服务器的 download 目录及其子目录递归下载到主目录并重命名为 ssh。输入以下命令：

```
ip  a  show  ens33
mv  termux_108.apk  你的姓名.apk
sudo scp  -P 6666  你的姓名.apk 你的姓名@SSH 服务器地址:/srv/ssh/upload/你的姓名.apk
sudo scp  -P 6666  -r  你的姓名@ SSH 服务器地址:/srv/ssh/download  ssh
ls  /srv/ssh/upload
ls  ssh
```

以上命令的执行效果如图 9-6 所示。从图 9-6 中可以看出，查看到本机 SSH 服务器的 IP 地址是 192.168.138.133。使用 scp 命令将 yujian.apk 通过 6666 端口上传到 SSH 服务器，将 SSH 服务器上的 download 文件夹递归下载到主目录上，命名为 ssh 文件夹，注意递归下载目录需要使用-r 参数。

```
(base) ubuntu@ubuntu:~$ ip   a  show  ens33
2: ens33: <BROADCAST,MULTICAST,UP,LOWER_UP> mtu 1500 qdisc fq_codel state UP group default qlen 1000
    link/ether 00:0c:29:93:a6:87 brd ff:ff:ff:ff:ff:ff
    altname enp2s1
    inet 192.168.138.133/24 brd 192.168.138.255 scope global dynamic noprefixroute ens33
       valid_lft 1185sec preferred_lft 1185sec
    inet6 fe80::1ea7:9f5:7f50:81a8/64 scope link noprefixroute
       valid_lft forever preferred_lft forever
(base) ubuntu@ubuntu:~$ mv  termux_108.apk  yujian.apk
(base) ubuntu@ubuntu:~$ sudo scp -P 6666 yujian.apk yujian@192.168.138.133:/srv/ssh/upload/yujian.apk
The authenticity of host '[192.168.138.133]:6666 ([192.168.138.133]:6666)' can't be established.
ECDSA key fingerprint is SHA256:GuZmM4Rz4CoXWUtZIdtgvbOWtwU6GKCvumPN7qYlZp8.
Are you sure you want to continue connecting (yes/no/[fingerprint])? yes
Warning: Permanently added '[192.168.138.133]:6666' (ECDSA) to the list of known hosts.
yujian@192.168.138.133's password:
yujian.apk                                                    100%   86MB 161.5MB/s   00:00
(base) ubuntu@ubuntu:~$ sudo scp -P 6666 -r  yujian@192.168.138.133:/srv/ssh/download  ssh
yujian@192.168.138.133's password:
yujian.tar                                                    100%   78MB 142.4MB/s   00:00
```

图 9-6　scp 命令传输文件到 SSH 服务器

9.2.2　curl 命令传输方法

要使用 curl 命令传输文件到 SSH 服务器，需要安装 libssh2 软件，下面将采用源码编译方式安装。下载本书配套资源中的 libssh2-1.10.0.tar.gz，并复制到主目录上；该软件也可以从网络中下载，地址详见前言二维码。

【例 9-5】 编译 libssh2 软件源码。

要编译 libssh2 软件源码，需要先解压后切换到 root 用户，运行 configure、make 和 make install 命令编译安装。输入以下命令：

```
tar   -xzvf   libssh2-1.10.0.tar.gz
cd  libssh2-1.10.0
su   root
./configure && make && make install
exit
```

【例 9-6】 curl 命令传输文件到 SSH 服务器。

读者可以将已经下载到 apktool_2.5.0.jar 复制并重命名为"你的学号.jar"。本例将"你的学号.jar"上传到 SSH 服务器的 upload 目录上，将 SSH 服务器 download 目录上的"你的姓名.tar"下载并命名为"你的学号.tar"。输入以下命令：

```
cp   apktool_2.5.0.jar   你的学号.jar
curl   -u   你的姓名:密码  -T 你的学号.jar sftp://SSH 服务器地址/srv/ssh/upload/你的学号.jar
curl   -u   你的姓名:密码 sftp://SSH 服务器地址/srv/ssh/download/你的姓名.tar -o 你的学号.tar
ls   /srv/ssh/upload
ls   *.tar
```

以上命令的执行效果如图 9-7 所示。从图 9-7 中可以看出，使用 curl 命令将 2019119101.jar 使用默认端口上传到了 SSH 服务器，并将 SSH 服务器上的 download 目录下的 yujian.tar 重命名为 2019119101.tar 下载到主目录上。

```
(base) ubuntu@ubuntu:~$ cp  apktool_2.5.0.jar  2019119101.jar
(base) ubuntu@ubuntu:~$ curl -u yujian:hstc -T 2019119101.jar sftp://192.168.138.133/srv/ssh/upload/2019119101.jar
  % Total    % Received % Xferd  Average Speed   Time    Time     Time  Current
                                 Dload  Upload   Total   Spent    Left  Speed
100 18.4M    0     0  100 18.4M      0  33.1M --:--:-- --:--:-- --:--:-- 33.1M
100 18.4M    0     0  100 18.4M      0  33.1M --:--:-- --:--:-- --:--:-- 33.1M
(base) ubuntu@ubuntu:~$ curl -u yujian:hstc  sftp://192.168.138.133/srv/ssh/download/yujian.tar -o 2019119101.tar
  % Total    % Received % Xferd  Average Speed   Time    Time     Time  Current
                                 Dload  Upload   Total   Spent    Left  Speed
100 78.1M  100 78.1M    0     0   105M      0 --:--:-- --:--:-- --:--:--  105M
100 78.1M  100 78.1M    0     0   105M      0 --:--:-- --:--:-- --:--:--  105M
(base) ubuntu@ubuntu:~$
(base) ubuntu@ubuntu:~$ ls  /srv/ssh/upload
2019119101.jar  yujian.apk
(base) ubuntu@ubuntu:~$ ls  *.tar
2019119101.tar  images.tar  yujian1.tar  yujian2.tar
```

图 9-7　curl 命令传输文件到 SSH 服务器

9.2.3　PuTTY 软件登录操作

【例 9-7】　PuTTY 软件连接 SSH 服务器。

运行主机 Windows 系统的 PuTTY 软件，连接虚拟机 Ubuntu 操作系统中的 SSH 服务器。

(1) 测试连通情况。

在 Windows 系统中按 Win+R 组合键，打开“运行”对话框，在“运行”文本框输入 cmd，单击“确定”按钮进入命令行，输入以下命令：

```
ping  SSH 服务器地址
```

查看是否能连通，如果能连通则进入下面步骤，否则需要检查网络连接状况，根据网络环境设置虚拟机的网络设置为 NAT 模式或桥接模式。

(2) 运行 PuTTY 软件登录 SSH 服务器。

将本书配套资源中的 PuTTY 软件下载到 Windows 系统的桌面上，并双击运行。设置主机名称或 IP 地址：SSH 服务器地址；端口：22 或者 6666；连接类型：SSH。PuTTY 软件登录 SSH 服务器界面如图 9-8 所示。

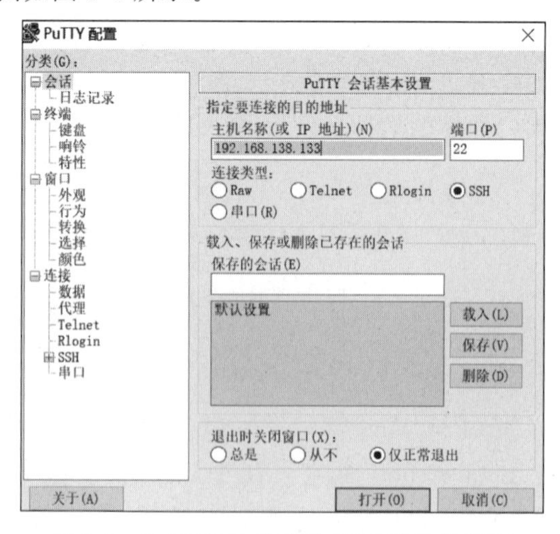

图 9-8　PuTTY 软件登录 SSH 服务器界面

单击“打开”按钮，将弹出“PuTTY 安全警告”对话框，如图 9-9 所示。

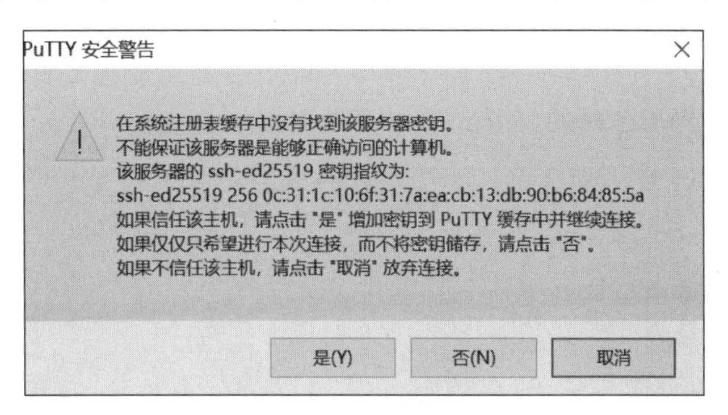

图 9-9 PuTTY 安全警告

单击“是”按钮。连接后，在“login as:”后输入“你的姓名”作为用户名，按 Enter 键，然后在“password:”后输入：密码，注意与 Linux 系统一样，输入密码后并没有回显。操作结果如图 9-10 所示。

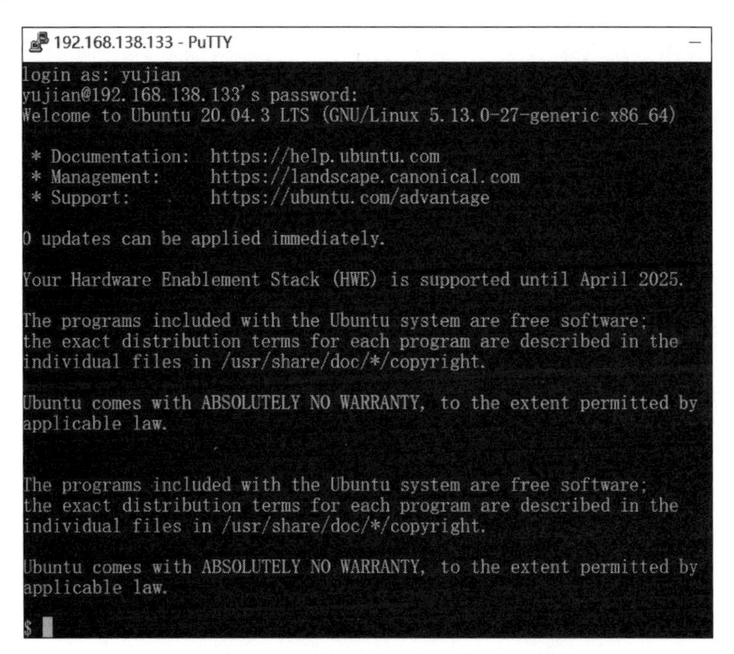

图 9-10 PuTTY 软件成功登录 SSH 服务器

(3) 在 Windows 的 PuTTY 软件中输入以下 Linux 命令。

```
pwd
ls
cd  upload
su  ubuntu
sudo  nano  你的姓名.txt
cat  你的姓名.txt
ls
sudo  cp  -r  /srv/ssh  ~/ubuntu
```

以上命令的执行效果如图 9-11 所示。图 9-11 中，无法使用 gedit 编辑文件，因为 gedit 对图形用户界面配置要求较高，PuTTY 不支持，因此，需要使用 nano 进行编辑。在打开的文件中输入“你的姓名”；按 Ctrl＋O 组合键写入，按 Enter 键确认文件名，按 Ctrl＋X 组合键退出 nano；最后，将服务器的 upload 目录复制到用户主目录。

```
$ pwd
/srv/ssh
$ ls
download  upload
$ cd upload
$ su ubuntu
密码:
(base) ubuntu@ubuntu:/srv/ssh/upload$ sudo nano yujian.txt
[sudo] ubuntu 的密码:
(base) ubuntu@ubuntu:/srv/ssh/upload$ cat yujian.txt
yujian
(base) ubuntu@ubuntu:/srv/ssh/upload$ ls
2019119101.jar  yujian.apk  yujian.txt
(base) ubuntu@ubuntu:/srv/ssh/upload$ sudo cp -r /srv/ssh ~/ubuntu
(base) ubuntu@ubuntu:/srv/ssh/upload$ _
```

图 9-11　PuTTY 软件中输入 Linux 命令

(4) 在 Ubuntu 操作系统查看操作结果。

在 Ubuntu 操作系统终端查看“你的姓名”用户主目录，输入以下命令：

```
cd ~
tree ubuntu
```

以上命令的执行效果如图 9-12 所示。关闭 PuTTY 软件，结束实验。

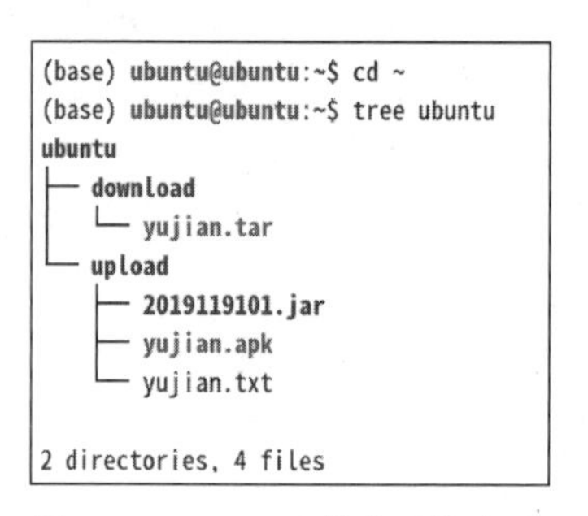

图 9-12　Ubuntu 操作系统查看 PuTTY 操作结果

9.2.4 FileZilla 软件传输方法

【例 9-8】 FileZilla 软件传输文件 SSH 服务器。

将本书配套资源中的 FileZilla_3.50.0_win64.zip 软件压缩包下载到 Windows 系统，并把这个文件解压到“当前文件夹”。

(1) FileZilla 软件登录 SSH 服务器。

打开 FileZilla-3.50.0 文件夹，双击运行 filezilla.exe 可执行文件。设置“主机”为 SSH 服务器地址，“用户名”为“你的姓名”“端口”为 22 或者 6666，如图 9-13 所示。

(2) FileZilla 软件在 SSH 服务器新建目录。

单击工具栏右侧的“快速连接”按钮，在弹出的“记住密码”对话框中，选中“保存密码”单

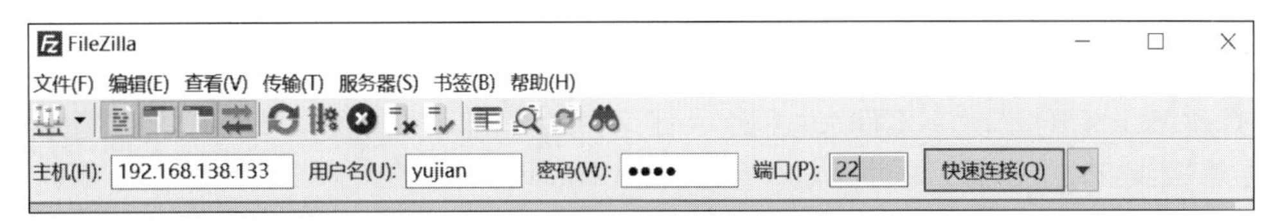

图 9-13　FileZilla 软件登录 SSH 服务器界面

选按钮，成功连接后，在右下方窗口中单击 upload 目录，接着在其下方的窗口中右击，在弹出的快捷菜单中选择“新建目录”命令，设置目录名为“你的姓名”。操作结果如图 9-14 所示。

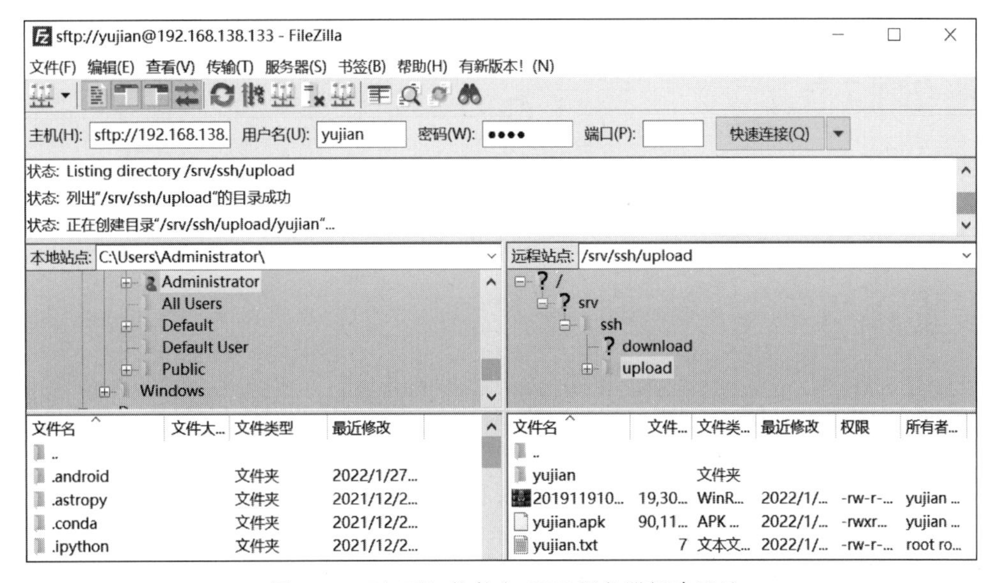

图 9-14　FileZilla 软件在 SSH 服务器新建目录

(3) FileZilla 软件下载 SSH 服务器上的文件夹。

在右上侧“远程站点”窗口选择 ssh 目录；在左上侧“本地站点”窗口选择“桌面”。选择右下侧的 download 和 upload 目录，拖放到左下侧的窗口中，将这两个目录下载到 Windows 系统的桌面上，如图 9-15 所示。

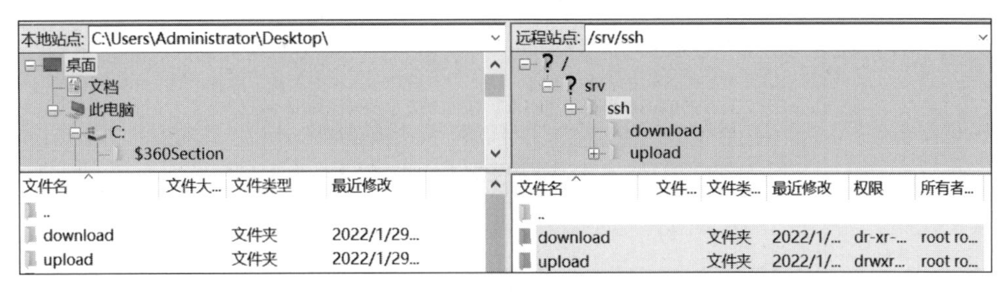

图 9-15　FileZilla 软件下载 SSH 服务器上的文件夹

9.2.5　WinScp 软件传输方法

【例 9-9】　WinScp 软件传输文件到 SSH 服务器。

将本书配套资源中的 WinSCP_5.19.5.rar 软件下载到 Windows 系统的桌面上，并选择这个文件,解压到"WinSCP_5.19.5\\"。

(1) WinScp软件登录SSH服务器。

打开WinSCP_5.19.5文件夹,双击运行WinSCP.exe可执行文件。在"登录"对话框中,选择"新建站点"图标,"文件协议"按默认选择SFTP,设置"主机名"为SSH服务器地址,"用户名"为"你的姓名","端口号"为22或6666,如图9-16所示。

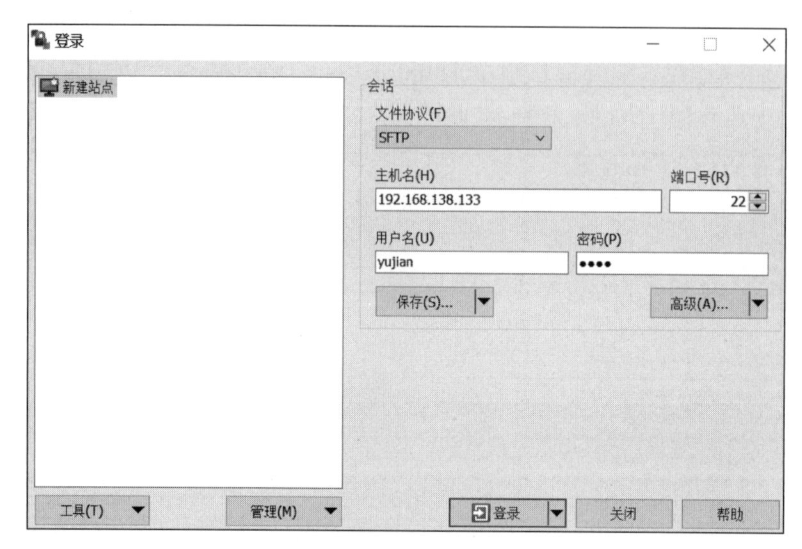

图9-16 WinScp软件登录SSH服务器界面

(2) WinScp软件在SSH服务器新建目录和文件。

单击"登录"按钮,弹出如图9-17所示的连接警告,单击"是"按钮。双击右侧窗口中的SSH服务器的upload目录,进入该目录窗口后,在空白处右击,在弹出来的快捷菜单中选择"新建"→"目录"命令,接着在弹出的"创建文件夹"对话框中设置"新文件夹名"为"你的学号",并选中"设置权限"复选按钮,然后在"八进制表"文本框中输入0755。

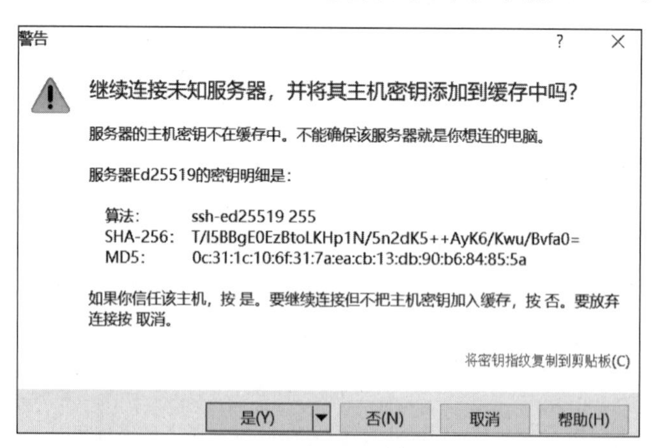

图9-17 WinScp软件连接SSH服务器警告

然后,右击空白处,在弹出的快捷菜单中选择"新建"→"文件"命令,在弹出的"创建文件夹"对话框中设置新文件夹名为"你的学号",并设置文件夹权限,如图9-18所示。接着在弹出的"编辑文件"对话框中输入"你的学号.txt",单击"确定"按钮,如图9-19所示。

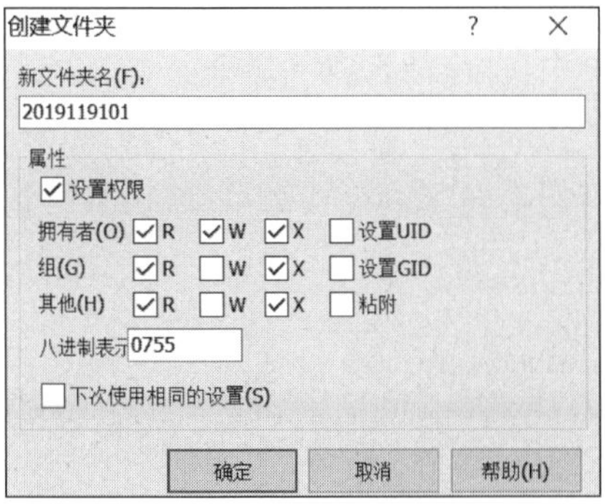

图 9-18　WinScp 软件设置文件夹权限

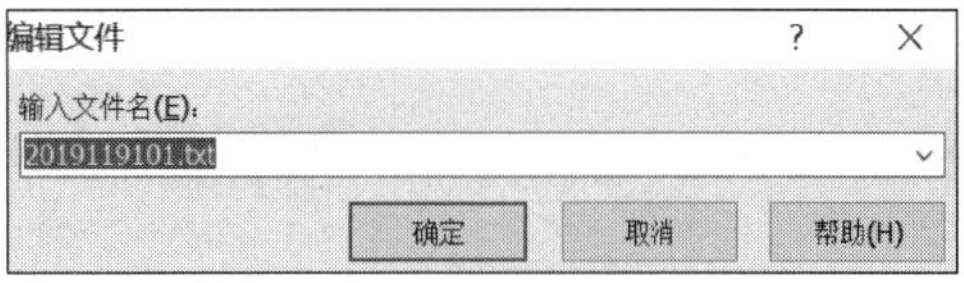

图 9-19　WinScp 软件新建文件

(3) WinScp 软件下载 SSH 服务器上的文件。

将右侧窗口 upload 目录中的“你的学号.jar”和“你的学号.txt”两个文件拖放到左侧窗口中 Windows 系统的桌面上，在弹出的对话框中单击“确定”按钮，这样就可以把 SSH 服务器中的两个文件下载到 Windows 系统的桌面，操作结果如图 9-20 所示。

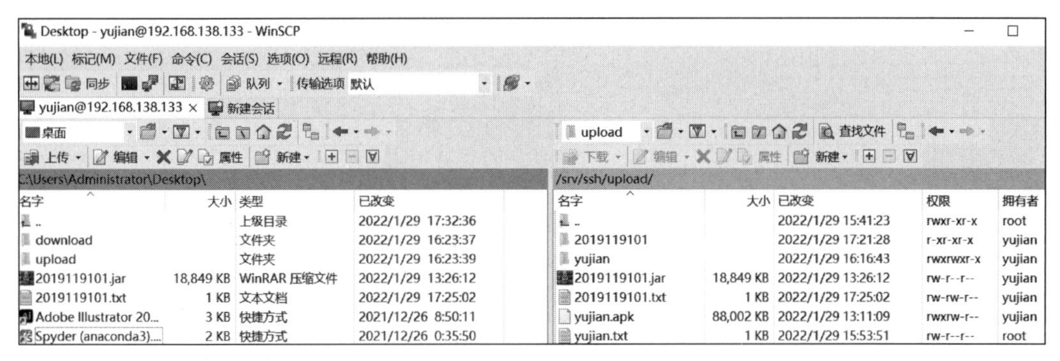

图 9-20　WinScp 软件下载 SSH 服务器上的文件

(4) WinScp 软件上传文件夹到 SSH 服务器。

在右侧窗口，双击右侧窗口中的 SH 服务器的“你的学号”文件夹，将左侧窗口，即 Windows 系统的桌面上 download 和 upload 目录拖放到右侧窗口空白处，即上传到“你的学号”文件夹，如图 9-21 所示。

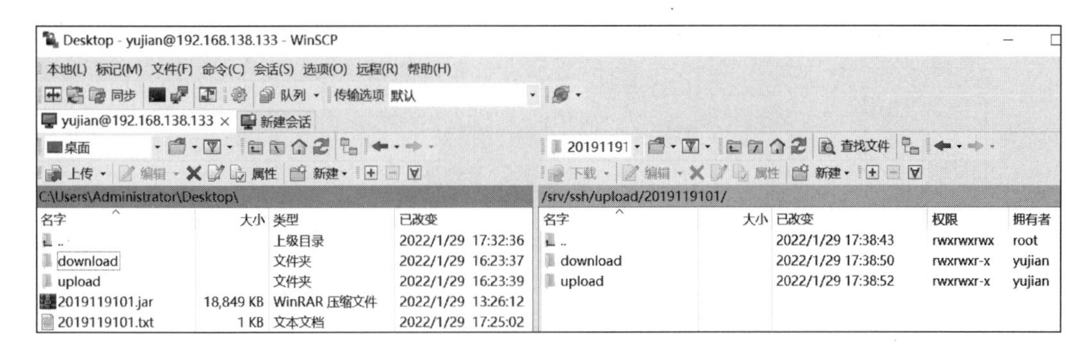

图 9-21　WinScp 软件上传文件夹到 SSH 服务器

(5) Ubuntu 操作系统查看 WinScp 操作结果。

在 Ubuntu 操作系统终端,查看"你的姓名"用户主目录,输入以下命令:

```
tree  /srv/ssh/upload
```

以上命令的执行效果如图 9-22 所示,关闭 WinScp 软件。

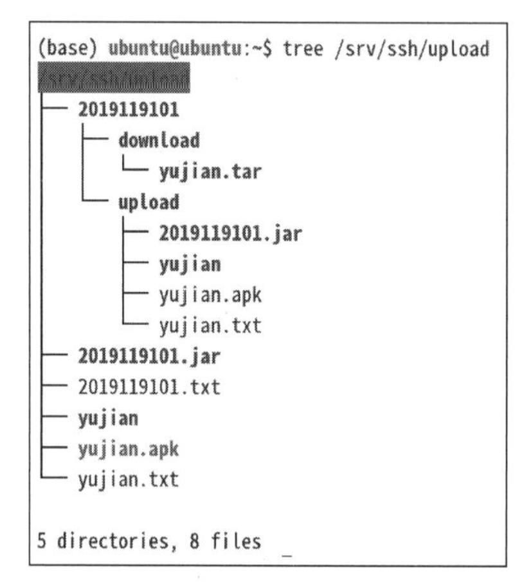

图 9-22 Ubuntu 操作系统查看 WinScp 操作结果

9.3 综合实例一:Wireshark 监听 SSH 登录信息

(1) 使用超级用户权限运行 Wireshark。

在 Ubuntu 操作系统的终端,必须使用超级用户权限运行 Wireshark 才能监听,输入以下命令:

```
sudo  wireshark
```

双击 ens33 网卡,开始监听,如图 9-23 所示。

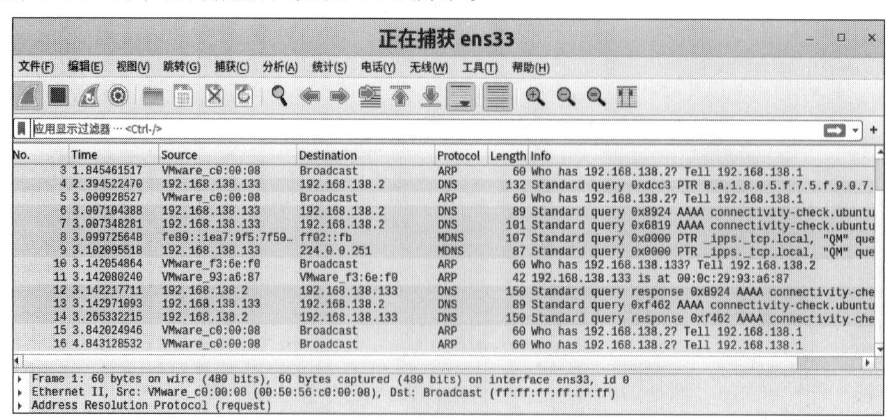

图 9-23 Wireshark 监听 ens33 网卡

（2）WinScp 软件登录 SSH 服务器。

打开 WinSCP_5.19.5 文件夹，双击运行 WinSCP.exe 可执行文件。在“登录”对话框中选择“新建站点”选项，“文件协议”按默认选择 SFTP，设置“主机名”为 SSH 服务器地址，“用户名”为“你的姓名”，“端口号”为 6666，然后单击“保存”按钮，接着在弹出的对话框中单击“确定”按钮，即按默认名称保存会话，然后单击“登录”按钮，如图 9-24 所示。

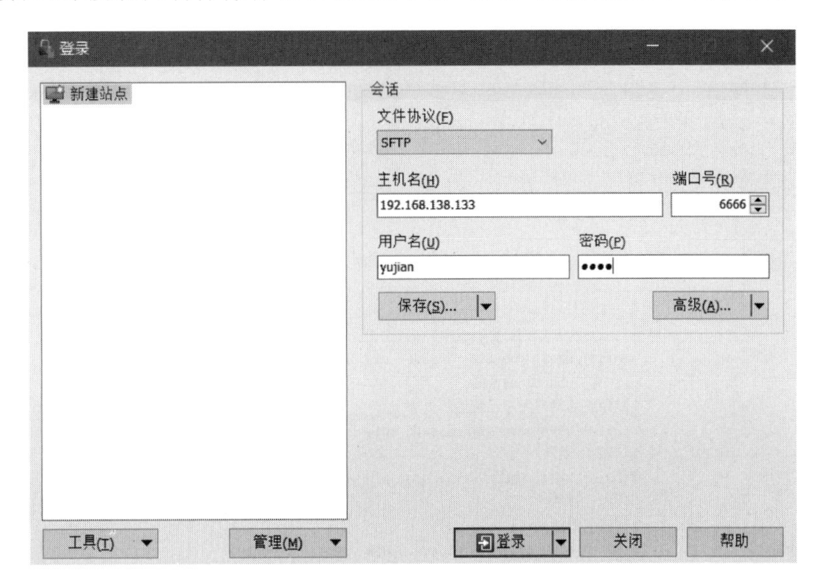

图 9-24　保存 Wireshark 会话

（3）设置 Wireshark 软件过滤条件并监听 SSH 登录信息。

切换回 Ubuntu 操作系统的 Wireshark 软件窗口，在过滤器栏输入以下过滤条件：

```
ssh && ip.addr = = SSH 服务器地址
```

注意过滤条件中，“&&”表示并且，“ip.addr”表示 IP 地址，“= =”两个等号表示“等于”号。输入过滤条件后按 Enter 键确认，或者单击过滤栏右侧的向右小箭头确认。操作结果如图 9-25 所示。从图 9-25 中可以发现，Wireshark 软件只能监听到 SSH 客户端(Client)登录了 SSH 服务器(Server)，无法像 FTP 服务器那样监听到登录的用户名和密码，只显示 Encrypted Packet 等加密信息。关闭 Wireshark，选择“停止并退出，不保存”。

*ens33

文件(F) 编辑(E) 视图(V) 跳转(G) 捕获(C) 分析(A) 统计(S) 电话(Y) 无线(W) 工具(T) 帮助(H)

ssh && ip.addr == 192.168.138.133

No.	Time	Source	Destination	Protocol	Length	Info
215	286.490341594	192.168.138.133	192.168.138.1	SSHv2	95	Server: Protocol (SSH-2.0-OpenSSH_8.2p1 Ubuntu-4ubuntu0.4)
216	286.496833837	192.168.138.1	192.168.138.133	SSHv2	85	Client: Protocol (SSH-2.0-WinSCP_release_5.19.5)
218	286.498568633	192.168.138.1	192.168.138.133	SSHv2	1246	Client: Key Exchange Init
220	286.499077960	192.168.138.133	192.168.138.1	SSHv2	1110	Server: Key Exchange Init
221	286.506510427	192.168.138.1	192.168.138.133	SSHv2	102	Client: Diffie-Hellman Key Exchange Init
223	286.511188330	192.168.138.133	192.168.138.1	SSHv2	262	Server: Diffie-Hellman Key Exchange Reply, New Keys
225	286.591431502	192.168.138.1	192.168.138.133	SSHv2	134	Client: New Keys, Encrypted packet (len=64)
227	286.592046853	192.168.138.133	192.168.138.1	SSHv2	118	Server: Encrypted packet (len=64)
228	286.607544320	192.168.138.1	192.168.138.133	SSHv2	134	Client: Encrypted packet (len=80)
229	286.614680027	192.168.138.133	192.168.138.1	SSHv2	134	Server: Encrypted packet (len=80)

图 9-25　设置 Wireshark 软件过滤条件并监听 SSH 登录信息

9.4 综合实例二：ufw 命令控制 SSH 的访问

本综合实例使用 ufw 防火墙命令控制 SSH 服务器访问。在 Ubuntu 操作系统的终端，输入以下命令：

```
sudo  ufw  enable
sudo  ufw  status
sudo  ufw  deny  22/tcp
sudo  ufw  deny  6666/tcp
sudo  ufw  status
```

以上命令的执行效果如图 9-26 所示，使用 ufw 命令禁用了 22 和 6666 这两个 TCP 端口。

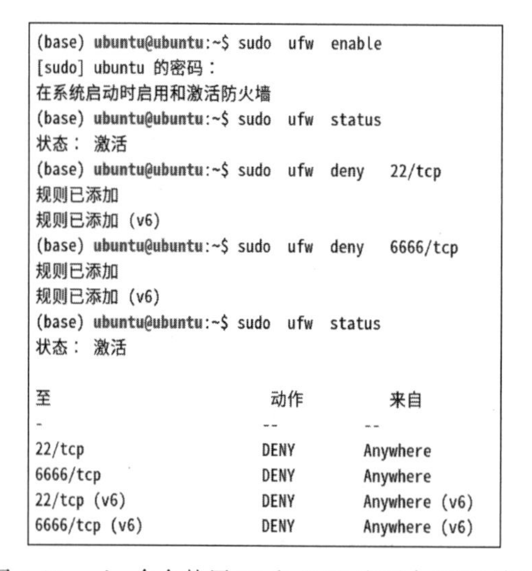

图 9-26　ufw 命令禁用 22 和 6666 这两个 TCP 端口

打开 WinSCP_5.19.5 文件夹，双击运行 WinSCP.exe 可执行文件。在"登录"对话框中选择已经保存的"站点"，"文件协议"按默认选择 SFTP，设置"主机名"为 SSH 服务器地址，"用户名"为"你的姓名"，"端口号"为 6666。使用"你的姓名"用户名和密码登录，结果无法登录。操作如图 9-27 所示。

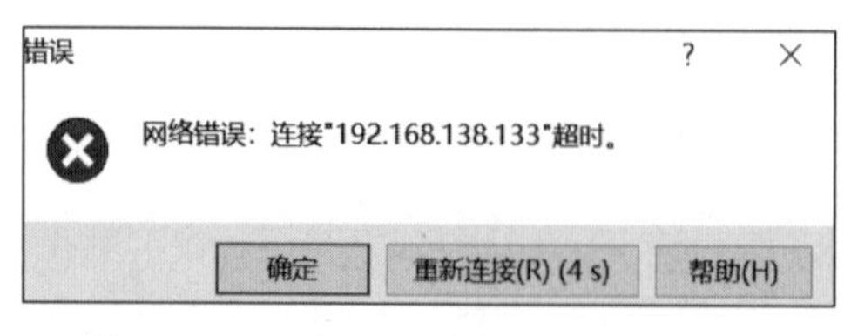

图 9-27　WinSCP 无法登录 SSH 服务器

使用 ufw 命令允许通过 22 端口和 6666 端口登录 SSH 服务器。在 Ubuntu 操作系统的终端，输入以下命令：

```
sudo  ufw  allow  22/tcp
sudo  ufw  allow  6666/tcp
sudo  ufw  status
```

以上命令的执行效果如图 9-28 所示。

```
(base) ubuntu@ubuntu:~$ sudo  ufw  allow  22/tcp
规则已更新
规则已更新 (v6)
(base) ubuntu@ubuntu:~$ sudo  ufw  allow  6666/tcp
规则已更新
规则已更新 (v6)
(base) ubuntu@ubuntu:~$ sudo  ufw  status
状态： 激活

至                          动作          来自
-                           --            --
22/tcp                      ALLOW         Anywhere
6666/tcp                    ALLOW         Anywhere
22/tcp (v6)                 ALLOW         Anywhere (v6)
6666/tcp (v6)               ALLOW         Anywhere (v6)
```

图 9-28 ufw 命令允许 22 和 6666 这两个 TCP 端口

使用 WinSCP 软件再次登录，就可以正常使用了。如果以上设置出现较多错误，可以使用 sudo ufw reset 重置防火墙规则，重做这个综合实例。

最后，禁用防火墙。输入以下命令：

```
sudo  ufw  disable
```

9.5 课后习题

单项选择题

1. 可以使用 Windows 端的 PuTTY 软件登录 Linux 的(　　)服务器。
   A. FTP　　B. Samba　　C. Apache　　D. SSH
2. 可以直接下载上传文件到 Linux 的 SSH 服务器的是(　　)。
   A. PuTTY　　B. FileZilla 和 WinScp
   C. Wireshark　　D. CuteFTP
3. 可以分别使用(　　)命令连接 SSH 服务器，并上传下载文件。
   A. curl 和 scp　　B. curl 和 wget
   C. putty 和 FileZilla　　D. curl 和 FTP
4. 使用 scp 命令，将某文件上传到 SSH 服务器某目录上，默认需要使用的端口是(　　)。
   A. 21　　B. 22　　C. 80　　D. 25
5. 使用 curl 命令，将某文件上传到 SSH 服务器某目录上，默认需要使用的端口是(　　)。
   A. 21　　B. 22　　C. 80　　D. 25

视频讲解

Apache网站服务器

本章主要介绍Apache服务器的安装和配置，包括验证目录、网站主页、PHP网页以及常用命令的配合使用，以及Linux防火墙命令ufw控制Apache网站的访问、禁止和允许本机访问外部网站。

Apache取自a patchy server的读音，音译为阿帕奇，意思是充满补丁的服务器。它是世界上最流行的Web服务器软件之一。安装Apache服务器的命令如下：

```
sudo  apt  install  apache2
```

10.1　Apache服务器的配置

10.1.1　查看Apache服务进程和端口

【例10-1】 查看Apache服务进程和端口。

本例为查看Apache服务进程和使用的端口。输入以下命令：

```
ps  -e | grep  apache
sudo  ss  -antp | grep  apache
sudo  lsof  -i: 80
```

以上命令的执行效果如图10-1所示。图10-1显示，Apache服务器开启了多个apache2进程，由root用户和虚拟用户www-data开启，监听端口为80。

10.1.2　修改Apache服务器主页

【例10-2】 修改Apache服务器主页。

本例来修改Apache服务器的默认主页。可以使用以下命令显示本机Apache服务器地址：

```
ip  a  show  ens33
```

本章中的Apache服务器地址与前面章节中的服务器地址一样，都是192.168.138.133。打开Ubuntu操作系统中的火狐浏览器，在地址栏分别输入：

```
Apache服务器地址
localhost
```

```
(base) ubuntu@ubuntu:~$ ps  -e | grep  apache
   1004 ?        00:00:02 apache2
   1019 ?        00:00:00 apache2
   1020 ?        00:00:00 apache2
   1021 ?        00:00:00 apache2
   1022 ?        00:00:00 apache2
   1023 ?        00:00:00 apache2
  15634 ?        00:00:00 apache2
(base) ubuntu@ubuntu:~$ sudo ss  -antp | grep  apache
[sudo] ubuntu 的密码：
LISTEN   0        511                  *:80                      *:*
     users:(("apache2",pid=15634,fd=4),("apache2",pid=1023,fd=4),("apache2",
pid=1022,fd=4),("apache2",pid=1021,fd=4),("apache2",pid=1020,fd=4),("apache2
",pid=1019,fd=4),("apache2",pid=1004,fd=4))
(base) ubuntu@ubuntu:~$ sudo  lsof  -i:80
COMMAND     PID     USER    FD    TYPE DEVICE SIZE/OFF NODE NAME
apache2    1004     root    4u   IPv6  47748      0t0  TCP *:http (LISTEN)
apache2    1019 www-data    4u   IPv6  47748      0t0  TCP *:http (LISTEN)
apache2    1020 www-data    4u   IPv6  47748      0t0  TCP *:http (LISTEN)
apache2    1021 www-data    4u   IPv6  47748      0t0  TCP *:http (LISTEN)
apache2    1022 www-data    4u   IPv6  47748      0t0  TCP *:http (LISTEN)
apache2    1023 www-data    4u   IPv6  47748      0t0  TCP *:http (LISTEN)
GeckoMain 15429   ubuntu  100u   IPv4 263325      0t0  TCP ubuntu:35482->a23-
54-81-91.deploy.static.akamaitechnologies.com:http (ESTABLISHED)
apache2   15634 www-data    4u   IPv6  47748      0t0  TCP *:http (LISTEN)
```

图 10-1 查看 Apache 服务器进程和端口

以上操作的执行结果如图 10-2 和图 10-3 所示。

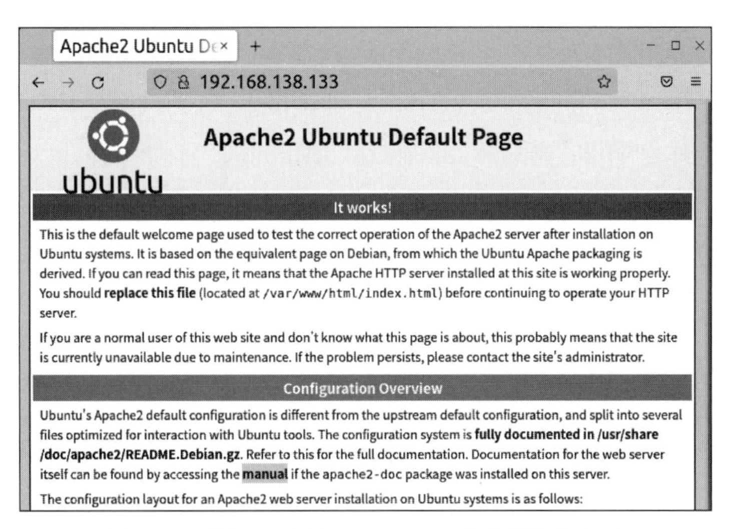

图 10-2 使用 IP 地址打开 Apache 服务器默认主页

可以发现，使用 localhost 显示的主页与输入 Apache 服务器 IP 地址完全一样。为了测试方便，以下实例将用 localhost 代替 Apache 服务器 IP 地址。

提示：读者可以将/var/www/html/index.html 替换为新的主页。

在 Ubuntu 操作系统的终端输入以下命令：

```
gedit  index.html
```

打开后，输入网页内容：

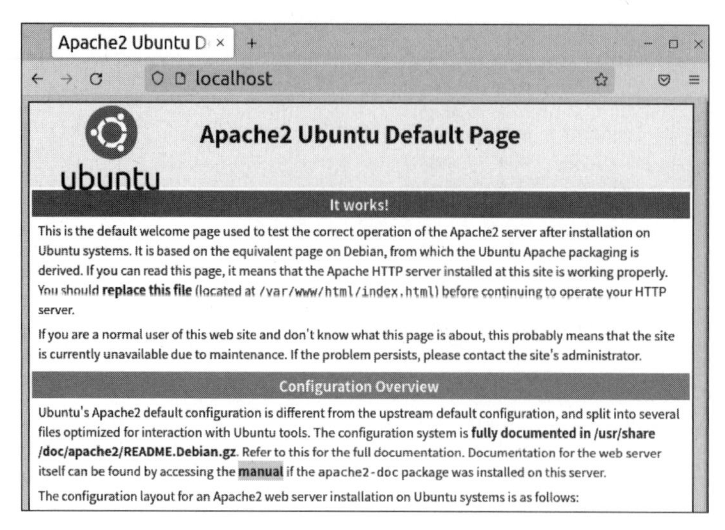

图 10-3　使用 localhost 打开 Apache 服务器默认主页

```
<html>
<head>
<title>HTML</title>
</head>
<body>
<font size="7">Hello,你的学号,你的姓名</font><br/>
</body>
</html>
```

注意修改“你的学号”和“你的姓名”并保存，关闭 index.html 文件。以上操作的执行效果如图 10-4 所示。

```
打开(O)          *index.html
1 <html>
2 <head>
3 <title>HTML</title>
4 </head>
5 <body>
6 <font size="7">Hello, 2019119101, yujian</font><br/>
7 </body>
8 </html>
```

图 10-4　编辑主页内容

在 Ubuntu 操作系统的终端输入以下命令：

```
sudo cp index.html /var/www/html
```

如上命令将 index.html 文件复制到/var/www/html 目录，这个目录是 Apache 服务器默认存放网页的目录，本章将经常使用这个目录。

打开火狐浏览器，在地址栏输入：

```
localhost
```

以上操作的执行效果如图 10-5 所示。

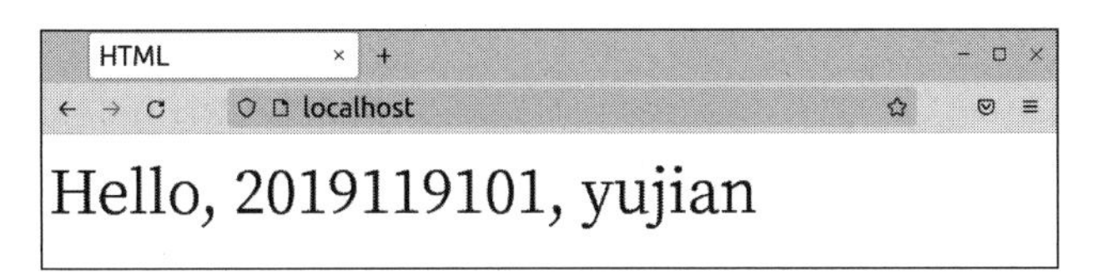

图 10-5　修改 Apache 服务器主页

10.1.3　修改服务端口

【例 10-3】　修改 Apache 服务器端口。

本例修改 Apache 服务器端口配置文件，将默认监听的 80 端口修改为监听 8080 端口。在 Ubuntu 操作系统的终端输入以下命令：

```
sudo  gedit  /etc/apache2/ports.conf
```

打开配置文件后，将 Listen　80 改为 Listen　8080，如图 10-6 所示。

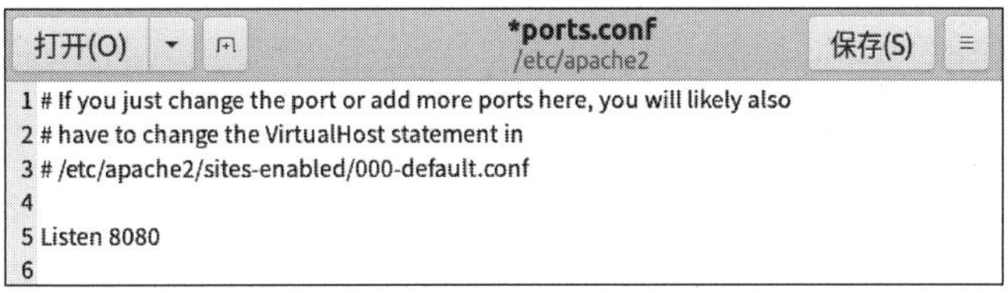

```
打开(O)  *ports.conf  保存(S)
         /etc/apache2
1 # If you just change the port or add more ports here, you will likely also
2 # have to change the VirtualHost statement in
3 # /etc/apache2/sites-enabled/000-default.conf
4
5 Listen 8080
6
```

图 10-6　修改 Apache 服务器端口

保存并关闭端口配置文件。修改 Apache 服务器配置文件后，需要重启 Apache 服务器。在 Ubuntu 操作系统的终端输入以下命令：

```
sudo  service  apache2  restart
sudo  ss  -antp | grep  apache
```

以上命令的执行效果如图 10-7 所示。可以发现，修改端口配置文件，并重启 Apache 服务器，它的监听端口已经修改为 8080。

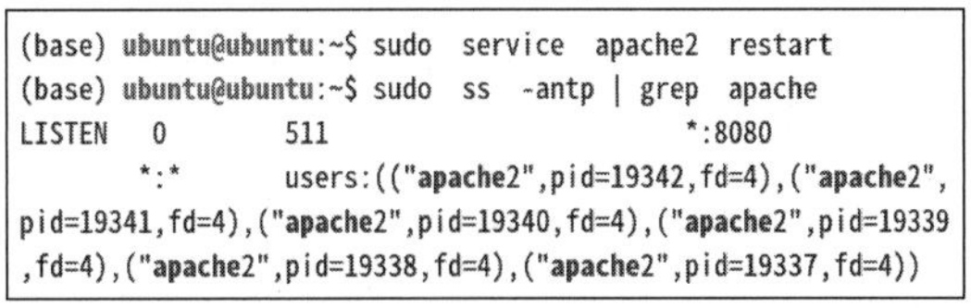

```
(base) ubuntu@ubuntu:~$ sudo  service  apache2  restart
(base) ubuntu@ubuntu:~$ sudo  ss  -antp | grep  apache
LISTEN   0      511                  *:8080
       *:*      users:(("apache2",pid=19342,fd=4),("apache2",
pid=19341,fd=4),("apache2",pid=19340,fd=4),("apache2",pid=19339
,fd=4),("apache2",pid=19338,fd=4),("apache2",pid=19337,fd=4))
```

图 10-7　Apache 服务器端口已经改为 8080

打开火狐浏览器，在地址栏分别输入：

```
localhost
localhost: 8080
```

直接输入 localhost,默认访问 80 端口,结果无法正常显示;而输入 localhost:8080,将显示正确的主页。需要注意的是,地址中的冒号为英文状态下的冒号。操作结果如图 10-8 所示。

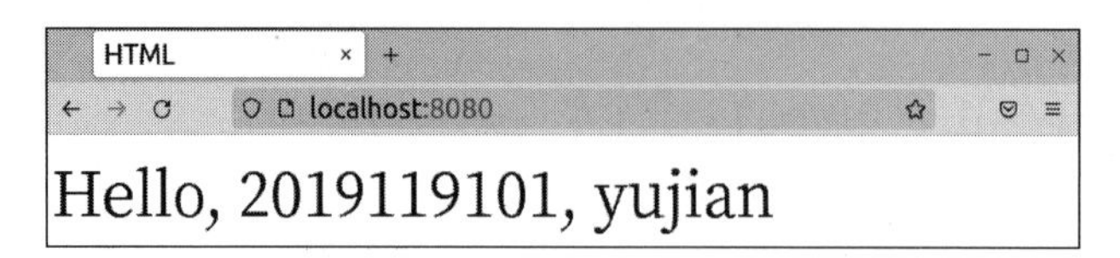

图 10-8　修改为 8080 端口后的 Apache 服务器主页

10.2　测试 PHP 动态网页

【例 10-4】 测试 PHP 动态网页在 Apache 服务器中的运行情况。

本例将测试 PHP 动态网页在 Apache 服务器中的运行情况。为了测试方便,先将 8080 端口改回 80 端口。在 Ubuntu 操作系统终端输入以下命令:

```
sudo  gedit  /etc/apache2/ports.conf
```

打开后,将 Listen　8080 改为 Listen　80。保存并关闭端口配置文件。

本例需要安装 php7.2,可以通过修改 PPA(Personal Package Archires,个人软件包档案)源安装。在 Ubuntu 操作系统的终端输入以下命令:

```
sudo  apt  install  software-properties-common
sudo  add-apt-repository  ppa: ondrej/php
sudo  apt  update
sudo  apt  install  php7.2
php  -v
```

PHP 安装成功后,需要修改 Apache 服务器的主配置文件/etc/apache2/apache2.conf,加入能让 Apache 服务器能够识别 PHP 的脚本网页文件的语句。在终端输入以下命令:

```
sudo  gedit  /etc/apache2/apache2.conf
```

打开后,在文件末尾按 Enter 键换行,加入以下语句:

```
AddType  application/x-httpd-php  .php
```

执行效果如图 10-9 所示,保存并关闭文件。

修改 Apache 服务器配置文件后,需要重启 Apache 服务器。在 Ubuntu 操作系统的终端输入以下命令:

```
sudo  service  apache2  restart
sudo  gedit  /var/www/html/test.php
```

打开后,输入:

```
打开(O)  *apache2.conf /etc/apache2  保存(S)
214 LogFormat "%h %l %u %t \"%r\" %>s %O" common
215 LogFormat "%{Referer}i -> %U" referer
216 LogFormat "%{User-agent}i" agent
217
218 # Include of directories ignores editors' and dpkg's backup files,
219 # see README.Debian for details.
220
221 # Include generic snippets of statements
222 IncludeOptional conf-enabled/*.conf
223
224 # Include the virtual host configurations:
225 IncludeOptional sites-enabled/*.conf
226
227 # vim: syntax=apache ts=4 sw=4 sts=4 sr noet
228
229 AddType application/x-httpd-php .php
230
```

图 10-9　修改 Apache 服务器的主配置文件

```
<html>
<head>
<title>PHP</title>
</head>
<body>
<?php
     for($i=1;$i<8;$i++){
   echo  '<font size='
.$i. '>Hello, 你的学号, 你的姓名<br>';}
?>
</body>
</html>
```

注意修改“你的学号”和“你的姓名”内容，如图 10-10 所示。保存并关闭文件。

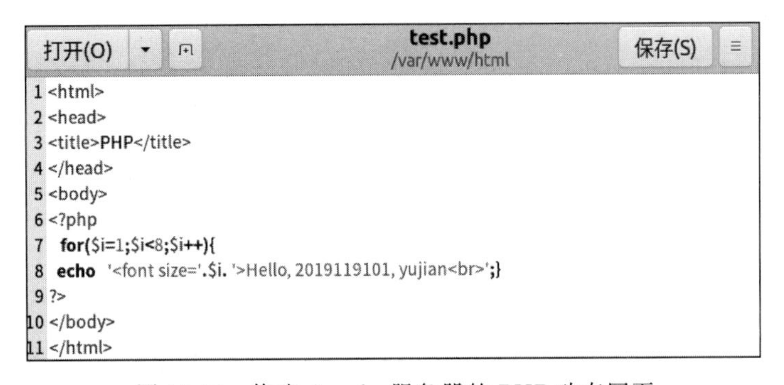

打开(O)
test.php
/var/www/html
保存(S)
1 <html>
2 <head>
3 <title>PHP</title>
4 </head>
5 <body>
6 <?php
7 for($i=1;$i<8;$i++){
8 echo '<font size='.$i. '>Hello, 2019119101, yujian
';}
9 ?>
10 </body>
11 </html>

图 10-10　修改 Apache 服务器的 PHP 动态网页

打开火狐浏览器，在地址栏输入：

```
localhost/test.php
```

打开的 PHP 动态网页的显示效果如图 10-11 所示。

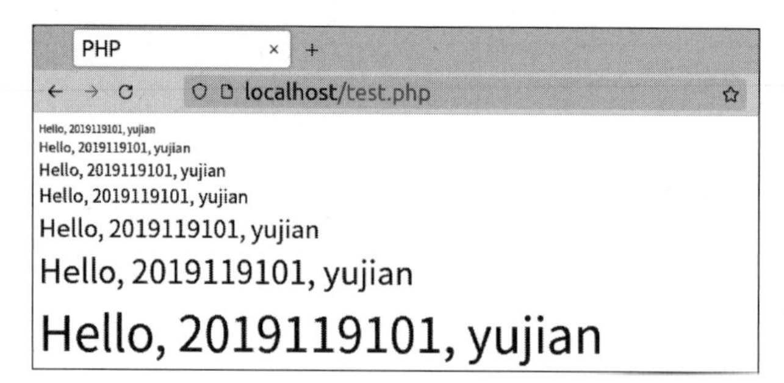

图 10-11　Apache 服务器的 PHP 动态网页显示效果

10.3　创建验证目录

【例 10-5】 测试 Apache 服务器验证目录。

本例为测试 Apache 服务器验证目录，验证目录需要输入用户名和密码才能进入。首先，需要创建验证目录，设置登录验证目录的用户名和密码。在 Ubuntu 操作系统的终端输入以下命令：

```
sudo  mkdir  -p  /var/www/html/auth
sudo  touch  /var/www/html/auth/你的姓名.html
sudo  mkdir  -p  /var/www/passwd
sudo  htpasswd  -c  /var/www/passwd/sh 你的姓名
```

以上命令的执行效果如图 10-12 所示。从图 10-12 中可以看出，创建了验证目录 auth，最后一条命令设置了“你的姓名”用户和登录验证目录的密码。

```
(base) ubuntu@ubuntu:~$ sudo  mkdir  -p  /var/www/html/auth
[sudo] ubuntu 的密码：
(base) ubuntu@ubuntu:~$ sudo  touch  /var/www/html/auth/yujian.html
(base) ubuntu@ubuntu:~$ sudo  mkdir  -p  /var/www/passwd
(base) ubuntu@ubuntu:~$ sudo  htpasswd  -c  /var/www/passwd/sh yujian
New password:
Re-type new password:
Adding password for user yujian
```

图 10-12　创建 Apache 服务器验证目录 auth 并设置用户名和密码

然后，在 Apache 服务器主配置文件中加入验证目录的配置信息。在 Ubuntu 操作系统的终端，输入以下命令：

```
sudo  gedit  /etc/apache2/apache2.conf
```

在打开的配置文件末尾，按 Enter 键，输入：

```
<Directory '/var/www/html/auth'>
AllowOverride None
AuthType basic
AuthName 'sh'
```

```
AuthUserFile /var/www/passwd/sh
require valid - user
</Directory>
```

以上操作的执行效果如图 10-13 所示。

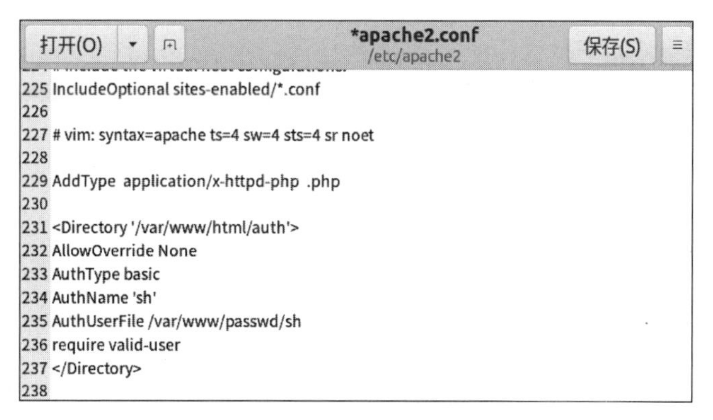

打开(O)
*apache2.conf
/etc/apache2
保存(S)
225 IncludeOptional sites-enabled/*.conf
226
227 # vim: syntax=apache ts=4 sw=4 sts=4 sr noet
228
229 AddType application/x-httpd-php .php
230
231 <Directory '/var/www/html/auth'>
232 AllowOverride None
233 AuthType basic
234 AuthName 'sh'
235 AuthUserFile /var/www/passwd/sh
236 require valid-user
237 </Directory>
238

图 10-13 加入 Apache 服务器验证目录配置信息

保存并关闭主配置文件。修改 Apache 服务器配置文件后，需要重启 Apache 服务器。在 Ubuntu 操作系统的终端入以下命令：

```
sudo  service  apache2  restart
```

打开火狐浏览器，在地址栏输入：

```
localhost/auth
```

输入“你的姓名”用户和密码，单击 Sign in 按钮登录，验证目录登录界面和登录结果分别如图 10-14 和图 10-15 所示。

图 10-14 验证目录登录界面

图 10-15 验证目录登录结果

10.4 综合实例一：同时开启两个网站

本综合实例分别使用 80 和 8080 端口映射两个网站目录：“你的学号”和“你的姓名”。这样，就可以使用两个不同的端口同时开启两个 Apache 网站了。

(1) 创建两个网站目录和两个主页。

在 Ubuntu 操作系统的终端输入以下命令：

```
sudo  mkdir  -p  /var/www/html/你的学号
sudo  mkdir  -p  /var/www/html/你的姓名
sudo  gedit  /var/www/html/你的学号/index.html
```

在打开的文件中输入：

```
<html>
<head>
<title>HTML</title>
</head>
<body>
<font size="9">你的学号</font><br/>
</body>
</html>
```

注意修改“你的学号”,保存并关闭文件。在 Ubuntu 操作系统的终端,输入以下命令：

```
sudo  gedit  /var/www/html/你的姓名/index.html
```

在打开的文件中输入：

```
<html>
<head>
<title>HTML</title>
</head>
<body>
<font size="9">你的姓名</font><br/>
</body>
</html>
```

注意修改“你的姓名”,保存并关闭文件。

以上命令的执行效果如图 10-16 所示。

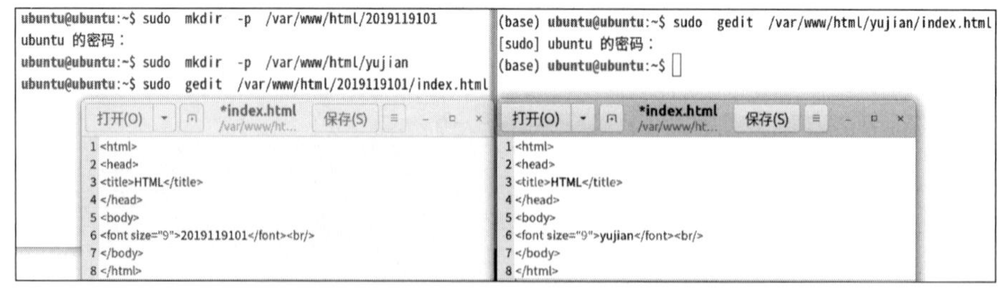

图 10-16 创建两个网站目录和两个主页

(2) 修改 Apache 服务器端口配置文件。

在 Ubuntu 操作系统的终端,输入以下命令：

```
sudo  gedit  /etc/apache2/ports.conf
```

打开该 Apache 服务器的端口配置文件后，将光标定位在 Listen　80 末尾，然后按 Enter 键，并追加以下内容：

```
Listen  8080
```

如上命令的执行效果如图 10-17 所示。

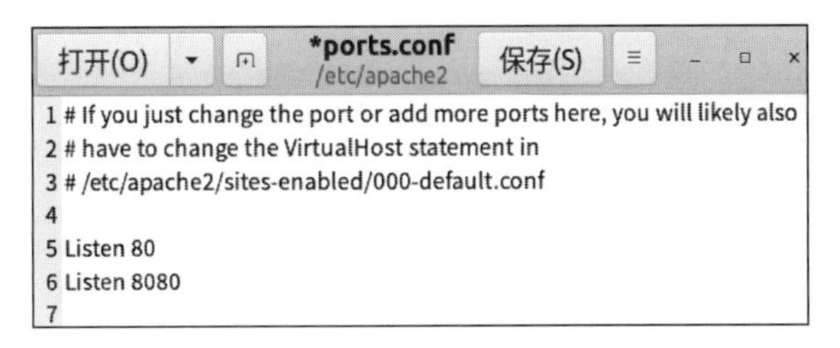

图 10-17　修改 Apache 服务器端口配置文件追加 8080 端口

(3) 修改 Apache 服务器主配置文件。

在 Ubuntu 操作系统的终端，输入以下命令：

```
sudo  gedit  /etc/apache2/apache2.conf
```

打开该 Apache 服务器的主配置文件后，将光标移动到文件末尾按 Enter 键换行，追加以下内容：

```
<VirtualHost 127.0.0.1:80>
    DocumentRoot /var/www/html/你的学号/
    ErrorLog ${APACHE_LOG_DIR}/error.log
    CustomLog ${APACHE_LOG_DIR}/access.log combined
</VirtualHost>
<VirtualHost 127.0.0.1:8080>
    DocumentRoot /var/www/html/你的姓名/
    ErrorLog ${APACHE_LOG_DIR}/error.log
    CustomLog ${APACHE_LOG_DIR}/access.log combined
</VirtualHost>
```

注意修改“你的学号”和“你的姓名”。以上命令的执行效果如图 10-18 所示。

保存并关闭配置文件。修改 Apache 服务器配置文件后，需要重启 Apache 服务器。输入以下命令：

```
sudo  service  apache2  restart
sudo  ss  -antp | grep  apache
```

以上命令的执行效果如图 10-19 所示，Apache 服务器同时监听 8080 和 80 端口。

(4) 通过两个不同的端口打开两个 Apache 网站主页。

打开火狐浏览器，在地址栏中分别输入：

```
227 # vim: syntax=apache ts=4 sw=4 sts=4 sr noet
228
229 AddType application/x-httpd-php .php
230
231 <Directory '/var/www/html/auth'>
232 AllowOverride None
233 AuthType basic
234 AuthName 'sh'
235 AuthUserFile /var/www/passwd/sh
236 require valid-user
237 </Directory>
238
239 <VirtualHost 127.0.0.1:80>
240     DocumentRoot /var/www/html/2019119101/
241     ErrorLog ${APACHE_LOG_DIR}/error.log
242     CustomLog ${APACHE_LOG_DIR}/access.log combined
243 </VirtualHost>
244 <VirtualHost 127.0.0.1:8080>
245     DocumentRoot /var/www/html/yujian/
246     ErrorLog ${APACHE_LOG_DIR}/error.log
247     CustomLog ${APACHE_LOG_DIR}/access.log combined
248 </VirtualHost>
```

图 10-18　修改 Apache 服务器主配置文件

```
(base) ubuntu@ubuntu:~$ sudo service apache2 restart
[sudo] ubuntu 的密码：
(base) ubuntu@ubuntu:~$ sudo ss -antp | grep apache
LISTEN   0        511                 *:8080
        *:*        users:(("apache2",pid=21614,fd=6),("apache2",
pid=21613,fd=6),("apache2",pid=21612,fd=6),("apache2",pid=21611
,fd=6),("apache2",pid=21610,fd=6),("apache2",pid=21609,fd=6))
LISTEN   0        511                 *:80
        *:*        users:(("apache2",pid=21614,fd=4),("apache2",
pid=21613,fd=4),("apache2",pid=21612,fd=4),("apache2",pid=21611
,fd=4),("apache2",pid=21610,fd=4),("apache2",pid=21609,fd=4))
```

图 10-19　Apache 服务器同时监听 8080 和 80 端口

```
localhost
localhost: 8080
```

以上操作的执行效果如图 10-20 所示。从图 10-20 中可以看出，通过 80 端口和 8080 端口分别打开了 2019119101 和 yujian 两个 Apache 网站主页。

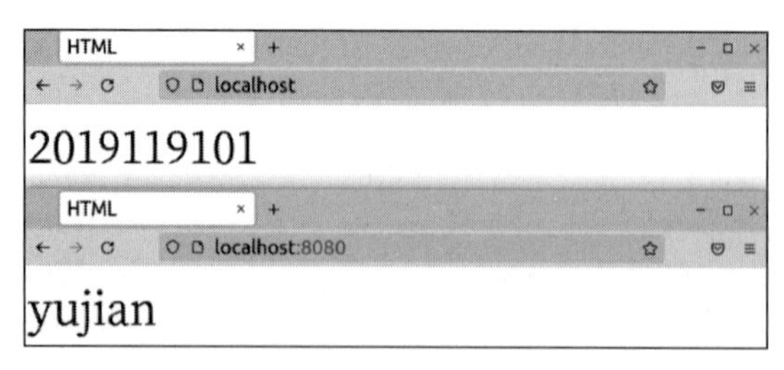

图 10-20　通过两个不同的端口打开两个 Apache 网站主页

10.5　综合实例二：ufw 命令控制网站的访问

本综合实例通过 ufw 命令控制 Apache 网站的访问，主要包括以下四方面的内容。

(1) 测试主机与虚拟机之间的连通情况。

在 Windows 系统中按 Win+R 组合键。打开“运行”对话框，在“运行”文本框中输入 cmd，单击“确定”按钮进入命令行，输入如下命令：

```
ping  Apache 服务器地址
```

查看是否能连通，如果能连通则进入下面的步骤，否则需要检查网络连接状况，据网络环境设置虚拟机的网络设置为 NAT 模式或桥接模式。

(2) 禁止和允许外网通过 HTTP 访问本机 Apache 网站。

在 Ubuntu 操作系统的终端输入以下命令：

```
sudo  ufw  enable
sudo  ufw  deny  in  http
sudo  ufw  status
```

以上命令的执行效果如图 10-21 所示。从图 10-21 中可以发现，通过 ufw status 命令，防火墙禁止 HTTP 后，添加了一条的规则：80/tcp DENY Anywhere。实际上，防火墙命令 sudo ufw deny in http 与 sudo ufw deny in 80/tcp 的执行效果是相同的。

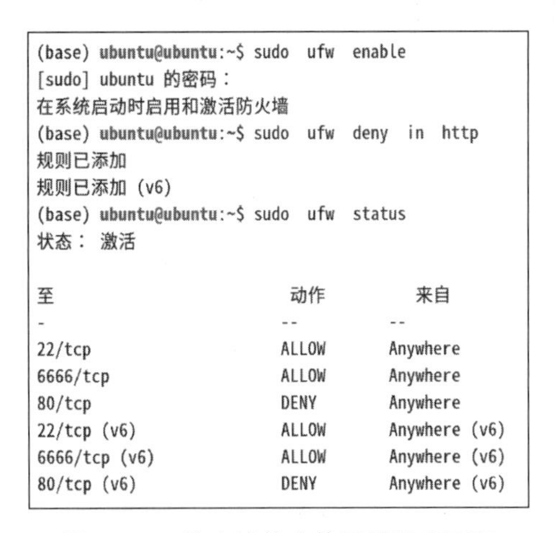

图 10-21　防火墙禁止外网通过 HTTP 访问的 ufw 命令

接下来查看防火墙禁止外网地址通过 HTTP 访问虚拟机的 Apache 服务器后的网站访问结果。在 Windows 系统中打开网页浏览器，在地址栏输入：

```
Apache 服务器地址
```

以上操作的执行效果如图 10-22 所示。

图 10-22　防火墙禁止外网通过 HTTP 访问的网站主页

然后，允许外部网站地址通过 HTTP 访问虚拟机的 Apache 服务器，并删除第 9 章所创建的两条允许 SSH 连接的防火墙规则，输入以下命令：

```
sudo  ufw  allow  in  http
sudo  ufw  delete  allow  22/tcp
sudo  ufw  delete  allow  6666/tcp
sudo  ufw  status
```

以上命令的执行效果如图 10-23 所示。从图 10-23 中可以发现，通过 ufw status 命令，防火墙允许 HTTP 后，添加了一条规则：80/tcp　ALLOW　Anywhere。

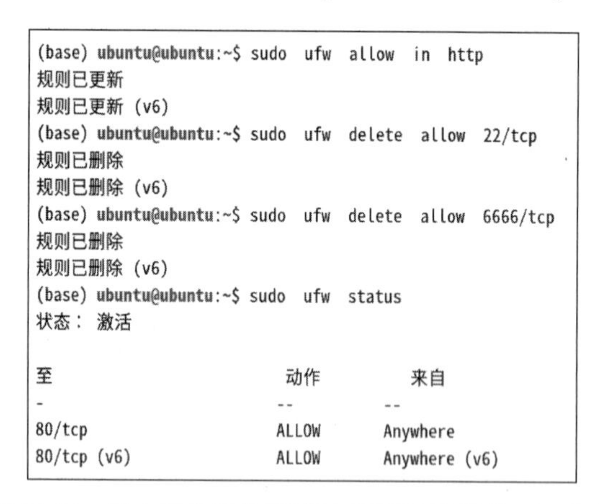

```
(base) ubuntu@ubuntu:~$ sudo  ufw  allow  in  http
规则已更新
规则已更新 (v6)
(base) ubuntu@ubuntu:~$ sudo  ufw  delete  allow  22/tcp
规则已删除
规则已删除 (v6)
(base) ubuntu@ubuntu:~$ sudo  ufw  delete  allow  6666/tcp
规则已删除
规则已删除 (v6)
(base) ubuntu@ubuntu:~$ sudo  ufw  status
状态： 激活

至                          动作          来自
-                           --            --
80/tcp                      ALLOW         Anywhere
80/tcp (v6)                 ALLOW         Anywhere (v6)
```

图 10-23　防火墙允许外网通过 HTTP 访问的 ufw 命令

接下来查看防火墙允许外网地址通过 HTTP 访问虚拟机的 Apache 服务器后的网站访问结果。在 Windows 系统中打开网页浏览器，再次输入网址或刷新网页：

```
Apache 服务器地址
```

以上操作的执行效果如图 10-24 所示。

(3) 禁止和允许本机通过 HTTP 访问外网。

在 Ubuntu 操作系统的终端输入以下命令：

```
sudo  ufw  deny  out  http
sudo  ufw  status
```

以上命令的执行效果如图 10-25 所示。从图 10-25 中可以发现，通过 ufw status 命令，防火墙禁止本机通过 HTTP 访问外网后，添加了一条规则：80/tcp DENY OUT Anywhere。

图 10-24 防火墙允许外网通过 HTTP 访问的网站主页

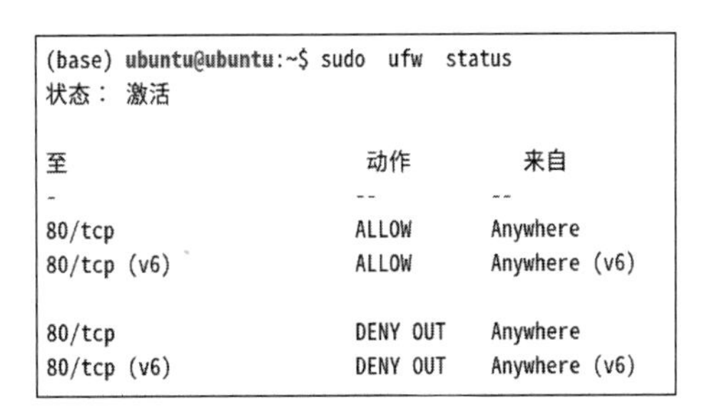

图 10-25 防火墙禁止本机通过 HTTP 访问的 ufw 命令

接下来，测试禁止后，本机访问使用 HTTP 的科学网主页的效果。打开 Ubuntu 操作系统的火狐浏览器，输入网址：

```
http://www.sciencenet.cn
```

打开科学网主页的效果如图 10-26 所示，显示连接超时。

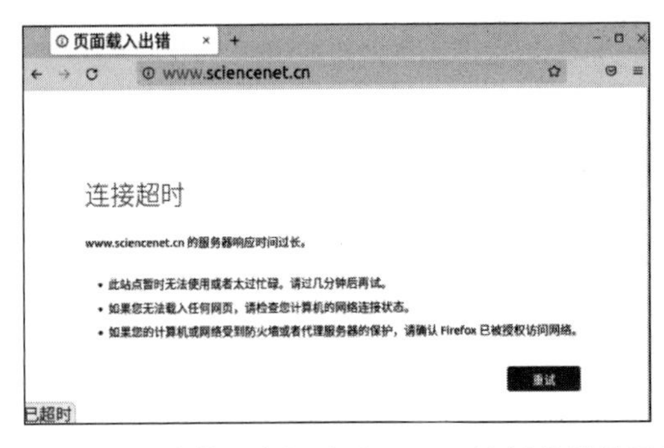

图 10-26 防火墙禁止本机通过 HTTP 访问的科学网主页

然后，允许本机通过 HTTP 访问外网。在 Ubuntu 操作系统的终端输入以下命令：

```
sudo ufw allow out http
sudo ufw status
```

以上命令的执行效果如图 10-27 所示，防火墙规则已经改为 80/tcp ALLOW OUT Anywhere。

接下来，测试允许后，本机访问使用 HTTP 的科学网主页的效果。打开 Ubuntu 操作

```
(base) ubuntu@ubuntu:~$ sudo ufw allow out http
规则已更新
规则已更新 (v6)
(base) ubuntu@ubuntu:~$ sudo  ufw  status
状态： 激活

至                          动作          来自
-                           --            --
80/tcp                      ALLOW         Anywhere
80/tcp (v6)                 ALLOW         Anywhere (v6)

80/tcp                      ALLOW OUT     Anywhere
80/tcp (v6)                 ALLOW OUT     Anywhere (v6)
```

图 10-27　防火墙允许本机通过 HTTP 访问的 ufw 命令

系统的火狐浏览器，再次输入网址或者刷新网页：

```
http://www.sciencenet.cn
```

打开科学网主页的效果如图 10-28 所示，可正常显示。

图 10-28　防火墙允许本机通过 HTTP 访问的"科学网"主页

(4) 禁止本机通过 HTTPS 访问外网。

在 Ubuntu 操作系统的终端输入以下命令：

```
sudo ufw deny out https
sudo ufw status
```

以上命令的执行效果如图 10-29 所示。从图 10-29 中可以发现，通过 ufw status 命令，防火墙禁止本机通过 HTTPS 访问外网后，添加了一条的规则：443/tcp DENY OUT Anywhere。

接下来，测试禁止后，本机访问使用 HTTPS 的"凤凰网"主页的效果。打开 Ubuntu 操作系统的火狐浏览器，输入网址：

```
https://www.ifeng.com
```

```
(base) ubuntu@ubuntu:~$ sudo ufw deny out https
规则已添加
规则已添加 (v6)
(base) ubuntu@ubuntu:~$ sudo ufw status
状态： 激活

至                            动作          来自
-                             --            --
80/tcp                        ALLOW         Anywhere
80/tcp (v6)                   ALLOW         Anywhere (v6)

80/tcp                        ALLOW OUT     Anywhere
443/tcp                       DENY OUT      Anywhere
80/tcp (v6)                   ALLOW OUT     Anywhere (v6)
443/tcp (v6)                  DENY OUT      Anywhere (v6)
```

图 10-29　防火墙禁止本机通过 HTTPS 访问的 ufw 命令

打开“凤凰网”主页的效果如图 10-30 所示。

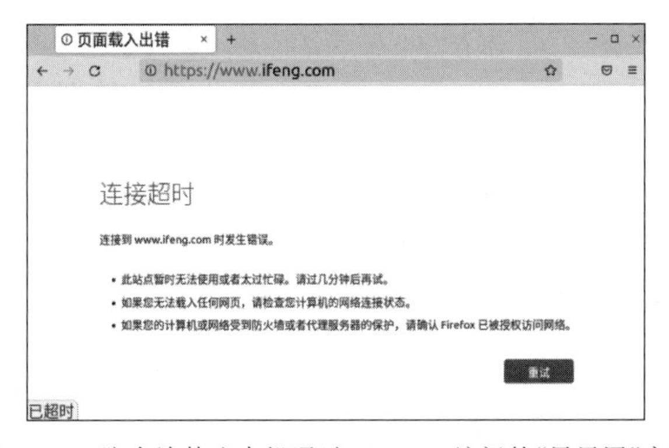

图 10-30　防火墙禁止本机通过 HTTPS 访问的“凤凰网”主页

然后，允许本机通过 HTTPS 访问外网。在 Ubuntu 操作系统的终端输入以下命令：

```
sudo ufw allow out https
sudo ufw status
```

以上命令的执行效果如图 10-31 所示，防火墙规则已经改为 443/tcp ALLOW OUT Anywhere。

```
(base) ubuntu@ubuntu:~$ sudo ufw allow out https
规则已更新
规则已更新 (v6)
(base) ubuntu@ubuntu:~$ sudo ufw status
状态： 激活

至                            动作          来自
-                             --            --
80/tcp                        ALLOW         Anywhere
80/tcp (v6)                   ALLOW         Anywhere (v6)

80/tcp                        ALLOW OUT     Anywhere
443/tcp                       ALLOW OUT     Anywhere
80/tcp (v6)                   ALLOW OUT     Anywhere (v6)
443/tcp (v6)                  ALLOW OUT     Anywhere (v6)
```

图 10-31　防火墙允许本机通过 HTTPS 访问的 ufw 命令

接下来，测试允许后，本机访问使用 HTTPS 的“凤凰网”主页的效果。打开 Ubuntu 操作系统的火狐浏览器，再次输入网址或者刷新网页：

```
https://www.ifeng.com
```

此时可以打开“凤凰网”主页。

10.6 课后习题

填空题

1. 更改 Apache 服务器端口 80 为 8080，需要修改配置文件中的 Listen 80 为________。

2. 使用超级用户权限，重新启动 apache2 服务器的命令是________。

3. Apache 服务器默认存放网页的目录是________。

4. 禁止本机访问某个“不健康”网站，需要使用命令________编辑相应的配置文件。

5. 使用超级用户权限和 Linux 防火墙命令禁止本机访问外部 https 网站的命令是________。

6. 使用超级用户权限和 Linux 防火墙命令禁止外部 IP 地址访问本机 http 网站的命令是________。

7. 某用户更改 Apache 服务器端口为 8080，并测试本地主页，那么他需要打开火狐浏览器，在地址栏输入________或者________。

8. 使用超级用户权限查看什么进程使用了 80 端口的完整命令是________。

9. 测试 Apache 网站时，可以使用________代替服务器 IP 地址。

10. 修改 Apache 服务器的默认端口需要编辑的文件是________。

sendmail邮件服务器

本章主要介绍 sendmail 邮件服务器的安装和配置，包括使用 sendmail 发送邮件、查看 sendmail 邮件服务器的状态、通过查看邮件服务器最新 log 文档分析邮件的发送情况和查看发邮件的端口的方法。安装 sendmail 邮件服务器的语句如下：

```
sudo apt install sendmail
sudo apt install sendmail -cf
sudo apt install mailutils
sudo apt install sharutils
```

11.1　查看 sendmail 邮件服务进程和端口

【例 11-1】　查看 sendmail 邮件服务器进程和端口。

输入以下命令：

```
ps   -e | grep   sendmail
pgrep   sendmail
sudo   ss    -antp | grep   sendmail
sudo   lsof    -i: 25
```

以上命令的执行效果如图 11-1 所示。从图 11-1 中可以看出，通过 ps -e 命令和 pgrep 命令查看到 sendmail 邮件服务器的进程 sendmail-mta 已经启动，通过 ss -antp 命令列出所有的(-a)、数字的(-n)、TCP 的(-t)、进程的(-p)socket 连接，查看到包含 SendMail 的进程名的服务进程使用 TCP 的 25 端口和 587 端口、PID 为 1866。

可以发现，使用 lsof 命令查看 25 端口，可以查看到 sshd 进程的用户是 root，因此，使用 lsof 命令和 ss 命令查看 sendmail -mta 进程端口和 PID 等信息时，需要使用超级用户权限。

```
(base) ubuntu@ubuntu:~$ ps  -e |grep  sendmail
   1866 ?        00:00:00 sendmail-mta
(base) ubuntu@ubuntu:~$ pgrep sendmail
1866
(base) ubuntu@ubuntu:~$ sudo  ss  -antp | grep  sendmail
LISTEN    0         10              127.0.0.1:587                0.0.0.0:*
 users:(("sendmail-mta",pid=1866,fd=5))
LISTEN    0         10              127.0.0.1:25                 0.0.0.0:*
 users:(("sendmail-mta",pid=1866,fd=4))
(base) ubuntu@ubuntu:~$ sudo  lsof   -i:25
COMMAND     PID USER   FD   TYPE DEVICE SIZE/OFF NODE NAME
sendmail- 1866 root    4u  IPv4  61798      0t0  TCP localhost:smtp (LISTEN)
```

图 11-1　查看 sendmail 邮件服务器进程和端口

11.2 修改 sendmail 邮件服务器的配置

【例 11-2】 修改 sendmail 邮件服务器的配置。

为了使 sendmail 邮件服务器能够发送邮件到本机之外的邮件服务器，需要修改 sendmail 邮件服务器的配置。输入以下命令：

```
sudo  gedit  /etc/mail/sendmail.mc
```

打开文件后，找到 DAEMON_OPTIONS(`Family=inet, Name=MTA-v4, Port=smtp, Addr=127.0.0.1')dnl 这句话，将其中的 127.0.0.1 改为 0.0.0.0，如图 11-2 所示。

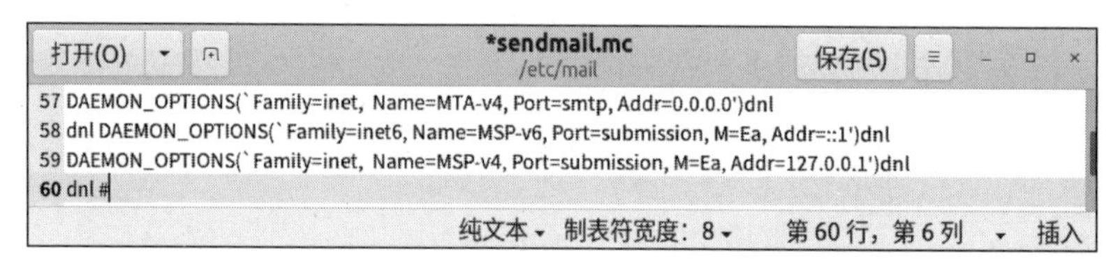

图 11-2 修改 sendmail 邮件服务器的配置

其他内容不要修改，保存并关闭文件。接下来切换到 root 用户，生成新的 sendmail 邮件服务器配置文件，并使新的配置文件生效。输入以下命令：

```
su  root
cd  /etc/mail
cp  sendmail.cf  sendmail.cf~
m4  sendmail.mc > sendmail.cf
sudo  service  sendmail  restart
exit
```

以上命令的执行效果如图 11-3 所示。需要注意的是，必须切换到 root 用户才能使用 m4 命令使配置文件生效，而不能只是使用超级用户权限。另外，重启 sendmail 邮件服务器需要耗费 1～2min。

```
(base) ubuntu@ubuntu:~$ cd /etc/mail
(base) ubuntu@ubuntu:/etc/mail$ su root
密码：
root@ubuntu:/etc/mail# cp  sendmail.cf  sendmail.cf~
root@ubuntu:/etc/mail# m4  sendmail.mc > sendmail.cf
root@ubuntu:/etc/mail# sudo  service  sendmail  restart
root@ubuntu:/etc/mail# exit
exit
(base) ubuntu@ubuntu:/etc/mail$
```

图 11-3 使 sendmail 邮件服务器的配置生效

新的 sendmail 邮件服务器的配置生效后，查看一下 sendmail 邮件服务器的运行状态。输入以下命令：

```
cd ～
sudo service sendmail status
```

以上命令的执行效果如图 11-4 所示。从 sendmail 邮件服务器的状态可以发现，sendmail 邮件服务器已经重启成功，但是出现了“My unqualified host name(ubuntu) unknown; sleeping for retry”“unable to qualify my own domain name(ubuntu) --using short name”这些用红色提示的错误信息。这表示服务器无法将当前主机名 ubuntu 作为域名。

```
(base) ubuntu@ubuntu:~$ sudo service sendmail status
●sendmail.service - LSB: powerful, efficient, and scalable Mail Transport Agent
     Loaded: loaded (/etc/init.d/sendmail; generated)
     Active: active (running) since Mon 2022-01-31 12:24:57 CST; 3min 12s ago
       Docs: man:systemd-sysv-generator(8)
    Process: 10547 ExecStart=/etc/init.d/sendmail start (code=exited, status=0/>
      Tasks: 1 (limit: 4593)
     Memory: 3.6M
     CGroup: /system.slice/sendmail.service
             └─10724 sendmail: MTA: accepting connections

1月 31 12:23:35 ubuntu su[10590]: (to smmsp) root on none
1月 31 12:23:35 ubuntu su[10590]: pam_unix(su:session): session opened for user>
1月 31 12:23:35 ubuntu su[10590]: pam_unix(su:session): session closed for user>
1月 31 12:23:45 ubuntu sm-mta[10603]: My unqualified host name (ubuntu) unknown>
1月 31 12:23:47 ubuntu sm-msp-queue[10720]: My unqualified host name (ubuntu) u>
1月 31 12:24:55 ubuntu sm-mta[10603]: unable to qualify my own domain name (ubu>
1月 31 12:24:56 ubuntu sm-mta[10724]: starting daemon (8.15.2): SMTP+queueing@0>
1月 31 12:24:57 ubuntu sm-msp-queue[10720]: unable to qualify my own domain nam>
1月 31 12:24:57 ubuntu sendmail[10547]:     ...done.
1月 31 12:24:57 ubuntu systemd[1]: Started LSB: powerful, efficient, and scalab>
lines 1-20/20 (END)
```

图 11-4 sendmail 邮件服务器的运行状态

11.3 hostname 临时修改主机名命令

因为单独由字母组成的 hostname 容易被邮件服务器拒绝，可以改成 xxx. com 或者其他的域名形式。

【例 11-3】 hostname 命令临时修改主机名。

本例为使用 hostname 命令临时修改主机名，并将其修改为“你的姓名. com”。

```
hostname
sudo hostname 你的姓名.com
hostname
```

以上命令的执行效果如图 11-5 所示，当前主机名已经改为 yujian. com。但是这种临时修改主机名的方法，重启后会恢复原主机名。

```
(base) ubuntu@ubuntu:~$ hostname
ubuntu
(base) ubuntu@ubuntu:~$ sudo hostname yujian.com
(base) ubuntu@ubuntu:~$ hostname
yujian.com
```

图 11-5 hostname 命令临时修改主机名

11.4 永久修改主机名的方法

因为临时修改主机名在发送电子邮件时，会与 Linux 服务器中 hosts 中的名字冲突，导致 sendmail 邮件服务器发送邮件缓慢或者失败。因此，仍需要永久修改主机名才能正常发送邮件。

【例 11-4】 永久修改主机名。

永久修改主机名需要修改两个配置文件。输入以下命令：

```
sudo  gedit  /etc/hostname
```

将 ubuntu 改为“你的姓名. com”。

如上命令的执行效果如图 11-6 所示。

图 11-6 修改/etc/hostname 配置文件

保存并关闭文件。输入以下命令：

```
sudo  gedit  /etc/hosts
```

将“127.0.1.1 ubuntu”改为“127.0.1.1 你的姓名. com”。其他内容不需要修改。如上命令的执行效果如图 11-7 所示。

图 11-7 修改/etc/hosts 配置文件

保存后关闭。输入以下命令：

```
reboot
```

修改好这两个配置文件后，需要重启 Ubuntu 操作系统才能使配置生效。

11.5 mail 发送邮件命令

命令功能：使用 sendmail 邮件服务器发送邮件。

命令语法：mail ［选项］ 收件人邮箱。

常用参数：mail 命令的常用参数及其含义如表 11-1 所示。

表 11-1　mail 命令的常用参数及其含义

常用参数	含　义
-s	指定邮件的主题
-c	指定抄送(副本)的收信人邮件地址
-u	读取指定用户的邮件
-v	执行时显示详细的信息

【例 11-5】　echo 命令生成邮件内容通过 mail 命令发送。

本例采用 echo 命令生成简单的邮件内容,并使用"你的姓名"用户,通过 mail 命令发送。如果只发给某个邮箱,可以采用以下方式：

```
echo  "邮件内容"|mail   -s  "邮件标题"  收件人邮箱
```

如果同时发送给多个收件人,则需要加上-c 参数,格式如下所示：

```
echo  "邮件内容"|mail   -s  "邮件标题"   -c 收件人 1 邮箱   收件人 2 邮箱
```

需要注意的是,当使用"你的姓名"用户 mail 命令发送邮件时,是不需要超级用户权限的,但查看邮件发送情况日志则需要。当前"你的姓名"用户默认只加入了"你的姓名"用户组,因此,需要将该用户附加到超级用户组。输入以下命令：

```
sudo  usermod   -aG  sudo 你的姓名
su  你的姓名
echo  "你的姓名"|mail   -s  "Mail from 你的姓名"   你的邮箱
sudo  tail -n  1  /var/log/mail.log
```

以上命令的执行效果如图 11-8 所示,查看 sendmail 邮件服务器日志文件的末尾部分最后一行,如果出现"stat=Sent(ok)",则表示发送成功。

```
(base) ubuntu@yujian:~$ sudo  usermod  -aG  sudo yujian
[sudo] ubuntu 的密码：
(base) ubuntu@yujian:~$ su yujian
密码：
$ echo  "yujian" | mail  -s  "Mail from yujian"  czyujian@139.com
$ sudo  tail  -n  1  /var/log/mail.log
Jan 31 22:56:18 yujian sm-mta[7260]: 20VEuI6D007258: to=<czyujian@139.com>, ctladdr
=<yujian@yujian.com> (10000/10000), delay=00:00:00, xdelay=00:00:00, mailer=esmtp,
pri=120331, relay=mx1.mail.139.com. [120.232.169.1], dsn=2.0.0, stat=Sent (ok)
```

图 11-8　echo 命令生成邮件内容通过 mail 命令发送

需要注意的是,使用 tail 查阅发邮件的 log 文件时,如果出现 stat=Deferred 的提示,则表明邮件延迟,等待传递；如果出现 stat=Sent 的提示,则说明邮件已经发送给收件人的邮件服务器,但还没有收到确认。那么,可以等待一会后再次使用 tail 查看发邮件的 log 文件,直至出现 Sent(ok),即表示发送成功。

可以到 czyujian@139. com 收取邮件,查看发件人信息、标题和内容,如图 11-9 所示。

【例 11-6】　文件重定向生成 mail 命令发邮件内容。

本例采用文件重定向方法生成简单的邮件内容,并使用"你的姓名"用户,通过 mail 命令发送。如果只发给某个邮箱,可以采用以下方式：

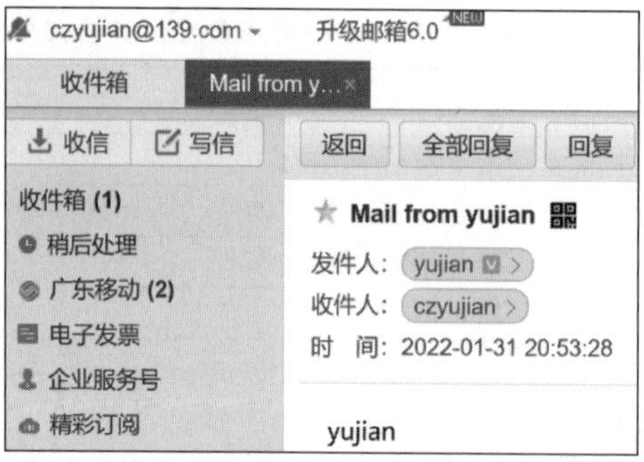

图 11-9　在 139.com 邮箱上查看邮件(echo 命令)

```
mail   -s  "邮件标题"  收件人邮箱<文件名.
```

如果同时发送给多个收件人，则需要加上-c 参数，格式如下：

```
mail   -s  "邮件标题"   -c 收件人 1 邮箱  收件人 2 邮箱<文件名.
```

首先需要编辑文本文件。输入以下命令：

```
su  你的姓名
sudo  nano  你的姓名.txt
```

输入以下内容：

```
I am a student.
My name is yujian.
I am working hard.
```

注意修改“你的姓名”。按 Ctrl+O 组合键确定写入名字并保存，按 Ctrl+X 组合键退出。输入以下命令：

```
mail   -s  "Mail from 你的姓名"  你的邮箱 < 你的姓名.txt
sudo  tail -n  1  /var/log/mail.log
```

以上命令的执行效果如图 11-10 所示。需要注意的是，不能使用 gedit 命令编辑“你的姓名.txt”，因为 gedit 命令的运行需要 Ubuntu Gnome 桌面环境的支持。当使用 su 切换到另外一个用户时，Gnome 桌面环境默认情况下是不允许其他用户的图形程序的图形显示在当前屏幕上的。因此，如果这时运行 gedit 会出现“cannot open display::0”和“Unable to init server:无法连接:拒绝连接”的错误提示。

```
(base) ubuntu@yujian:~$ su yujian
密码：
$ sudo nano yujian.txt
[sudo] yujian 的密码：
$ mail  -s  "Mail  from  yujian"  czyujian@139.com < yujian.txt
$ sudo  tail  -n  1  /var/log/mail.log
Jan 31 22:51:47 yujian sm-mta[7222]: 20VEplsD007220: to=<czyujian@139.com>, ctladdr
=<yujian@yujian.com> (10000/10000), delay=00:00:00, xdelay=00:00:00, mailer=esmtp,
pri=120380, relay=mx1.mail.139.com. [120.232.169.1], dsn=2.0.0, stat=Sent (ok)
```

图 11-10　文件重定向生成 mail 命令发邮件内容

然后，到 139 邮箱收取邮件。注意，使用文件重定向生成发邮件内容，并使用 mail 命令发送后，邮件会被自动移至垃圾邮件。可以到垃圾邮件处查看发件人信息、标题和内容，如图 11-11 所示。

Mail from yujian
发件人：yujian
收件人：czyujian
时 间：2022-01-31 22:51:47
这是一封垃圾箱中的邮件，请勿轻信密保、汇款、中奖信息，

I am a student.
My name is yujian.
I am working hard.

图 11-11 在 139.com 邮箱上查看邮件（重定向方法）

11.6 uuencode 发送带附件邮件命令

uuencode 命令功能：uuencode 编码方式将任意的二进制文件转换为文本文件，转换后的文件可以通过纯文本 e-mail 进行传输，在接收方对该文件进行 uudecode，即将其转换为原来的二进制文件。

uuencode 命令语法：

```
uuencode  附件名称  附件显示名称|mail -s  邮件主题 收件人邮箱
```

【例 11-7】 uuencode 命令发送带附件邮件。

本例将前面例子中复制到主目录的 a.jpg 文件压缩为“你的姓名.zip”，然后使用 uuencode 命令发送到“你的邮件”。输入以下命令：

```
sudo  zip  你的姓名.zip  /home/ubuntu/a.jpg
uuencode 你的姓名.zip 你的姓名.zip|mail -s  "Mail from 你的姓名"你的邮箱
sudo  tail  -n  1  /var/log/mail.log
```

以上命令的执行效果如图 11-12 所示。

```
$ sudo zip yujian.zip /home/ubuntu/a.jpg
[sudo] yujian 的密码：
  adding: home/ubuntu/a.jpg (deflated 6%)
$ uuencode yujian.zip yujian.zip | mail -s "Mail  from yujian "  czyujian@139.com
$ sudo  tail  -n  1  /var/log/mail.log
Feb  1 00:10:14 yujian sm-mta[7973]: 20VG0smq007866: to=<czyujian@139.com>, ctladdr=<yujia
n@yujian.com> (10000/10000), delay=00:09:20, xdelay=00:00:00, mailer=esmtp, pri=231565, re
lay=mx1.mail.139.com. [120.232.169.1], dsn=2.0.0, stat=Sent (ok)
```

图 11-12 uuencode 命令发送带附件邮件

由于139网站邮箱没有对uudecode命令编码的文本文件转换为原来的二进制文件，因此，在网站上查收到的邮件是乱码。本书采用Foxmail软件收取邮件，则能够正常显示附件，如图11-13所示。

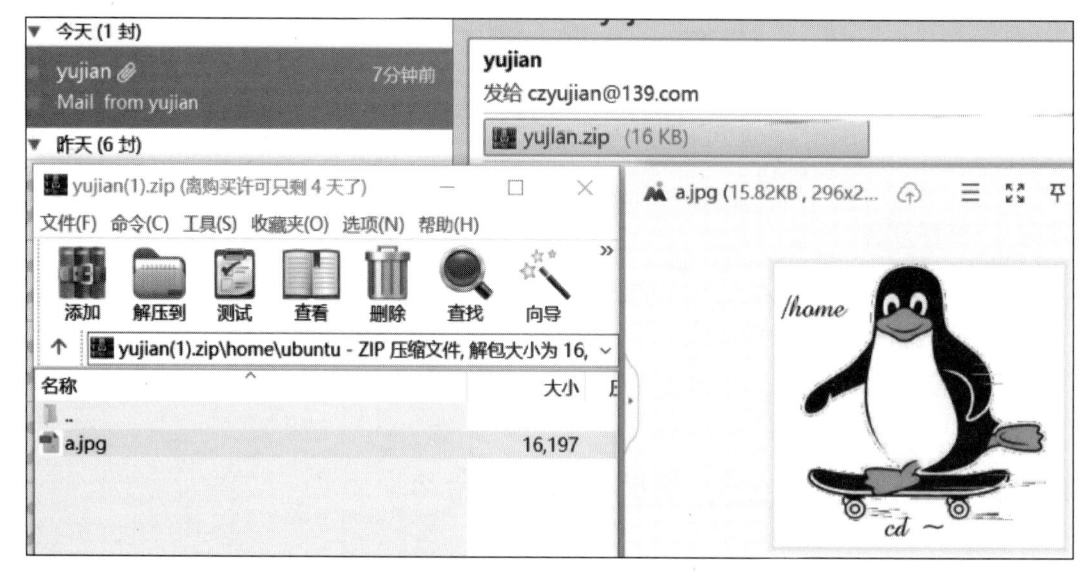

图11-13　在139.com邮箱上查看邮件(uuencode命令带附件)

11.7　综合实例：发送邮件给登录用户

本综合实例模拟两位登录Linux系统的用户ubuntu和“你的姓名”。Ubuntu使用mail命令发邮件给“你的姓名”用户，“你的姓名”用户收到邮件后回复对方。

(1) 编辑sendmail邮件服务器的配置文件，将“你的姓名.com”加入局部域。

```
exit
sudo  gedit  /etc/mail/sendmail.mc
sudo  service  sendmail  restart
```

打开这个sendmail邮件服务器的配置文件，在文件末尾，按Enter键换行，加入以下语句：

```
LOCAL_DOMAIN('你的姓名.com')
```

如上语句的作用是告诉sendmail邮件服务器，“你的姓名.com”是本地域。保存文件，然后重启sendmail邮件服务器。以上操作的执行效果如图11-14所示。

(2) Ubuntu用户发送邮件给“你的姓名”用户，查看“你的姓名”用户sendmail邮件。

输入以下命令：

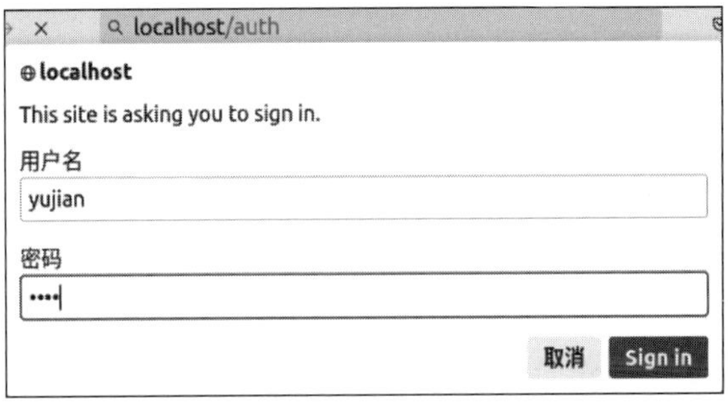

localhost/auth
localhost
This site is asking you to sign in.
用户名
yujian
密码
••••
取消 Sign in

图 11-14 sendmail 邮件服务器的配置文件加入局部域

```
echo  "Do you have time for a coffee?" | mail  你的姓名@你的姓名.com
sudo  mail  -u  你的姓名
```

以上命令的执行效果如图 11-15 所示。

```
(base) ubuntu@yujian:~$ echo  "Do you have time for a coffee?" | mail  yujian@yujian.com
(base) ubuntu@yujian:~$ sudo  mail  -u  yujian
"/var/mail/yujian": 2 messages 2 new
>N   1 Mail Delivery Subs — 1月 31 20:5  63/2357  Returned mail: see transc
 N   2 Ubuntu20           二 2月  1 10:2  14/549
? 2
Return-Path: <ubuntu@yujian.com>
Received: from yujian.com (localhost [127.0.0.1])
        by yujian.com (8.15.2/8.15.2/Debian-18) with ESMTP id 2112NrKM012268
        for <yujian@yujian.com>; Tue, 1 Feb 2022 10:23:53 +0800
Received: (from ubuntu@localhost)
        by yujian.com (8.15.2/8.15.2/Submit) id 2112NrM0012267;
        Tue, 1 Feb 2022 10:23:53 +0800
Date: Tue, 1 Feb 2022 10:23:53 +0800
From: Ubuntu20 <ubuntu@yujian.com>
Message-Id: <202202010223.2112NrM0012267@yujian.com>
To: <yujian@yujian.com>
X-Mailer: mail (GNU Mailutils 3.7)

Do you have time for a coffee?
?
```

图 11-15 Ubuntu 用户发送邮件和 yujian 用户收邮件

(3) 使用"你的姓名"用户发送邮件给 Ubuntu 用户，查看 ubuntu 用户的 sendmail 邮件。

打开一个新的终端，输入以下命令：

```
su  yujian
sudo  echo  "Sorry,I'm really busy today." | mail ubuntu@你的姓名.com
exit
sudo  mail  -u  ubuntu
```

以上命令的执行效果如图 11-16 所示。

```
(base) ubuntu@yujian:~$ su yujian
密码：
$ sudo  echo  "Sorry，I'm really busy today."  | mail  ubuntu@yujian.com
[sudo] yujian 的密码：
$ exit
(base) ubuntu@yujian:~$ sudo mail -u ubuntu
[sudo] ubuntu 的密码：
"/var/mail/ubuntu": 2 messages 2 new
>N   1 Ubuntu20           二 2月   1 10:2  15/565   ubuntu
 N   2 yujian@yujian.com  二 2月   1 10:4  14/538
? 2
Return-Path: <yujian@yujian.com>
Received: from yujian.com (localhost [127.0.0.1])
        by yujian.com (8.15.2/8.15.2/Debian-18) with ESMTP id 2112eCui014905
        for <ubuntu@yujian.com>; Tue, 1 Feb 2022 10:40:12 +0800
Received: (from yujian@localhost)
        by yujian.com (8.15.2/8.15.2/Submit) id 2112eCDr014904;
        Tue, 1 Feb 2022 10:40:12 +0800
Date: Tue, 1 Feb 2022 10:40:12 +0800
From: yujian@yujian.com
Message-Id: <202202010240.2112eCDr014904@yujian.com>
To: <ubuntu@yujian.com>
X-Mailer: mail (GNU Mailutils 3.7)

Sorry，I'm really busy today.
```

图 11-16　yujian 用户发送邮件和 Ubuntu 用户收邮件

11.8　课后习题

一、单项选择题

1. 使用 sendmail 邮件服务器发送带附件(test. zip)的邮件，信息为 Mail from me，目标邮箱为 abc@xx. com，以下命令正确的是(　　)。

A. sudo echo "test. zip" | mail -s "Mail from me" abc@xx. com

B. sudo uuencode test. zip test | mail -s Mail from me abc@xx. com

C. sudo sendmail "test. zip" | "Mail from me" abc@xx. com

D. sudo uuencode test. zip test | Mail from me abc@xx. com

2. sendmail 邮件服务器的配置，需要编辑(　　)文件。

A. /etc/mail/mail. mc

B. /etc/mail/sendmail. mc

C. /etc/mail/sendmail. cf

D. /etc/mail/mail. cf

二、填空题

1. Ubuntu 操作系统包含系统运行电子邮件服务器的日志信息(包括 sendmail 日志)的文件是________。提示：只写文件路径和文件名。

2. 使用超级用户权限，查看 sendmail 邮件服务器状态的命令是________。

3. 使用超级用户权限，临时将主机名改为 yy. com 的命令是________。

4. 查看发邮件的端口的命令是________或者________。提示：不需要超级用户权限。

5. 要永久修改主机名，需要修改的配置文件是________和________。

6. 使用超级用户权限查看 ubuntu 用户的 sendmail 邮件的命令是________。

7. 使用 echo 和 mail 命令，发送 sendmail 邮件标题 test，邮件内容 OK 给 ubuntu 用户，域名是 happy. com 的命令是________________。

8. 使用 echo 和 mail 命令，邮件标题 test，邮件内容采用文本文件 xx. txt，发送 sendmail 邮件给 ubuntu 用户，域名是 happy. com 的命令是________________。

9. 将 a. jpg 作为附件，附件标题是 a. jpg，标题是 Mail from ubuntu，发送 sendmail 到邮箱 user@happy. com 的命令是________________。

10. 使用超级用户权限，查看 sendmail 邮件服务器日志文件的末尾部分，最后一行的命令是________________。

第三部分　软　件　篇

第12章 Linux系统的软件安装方法

Linux 操作系统软件的通常有八种安装方法：rpm、Yum、源代码编译、新立得图形界面、apt 命令、dpkg 命令、gdebi 命令和 bash 命令。rpm 和 Yum 安装方法只适用于 RedHat 系列的 Linux 系统，包括 RedHat、Fedora、CentOS、SUSE 等 Linux 系统，不适合 Debian 系列的 Linux 系统。本章主要介绍后六种适合 Ubuntu 操作系统的软件安装方法。

12.1 源代码编译安装方式

Linux 系统的源代码主要使用.tar、tar.gz、tar.bz2 等压缩包格式。使用前，需要先使用 tar 命令进行解压。然后进入解压后的目录中，使用 ls -F 命令查看可执行文件，可执行文件末尾会添加 * 号作为标志。

源代码安装方式一般按照以下步骤执行：

```
su  root                    #通常需要 root 用户权限
./configure                 #检查编译环境
make                        #编译源代码
make  install               #将编译生成的可执行文件安装到当前系统
make  clean                 #清除一些临时文件
```

3.5 节的综合实例就是采用源代码方式安装了 john 破解系统密码软件，这里不再赘述。

12.2 新立得图形界面安装软件

单击 Ubuntu 操作系统桌面左侧的 A 图标，可以打开图形界面安装软件，如图 12-1 所示。

例如，若打算安装物联网相关软件可以选择 Devices and IoT，如图 12-2 所示。

再单击想要安装的软件，如 Raspberry Pi 树莓派计算机编程教育，运行在嵌入式系统的 micropython 等。这种图形界面安装软件使用方便，但安装过程容易出现错误，而且难以定位出错的地方。

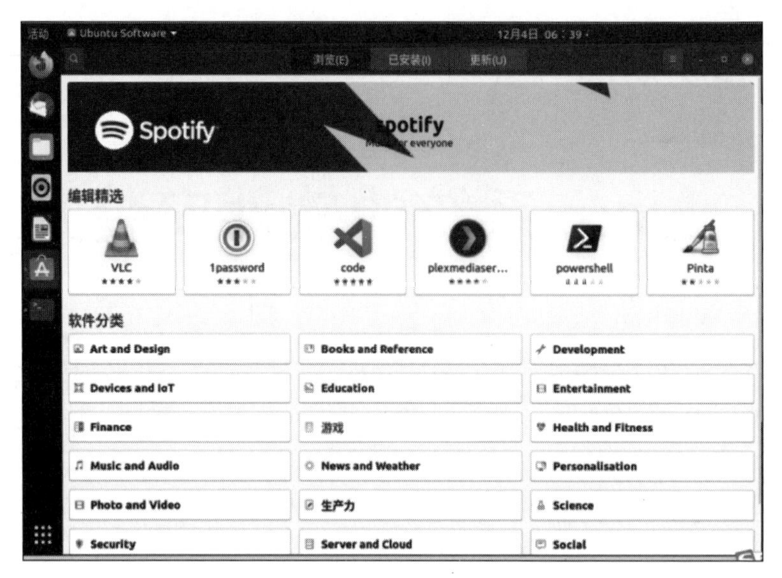

图 12-1 新立得图形界面

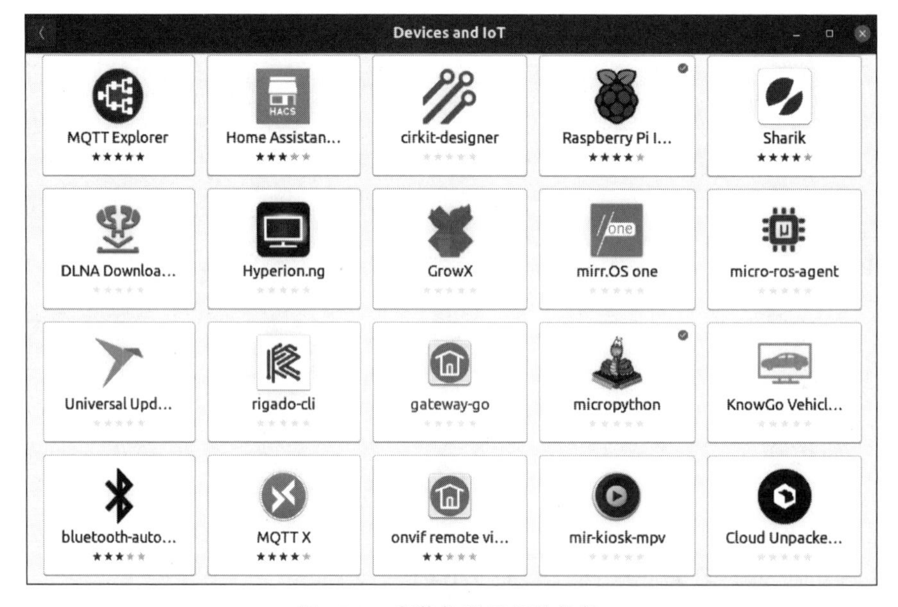

图 12-2 安装物联网相关软件

12.3 apt 命令安装方法

命令功能：apt(Advancd Packaging Tool)命令是 Ubuntu 操作系统的软件包管理工具，是基于 deb 软件包管理方式的命令，是目前 Ubuntu 操作系统最常用、最方便的软件安装方法，也是本书推荐使用的方法。apt-get 是 Ubuntu16.04 系统之前的命令，apt 是新版的命令，apt 还包含了 apt-get cache 等，使用起来更方便，目前仍然允许 apt-get 和 apt 共存。

命令语法：apt ［选项］ 软件名。

常用参数：apt 命令的常用参数及其含义如表 12-1 所示。

表 12-1 apt 命令的常用参数及其含义

常用参数	含 义
-f	即 fix，用来修复损坏的依赖关系
update	更新软件包列表。Ubuntu 系统提供的软件包服务器，通常速度比较慢。可以通过修改/etc/apt/sources.list，添加国内的清华大学开源软件镜像，或者网易 163 开源镜像和阿里云开源镜像，提高软件包的下载速度
upgrade	升级本地可更新的全部软件包，但存在依赖问题时将不会升级
install	普通安装
reinstall	重新安装
remove	移除式卸载
purge	清除式卸载，在删除软件的同时清除其配置
show	显示某个已经安装软件的相关信息
list	显示 Ubuntu 操作系统所有已经安装的软件包，作用与 dpkg -l 相同
autoclean	删除/var/cache/apt/archives/中已经过期的 deb 文件
clean	清空/var/cache/apt/archives/中的所有 deb 包，相当于 sudo rm -rf /var/cache/apt/archives/ * . deb

【例 12-1】 apt 命令安装 Ubuntu Cleaner。

Ubuntu Cleaner 是一种 Ubuntu 操作系统的“瘦身”工具。Ubuntu 操作系统使用久了，同样会产生很多垃圾文件。因此，它跟 Windows 系统一样，使用时间长了，都需要“瘦身”。Ubuntu Cleaner 将删除 Ubuntu 操作系统中的垃圾文件，包括应用缓存（浏览器缓存）、缩略图缓存、apt 缓存、旧的内核、软件包的配置文件和不需要的软件包。

通过官方提供的 PPA，可以轻松地将 Ubuntu Cleaner 安装到 Ubuntu 操作系统中。打开 Ubuntu 操作系统的终端，输入以下命令：

```
sudo add-apt-repository ppa: gerardpuig/ppa
sudo apt update
sudo apt install ubuntu-cleaner
```

单击桌面左下方的“九宫格”按钮▦显示应用程序，在文本框中输入 c，搜索包含字母 c 的软件，如图 12-3 所示。

图 12-3 九宫格搜索包含字母 c 的软件

单击 Ubuntu Cleaner 图标，运行该软件，选择要清理的应用软件和系统软件（包括旧内核），如图 12-4 所示。

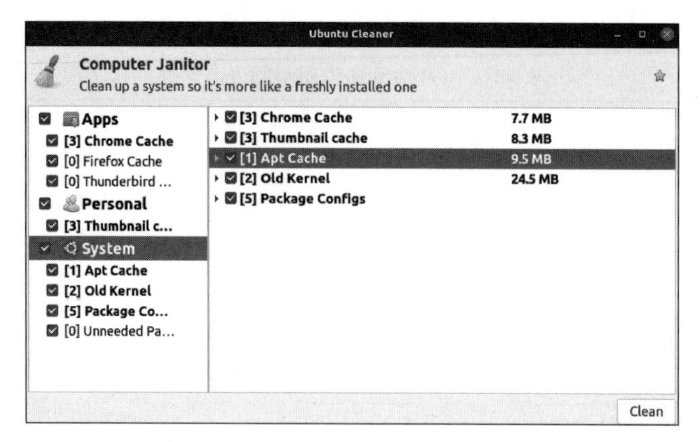

图 12-4 Ubuntu Cleaner 软件初始界面

单击 Clean 按钮，在弹出的对话框中输入管理员密码，单击“确定”按钮，清理完成，如图 12-5 所示。

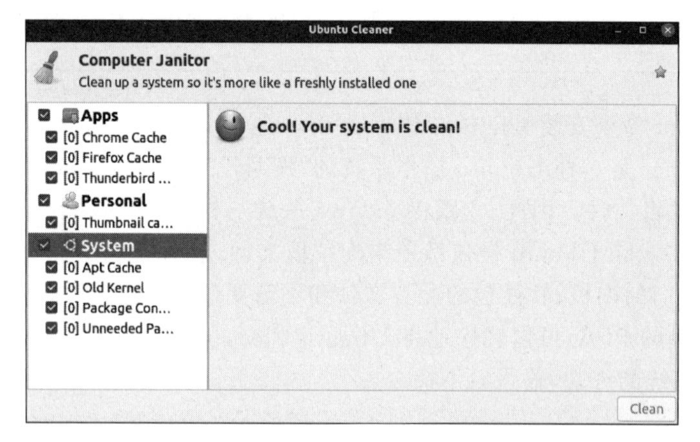

图 12-5 Ubuntu Cleaner 软件清理界面

在使用 apt 安装软件的过程中，使用 apt 安装软件时可能会出现“无法获取锁”的错误，这是因为不能同时安装两个软件。Ubuntu 20.04 版本的操作系统对这个错误能够不断尝试安装，等待另一个软件安装成功后，出现错误安装信息的软件能够继续安装。这相比之前的版本是一个很大的改进。但如果出现 apt 安装过程卡死不动而无法安装的情况，可以采用以下命令解决：

```
sudo rm -rf /var/lib/dpkg/lock-frontend
sudo rm -rf /var/lib/dpkg/lock
sudo rm -rf /var/cache/apt/archives/lock
```

12.4 dpkg 命令安装方法

命令功能：安装已经打包成 deb 包的软件。

命令语法：dpkg ［选项］ 软件名。

常用参数：dpkg 命令的常用参数及其含义如表 12-2 所示。

表 12-2 dpkg 命令的常用参数及其含义

常用参数	含　　义
-i	即 install，安装 deb 包
-r	即 remove，删除一个已安装的 deb 包
-P	即 purge，除了删除已经安装的 deb 包的执行文件之外，还删除其所有配置文件，完全清除
-c	即 contents，列出 deb 包的内容
-I	即 info，显示 deb 包中的信息
-x	即 extract，从 deb 包中抽取出文件
-l	即 list，列出系统安装的 deb 包

【例 12-2】 dpkg 命令安装和删除谷歌浏览器。

本例使用 dpkg 命令安装谷歌浏览器后，同样使用 apt 命令删除该软件。将本书配套资源中的 google-chrome-stable_current_amd64.deb 下载后，复制到主目录下，也可以使用 wget 命令从 google.com 网站下载。

打开 Ubuntu 操作系统的终端，输入以下命令：

```
wget  https://dl.google.com/linux/direct/google-chrome-stable_current_amd64.deb
sudo  dpkg  -i  google-chrome-stable_current_amd64.deb
sudo  apt  -f install        #修复安装过程可能出现的错误
```

以上命令的执行效果如图 12-6 所示。

```
ubuntu@yujian:~$ sudo  dpkg  -i   google-chrome-stable_current_amd64.deb
正在选中未选择的软件包 google-chrome-stable。
(正在读取数据库 ... 系统当前共安装有 262808 个文件和目录。)
准备解压 google-chrome-stable_current_amd64.deb  ...
正在解压 google-chrome-stable (87.0.4280.66-1) ...
正在设置 google-chrome-stable (87.0.4280.66-1) ...
update-alternatives: 使用 /usr/bin/google-chrome-stable 来在自动模式中提供 /usr/bin/x-www-browser (x-www-browser)
update-alternatives: 使用 /usr/bin/google-chrome-stable 来在自动模式中提供 /usr/bin/gnome-www-browser (gnome-www-browser)
update-alternatives: 使用 /usr/bin/google-chrome-stable 来在自动模式中提供 /usr/bin/google-chrome (google-chrome)
正在处理用于 gnome-menus (3.36.0-1ubuntu1) 的触发器 ...
正在处理用于 desktop-file-utils (0.24-1ubuntu3) 的触发器 ...
正在处理用于 mime-support (3.64ubuntu1) 的触发器 ...
正在处理用于 man-db (2.9.1-1) 的触发器 ...
```

图 12-6 dpkg 命令安装谷歌浏览器

```
google-chrome-stable
```

使用 google-chrome-stable 命令打开谷歌浏览器，或者单击左侧收藏栏中的“谷歌浏览器”图标，或者打开桌面左下方的“九宫格”，输入 g，打开谷歌浏览器。以上操作的执行结果如图 12-7 所示。

接下来，使用 apt 命令删除谷歌浏览器，并删除谷歌浏览器的配置文件。输入以下命令：

图 12-7　打开谷歌浏览器界面

```
sudo apt remove google-chrome-stable
sudo rm -rf ~/.config/google-chrome
sudo apt clean
```

12.5　gdebi 命令安装方法

gdebi 命令会根据软件仓库这一实用的特性，获得依赖关系，而避免通过 dpkg 命令安装 deb 包时出现依赖性问题。Ubuntu 操作系统下使用 gdebi 可以代替软件中心接管 deb 包的安装过程。因此，使用 gdebi 可以安装自己手动下载的 deb 安装包，不需要先安装 deb 包的依赖包，使用起来非常方便。安装 gdebi 的命令如下：

```
sudo apt install gdebi
```

【例 12-3】 gdebi 命令安装搜狗拼音。

将本书配套资源中的 sogoupinyin_2.4.0.3469_amd64.deb 下载到主目录，打开 Ubuntu 操作系统的终端，输入以下命令：

```
sudo gdebi sogoupinyin_2.4.0.3469_amd64.deb
```

在"您是否想安装这个软件包?[y/N]:"这个提示后面，输入 y。

```
dpkg -l| grep sogou
```

下拉"电源"图标，选择"设置"→"区域和语言"→"管理已安装的语言"命令，将键盘输入法系统由 IBUS 修改为 fcitx(小企鹅系统)，单击"应用到整个系统"按钮，如图 12-8 所示。

图 12-8 语言支持

```
reboot
```

重启系统后，单击桌面左下方的“九宫格”，在其中输入 fcitx，打开“输入法配置”对话框，查看是否有“搜狗输入法”，如图 12-9 所示。打开 Ubuntu 操作系统桌面的主目录，在空白处右击，在弹出的快捷菜单中选择“新建”命令，新建一个文件夹。按 Ctrl+空格组合键即可弹出搜狗拼音输入法。

图 12-9 输入法配置

12.6 bash 命令安装方法

将本书配套资源中的 Anaconda3-2021.07-Linux-x86_64.sh 复制到 Downloads 下。

【例 12-4】 bash 命令安装 Anaconda3。

输入以下命令：

```
dpkg  -l|grep  -i  python
cd  Downloads
sh  Anaconda3-2020.07-Linux-x86_64.sh
```

按默认路径安装，按 Enter 键确认。

查看 License 文件，不断按 Enter 键直到查看完毕；回答 yes，安装成功。输入以下命令：

```
cd  anaconda3/bin
./spyder
```

改变目录至 spyder 的所在目录，并使用./执行 spyder 可执行程序，执行效果如图 12-10 所示。

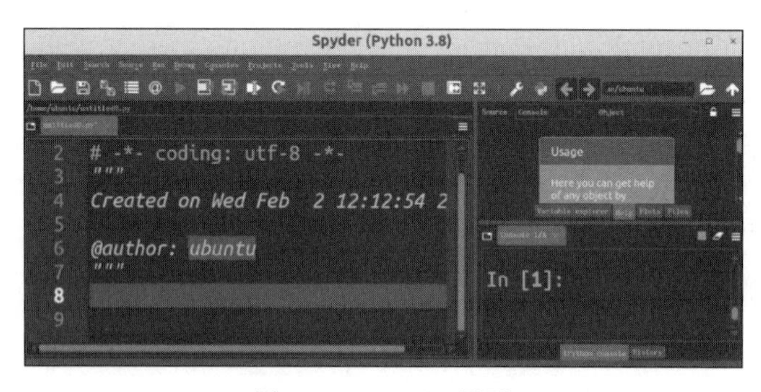

图 12-10　spyder 界面

12.7 综合实例：安装 PyQt 和 Qt Designer

本综合实例将安装 PyQt 和 Qt Designer，并创建一个简单窗体、一个按钮和一个标签，并关联一个按钮事件。这两个软件是开发基于 Python 的图形用户界面的集成开发工具。输入以下命令：

```
sudo  apt  install  python3-pyqt5        #安装 PyQt
sudo  apt  install  pyqt5-dev-tools      #安装 Qt Designer
dpkg  -l  | grep pyqt                    #查看已经安装的 PyQt 包
designer                                 #启动 Qt Designer
```

安装完成后，启动 Qt Designer。选择 Widget 模板，然后单击“创建”按钮，得到一个空白的窗体，如图 12-11 所示。

图 12-11 Qt Designer 新建 Widget 窗体

然后，从 Buttons 菜单中拖一个 Push Button(按钮)到窗体右下方，从 Display Widgets 菜单中拖一个 Label(标签)到窗体正中间，如图 12-12 所示。

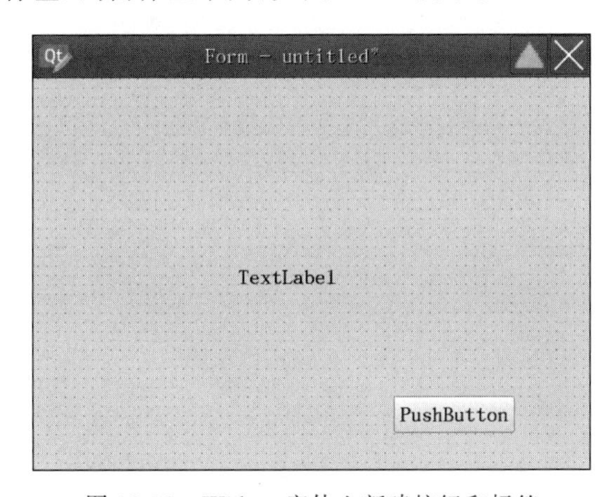

图 12-12 Widget 窗体上新建按钮和标签

选择 TextLabel 标签，将右侧的“属性编辑器”中 geometry 下的“宽度”设置为 300，如图 12-13 所示。

然后，选择菜单栏上的“文件”→“另存为”命令，将该窗体另存为 main. ui 到主目录下，如图 12-14 所示。

打开一个新终端，输入以下命令：

```
pyuic5  main.ui  -o  main.py
```

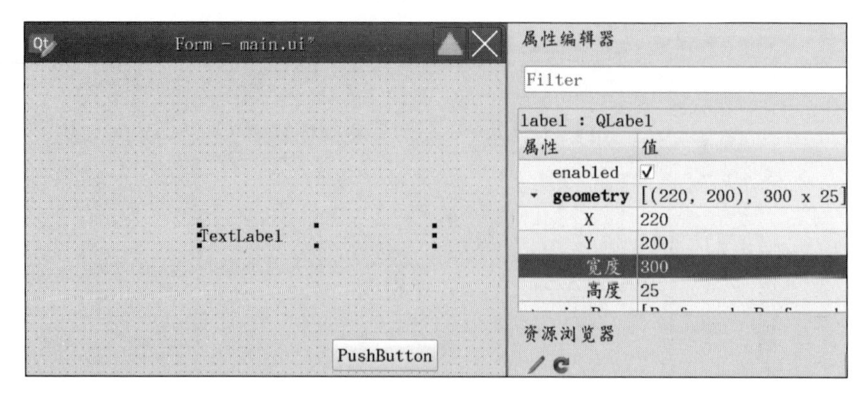

图 12-13　设置标签宽度为 300

图 12-14　保存窗体为 main.ui

如上命令将 main.ui 文件转换成对应的 main.py 文件。输入以下命令：

```
gedit  main.py
```

找到“class Ui_Form(object):”这条语句，在下方插入一个新函数：

```
def clicked_btn(self):
    self.label.setText("你的学号 - 你的姓名")
    self.label.setStyleSheet("color: red")
```

注意与下面函数对齐，并修改“你的学号”和“你的姓名”，如图 12-15 所示。

```
 9 from PyQt5 import QtCore, QtGui, QtWidgets
10
11 class Ui_Form(object):
12     def clicked_btn(self):
13         self.label.setText("2019119101-yujian")
14         self.label.setStyleSheet("color:red")
15
16     def setupUi(self, Form):
17         Form.setObjectName("Form")
```

图 12-15　插入新函数

接下来,将按钮单击事件与函数 clicked_btn 关联起来,在"def setupUi(self, Form):"函数里找到如下语句,并按 Enter 键换行。

```
self.pushButton.setObjectName("pushButton")
```

在上面语句下方插入如下代码,如图 12-16 所示。

```
self.pushButton.clicked.connect(self.clicked_btn)
```

```
16 def setupUi(self, Form):
17     Form.setObjectName("Form")
18     Form.resize(603, 405)
19     self.pushButton = QtWidgets.QPushButton(Form)
20     self.pushButton.setGeometry(QtCore.QRect(390, 340, 134, 39))
21     self.pushButton.setObjectName("pushButton")
22     self.pushButton.clicked.connect(self.clicked_btn)
23     self.label = QtWidgets.QLabel(Form)
24     self.label.setGeometry(QtCore.QRect(220, 200, 200, 25))
25     self.label.setObjectName("label")
```

图 12-16 插入关联按钮事件代码

在文件末尾,按 Enter 键,定位光标在最左列,加入以下主程序代码:

```
import  sys
app = QtWidgets.QApplication(sys.argv)
widget = QtWidgets.QWidget()
ui = Ui_Form()
ui.setupUi(widget)
widget.show()
sys.exit(app.exec_())
```

以上操作的执行效果如图 12-17 所示。

```
30 def retranslateUi(self, Form):
31     _translate = QtCore.QCoreApplication.translate
32     Form.setWindowTitle(_translate("Form", "Form"))
33     self.pushButton.setText(_translate("Form", "PushButton"))
34     self.label.setText(_translate("Form", "TextLabel"))
35
36 import  sys
37 app = QtWidgets.QApplication(sys.argv)
38 widget = QtWidgets.QWidget()
39 ui = Ui_Form()
40 ui.setupUi(widget)
41 widget.show()
42 sys.exit(app.exec_())
```

图 12-17 加入主程序代码

保存并关闭文件。在终端输入以下命令:

```
python  main.py
```

单击"按钮",显示"你的学号-你的姓名",程序的运行效果如图 12-18 所示。

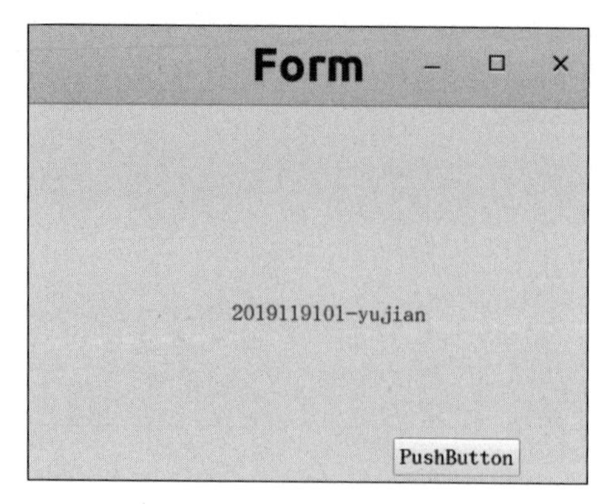

图 12-18　程序运行效果

12.8　课后习题

一、单项选择题

1. 安装 Linux 系统的搜狗拼音输入法,需要将键盘输入法系统改成(　　)系统。

A. IBUS　　B. Fcitx　　C. 搜狗拼音　　D. SCIM

2. Ubuntu 操作系统中,创建软件桌面快捷方式文件的扩展名是(　　)。

A. link　　B. lnk　　C. ln　　D. desktop

3. 使用源码方式安装软件时,对源代码进行编译的命令是(　　)。

A. /configure　　B. make clean　　C. make install　　D. make

4. 更新本地软件源的软件包列表的命令是(　　)。

A. sudo apt update　　B. sudo apt upgrade

C. sudo apt-get install　　D. sudo apt remove

5. 升级本地可更新的全部软件包的命令是(　　)。

A. apt　update　　B. apt　upgrade

C. apt　-f　install　　D. apt　--reinstall

二、填空题

1. 使用超级用户权限,使用 dpkg 命令忽略大小写安装软件包 yy. deb 的命令是________。

2. 使用超级用户权限和 gdebi,安装 sogoupinyin. deb 的命令是________。

3. 安装主目录上的软件 Anaconda3. sh 的命令是________或者________。

4. 将 main. ui 文件生成对应的 py 文件的命令是________。提示:不需要使用超级用户权限。

5. 使用超级用户权限和 dpkg 命令,忽略大小写,查找当前安装的 Python 软件的命令是________________。

参 考 文 献

[1] 马丽梅,郭晴,张林伟,等. Ubuntu Linux 操作系统与实验教程[M]. 北京：清华大学出版社,2016.

[2] 杜焱,廉哲,李昝. Ubuntu Linux 操作系统实用教程[M]. 北京：人民邮电出版社,2017.

[3] 张金石. Ubuntu Linux 操作系统. 北京：人民邮电出版社,2016.

图书资源支持

感谢您一直以来对清华版图书的支持和爱护。为了配合本书的使用，本书提供配套的资源，有需求的读者请扫描下方的"书圈"微信公众号二维码，在图书专区下载，也可以拨打电话或发送电子邮件咨询。

如果您在使用本书的过程中遇到了什么问题，或者有相关图书出版计划，也请您发邮件告诉我们，以便我们更好地为您服务。

我们的联系方式：

清华大学出版社计算机与信息分社网站：https://www.shuimushuhui.com/

地　　址：北京市海淀区双清路学研大厦 A 座 714

邮　　编：100084

电　　话：010-83470236　010-83470237

客服邮箱：2301891038@qq.com

QQ：2301891038（请写明您的单位和姓名）

资源下载：关注公众号"书圈"下载配套资源。

书圈

清华计算机学堂

观看课程直播